室内空气 $PM_{2.5}$ 污染现状及控制对策

侯立安　任明忠　张寅平
朱天乐　王　博
编著

中国教育出版传媒集团
高等教育出版社 · 北京

内容提要

近年来，细颗粒物（$PM_{2.5}$）已逐渐成为我国许多大、中城市环境空气的首要污染物，对人体健康及环境造成严重危害。在雾霾天气条件下，室内空间与大气环境的空气交换会直接导致室内空气 $PM_{2.5}$ 污染。室内空气 $PM_{2.5}$ 的来源、分布特征、健康风险等是当今环境科学、公共卫生及室内空气质量研究共同关心的课题。本书共十一章，前六章全面梳理了我国室内空气 $PM_{2.5}$ 污染现状，特别是对京津冀地区、长江三角洲和珠江三角洲等典型地区的 $PM_{2.5}$ 污染特征进行了对比分析。后五章开展了室内空气 $PM_{2.5}$ 暴露调查和健康风险评价，介绍了 $PM_{2.5}$ 浓度的预测评估模型，提出了室内空气 $PM_{2.5}$ 污染监测和净化的相关标准、技术，制定了室内空气 $PM_{2.5}$ 污染的防控对策。

本书适合高等学校环境科学与工程类专业本科生、研究生，密闭空间环境的设计、管理人员使用和参考，也可供专业研究机构的学术研究人员使用。

图书在版编目（CIP）数据

室内空气 PM2.5 污染现状及控制对策 / 侯立安等编著
. -- 北京 : 高等教育出版社 , 2024.9
ISBN 978-7-04-061378-0

Ⅰ . ①室… Ⅱ . ①侯… Ⅲ . ①室内空气 – 可吸入颗粒物 – 污染防治 Ⅳ . ① X51

中国国家版本馆 CIP 数据核字 (2023) 第 218879 号

Shinei Kongqi $PM_{2.5}$ Wuran Xianzhuang ji Kongzhi Duice

策划编辑 陈正雄　责任编辑 宋明玥 陈正雄　封面设计 李树龙　责任绘图 邓 超
版式设计 李树龙　责任校对 刘丽娴　责任印制 刘弘远

出版发行	高等教育出版社	网　　址	http://www.hep.edu.cn
社　　址	北京市西城区德外大街4号		http://www.hep.com.cn
邮政编码	100120	网上订购	http://www.hepmall.com.cn
印　　刷	天津鑫丰华印务有限公司		http://www.hepmall.com
开　　本	787mm×1092mm 1/16		http://www.hepmall.cn
印　　张	16.25		
字　　数	240 千字	版　　次	2024 年 9 月第 1 版
购书热线	010-58581118	印　　次	2024 年 9 月第 1 次印刷
咨询电话	400-810-0598	定　　价	78.00元

物 料 号　61378-00

序

人民健康是民族昌盛和国家富强的重要标志。全面提高人民健康水平、促进健康事业发展，是新时代建设健康中国的首要任务。健康事业与人居环境密切相关，现代人有70%以上的时间在室内环境中度过。因此，室内空气污染问题事关国家健康大计，已得到社会各界的广泛关注。

近年来，细颗粒物（$PM_{2.5}$）已成为影响大气环境质量的首要污染物。$PM_{2.5}$粒径小、吸附能力强，极易附带重金属、微生物等有毒有害物质，对人体健康的危害不能忽视。在雾霾天气条件下，室内空间与大气环境的空气交换会直接导致室内空气$PM_{2.5}$污染。此外，人员活动诸如吸烟、燃烧、烹饪等也会提高室内空气$PM_{2.5}$浓度。在室内空气$PM_{2.5}$浓度很难被有效控制到较低水平的情况下，如何有效评价室内空气$PM_{2.5}$的健康风险是值得深入研究的。因此，深入分析室内空气$PM_{2.5}$污染特征、准确评价健康风险、有效净化室内环境、切实防控室内空气$PM_{2.5}$污染，是当前必须要解决的重要课题。

侯立安院士主持编著的《室内空气$PM_{2.5}$污染现状及控制对策》全面梳理了我国室内空气$PM_{2.5}$污染现状，特别是对京津冀地区、长江三角洲和珠江三角洲等典型地区的$PM_{2.5}$污染特征进行了对比分析。该书作者选取了北京市、上海市和广州市等典型城市的典型场所，对其开展了室内典型污染物监测与健康风险评价，提出了污染防控对策，完成了一项非常有意义的研究工作。

在国家环境保护公益性行业科研专项（室内空气细颗粒物污染和健康风险评价及控制对策研究，项目编号：201409080）的资助下，火箭军工程大学、生态环境部华南环境科学研究所、清华大学、北京航空航天大学、兰州大学等单位的科研人员经过三年多的摸索和实践，完成了公益项目研究任务，结合研究人员前期积累的研究成果，并收集和总结了国内外最新研究进展，编著出版了本书。本书研究方法科学，技术路线先进，研究内容全面，研究结论可信。相信该书的出版，将为我国室内环境改善提供有力依据，并有效促进我国健康事业又好又快发展。

中国工程院院士 郝吉明

2023 年 7 月

前　言

随着我国经济的快速发展，我国大气污染严重，雾霾现象增多，以$PM_{2.5}$为代表的颗粒物污染已引起全社会的高度关注。$PM_{2.5}$也称为细颗粒物、可入肺颗粒物，是动力学当量直径小于等于2.5 μm的细颗粒物，其粒径不及人类头发粗细的5%，具有粒径小、比表面积大、活性强、吸附能力强的特点，可在大气中长时间停留，不仅会导致大气能见度降低，更有可能危害人类健康。因其表面吸附了重金属、有机物等有毒有害物质，在突破鼻腔、深入肺部，甚至渗透进入血液后，会损伤血管内膜，引发心血管疾病、呼吸道疾病，甚至肺癌。研究表明，$PM_{2.5}$平均浓度每增加10 $\mu g/m^3$，肺癌死亡率、心肺疾病死亡率和年总死亡率分别上升8%、6%和4%。

现代人有70%以上的时间在室内度过。室内环境与大气环境无时无刻不在进行空气交换，会直接导致室内空气$PM_{2.5}$浓度增加。研究表明，在室外空气污染严重的情况下，室内空气$PM_{2.5}$浓度会显著上升，甚至超过标准限值。此外，室内环境中的设备运行、人员活动（如吸烟、燃烧、烹饪）等因素也会加剧室内空气的$PM_{2.5}$污染。这些因素使得室内环境并非是躲避$PM_{2.5}$污染的“安全避风港”，甚至在室内环境中存在污染源的情况下，室内空气$PM_{2.5}$污染程度远高于室外。因此，系统研究室内空气的$PM_{2.5}$污染特征并提出防控对策，对突破室内空气$PM_{2.5}$治理技术瓶颈、改善室内空气质量、促进健康事业发展具有重要意义。

本书采用先进的$PM_{2.5}$污染特征研究方法，在京津冀地区、长江三角洲和珠江三角洲等典型地区选取北京市、上海市和广州市等典型城市的典型场所开展了室内外空气$PM_{2.5}$污染特征研究，并进行了室内空气$PM_{2.5}$暴露调查和健康风险评价。本书作者在此基础上，提出了室内空气$PM_{2.5}$污染监测和净化的相关标准、技术，建

立了 $PM_{2.5}$ 浓度的预测评估模型，制定了室内空气 $PM_{2.5}$ 污染的防控对策。

参与本书编著工作的有侯立安、任明忠、张寅平、朱天乐、王博。由于“室内空气 $PM_{2.5}$ 污染现状及控制对策”的研究是一项系统性和开创性的工作，编者水平有限，可能有不妥和疏漏之处，欢迎读者批评指正。

感谢中国工程院院士郝吉明教授为本书作序，并给予高度评价；感谢参与本书编写工作的莫金汉副教授、赵旌晶助理研究员、庄僖工程师、陈颖工程师、韩颖洁工程师，以及张漫雯、向建帮等博士。

本书得到了国家环境保护公益性行业科研专项的资助，在此表示衷心的感谢！

中国工程院院士 侯安

2023 年 7 月

目　录

第一章　引　　言

随着经济快速发展，雾霾天气频繁发生，尤其是北京、上海和广州等一线城市，雾霾天数基本超过全年的30%，有的甚至超过了50%。$PM_{2.5}$是引起雾霾天气的主要原因之一，因此以$PM_{2.5}$为代表的颗粒物引起了人们的广泛关注。$PM_{2.5}$也称为可入肺颗粒物，是指空气动力学当量直径小于等于2.5 μm的细颗粒物，其具有较大的比表面积，较强的表面活性和吸附能力，可富集重金属、有机致癌物、细菌、病毒等，从而损伤人体呼吸道内壁，引起感染，损害人体肺功能，并危及哮喘患者，可致其产生心血管系统病变。$PM_{2.5}$会引起大气能见度下降，影响交通和人们的日常生活，更严重的是$PM_{2.5}$可以突破人的鼻腔，进入肺部，甚至渗透进入血液。如果长期暴露于$PM_{2.5}$浓度较高的环境中，就会严重危害人体健康。

现代人大部分时间都在室内度过。但是，由于人类活动、设备操作和建筑物缝隙之类的各种因素，建筑物也不是可以避免$PM_{2.5}$的“避风港”，甚至在室内存在$PM_{2.5}$污染源的情况下，室内环境$PM_{2.5}$污染程度远高于室外环境。

本章从室内源和室外源两方面阐述了室内空气$PM_{2.5}$的来源，进而对我国典型城市大气$PM_{2.5}$污染现状及不同类型建筑室内空气$PM_{2.5}$的污染情况进行调查研究。

1.1　室内空气$PM_{2.5}$来源

建筑室内空气$PM_{2.5}$的来源可以分为两大类，一类是室内空气$PM_{2.5}$污染源的释放，另一类是室外空气$PM_{2.5}$污染向室内环境的传输，两者共同作用决定了室内空气环境中$PM_{2.5}$的浓度和组成。图1-1显示了建筑室内空气$PM_{2.5}$的来源，其中室内源按照建筑类型的不同，分别给出了$PM_{2.5}$的主要来源；室外源分别从围护结构缝隙穿透和建筑通风两方面进行$PM_{2.5}$溯源探究。

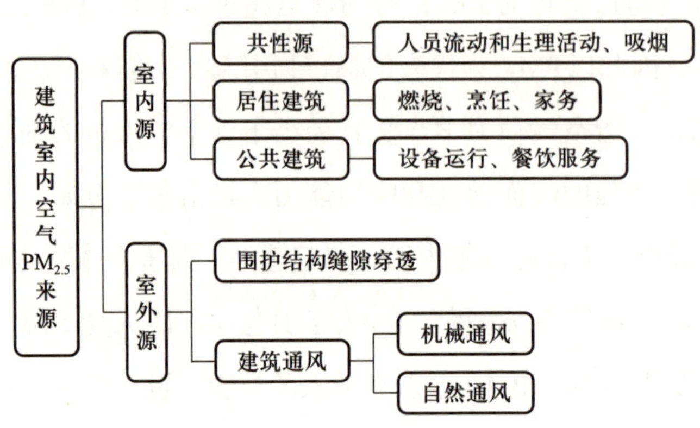

图1-1　建筑室内空气$PM_{2.5}$来源

1.1.1　室　内　源

1.1.1.1　共性室内源

（1）人员流动和生理活动

人员流动与室内空气$PM_{2.5}$的产生和扩散密切相关，可能会导致室内空气$PM_{2.5}$浓度瞬间增加数倍。其主要原因是人员流动会导致周围空气的剧烈扰动，进而改变整个室内空间的污染物浓度分布规律。人类的生理活动，如皮肤新陈代谢、咳嗽、打喷嚏、吐痰、说话和行走，可能产生并运输颗粒物，甚至将颗粒物携带至相邻房间。人员生理活动产生的颗粒物数量取决于建筑室内的人数、活动类型、活动强度和地面特性。

（2）吸烟

香烟烟雾是室内环境中$PM_{2.5}$的主要来源，吸烟产生的大多数颗粒直径小于2.5 μm（Lance，1996）。在没有明显的室内污染源的情况下，室内空气$PM_{2.5}$浓度的60%～70%来自室外污染源，在有吸烟者的家庭中，香烟烟雾中的颗粒占室内$PM_{2.5}$的54%（Koutrakis等，1992），并且吸烟家庭室内空气$PM_{2.5}$浓度可达到室外空气$PM_{2.5}$浓度的180%（Phillips等，1998）。香烟烟雾是室内重要污染源之一，吸烟不仅有害健康，而且会降低室内空气质量。

1.1.1.2 居住建筑室内源

（1）燃烧过程

室内空气$PM_{2.5}$的主要污染源之一是散热器、壁挂炉、火炉、烹饪等的燃料燃烧，这种情况在农村地区尤为明显。燃烧木炭取暖时产生的颗粒物数量惊人，在燃烧过程产生的污染物中颗粒物的含量不少于2.1 g/kg，有的可达20 g/kg，颗粒中值粒径为0.17 μm，属于$PM_{2.5}$（Dasch Muhlbaier，1982）。在我国北方农村地区，蜂窝煤在冬季被广泛用作取暖燃料，其燃烧时室内空气$PM_{2.5}$浓度可达200 μg/m^3；以液化气为燃料的家庭室内空气中$PM_{2.5}$浓度为71 μg/m^3；对于使用木材作为燃料的家庭，室内空气$PM_{2.5}$浓度可达212 μg/m^3，在生物质能燃料（秸秆和木材）燃烧时，室内空气$PM_{2.5}$平均浓度明显高于未燃烧它们时的室内空气$PM_{2.5}$平均浓度，并且秸秆类燃料对室内空气质量的影响更大（石华东，2012）。

熏香在我国居住建筑内使用已有数百年历史，但最近的研究表明，熏香在燃烧过程中会产生多种污染物，尤其是多环芳烃、碳氧化物和颗粒物。不同类型熏香的颗粒发生率差异很大，不同熏香$PM_{2.5}$的计重发生率是9.8～2 160 mg/h（Lee等，2004）。

注：若非特别说明，书中浓度为质量浓度。

（2）烹饪过程

烹饪时除所用的燃料燃烧会引起室内空气$PM_{2.5}$浓度增加外，烹饪方式也影响室内空气$PM_{2.5}$的浓度。图1–2是某住户全年各个时刻室内外空气$PM_{2.5}$浓度的小时平均值，可以发现烹饪中或烹饪后的一段时间内室内与室外空气$PM_{2.5}$浓度有明显增加，说明烹饪可能是室内颗粒物的重要发生源。同时，有研究发现烹饪过程中室内颗粒物浓度增加十分明显，其中$PM_{2.5}$增加幅度为（1.7 ± 0.6）mg/min，特别是油炸和烧烤两种烹饪过程极大地增加了室内空气$PM_{2.5}$浓度（Wallace等，2004）。在烹饪过程中使用抽油烟机，可以快速清除炉灶中的燃烧废物及产生的对人体有害的化学污染物和细小颗粒，减少烹饪过程中造成的室内空气污染，但即使通过抽油烟机的油网过滤也不会实现100%过滤。

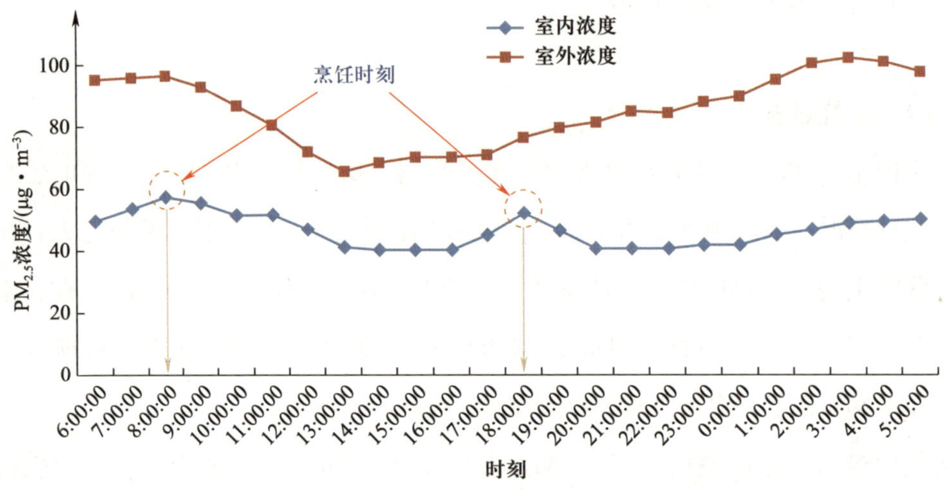

图1–2　某住户全年各个时刻室内外空气$PM_{2.5}$浓度小时平均值变化情况

（3）家务活动

家务活动会导致室内空气$PM_{2.5}$的二次悬浮，并显著增加室内空气$PM_{2.5}$的平均浓度，其特点是持续时间短，但是室内颗粒物浓度会瞬间增加数倍（熊志明等，2004）。研究表明，清洗衣物导致的$PM_{2.5}$发生率为40 μg/min；在用普通方式扫地时，$PM_{2.5}$的发生率为50 μg/min；在使用真空吸尘器扫地时，$PM_{2.5}$的发生率为70 μg/min（He 等，2004）。

1.1.1.3 公共建筑室内源

公共建筑的室内环境会对人们的身心健康产生直接影响。不同类型的公共建筑有不同的$PM_{2.5}$污染源。对于办公建筑，打印机和复印机等办公设备的运行和使用是室内空气$PM_{2.5}$的主要来源，其中复印机在使用状态和带电休眠状态下均会产生$PM_{2.5}$，并且复印的数量、速率和方式（单面/双面）也会影响颗粒物的产生（朱维斌等，2011）；对于具有餐饮功能的商业建筑，餐饮区域的$PM_{2.5}$来自餐厅烹饪，尤其是与餐厅厨房相连的区域；对于科教文卫建筑，人员活动的频率和强度是引起颗粒物浓度剧烈变化的主要因素；对于交通运输建筑，随着近年来汽车、地铁、轮船、飞机等运输工具的快速发展，汽车站、地铁站、海港、航空港等交通运输类建筑室内空气质量也受到不同程度的影响。

1.1.2 室　外　源

$PM_{2.5}$的室内源对建筑室内空气$PM_{2.5}$浓度有很大影响，而室外环境中的$PM_{2.5}$对室内空气$PM_{2.5}$浓度的影响更大（熊志明等，2004）。室外空气中的$PM_{2.5}$进入室内的主要方式是空调新风系统（樊越胜等，2012）、自然通风（韩云龙等，2013）、围护结构缝隙穿透（李国柱等，2015）及人员携带（附着于衣物）等（张颖等，2005）。研究表明，对于没有安装空调的民宅，室外空气中的$PM_{2.5}$对建筑围护结构的平均渗透率达70%；而安装空调的民宅，这种平均渗透率也有30%；对于无明显室内污染源的民宅，75%的$PM_{2.5}$来自室外环境；对于有明显室内污染源（吸烟、烹饪）的民宅，其室内空气$PM_{2.5}$中仍然有55%～60%来源于室外环境（熊志明等，2004）。

因此，当室外为雾霾天气时，不可避免地会对室内空气质量产生不利影响。特别是当建筑物位于工厂、建筑工地附近或交通繁忙的主干线两侧时，工业排放、扬尘或汽车尾气等会明显增加局部环境中的$PM_{2.5}$浓度，使得相邻建筑物的室内空气$PM_{2.5}$浓度高于其他地区的室内空气$PM_{2.5}$浓度。此外，气象条件、建筑布局、城市空间形态等都会影响大气$PM_{2.5}$的浓度分布（吴志萍等，2008；吴正旺等，2013；黄巍等，2014），因此同一时刻室外空气$PM_{2.5}$对室内的影响是不同的。

1.2 $PM_{2.5}$污染现状

1.2.1 大气$PM_{2.5}$污染现状

2013年，我国面临史上最严重的雾霾天气，影响25个省级行政区，100多个大中型城市，全国平均雾霾天数达29.9天，特别是在1月和12月期间，雾霾呈现持续时间长、污染范围广、污染程度大等特点，大气污染物以$PM_{2.5}$为主。当年的中国环境状况公报指出，按照《环境空气质量标准》（GB 3095—2012）规定，2013年新标准第一阶段监测实施的74个城市中，$PM_{2.5}$平均浓度为72 μg/m^3，达标城市只占4.1%，其中，京津冀地区$PM_{2.5}$平均浓度为106 μg/m^3，没有一个城市空气质量达标，长江三角洲地区$PM_{2.5}$平均浓度为67 μg/m^3，达标城市比例为4%，珠江三角洲地区$PM_{2.5}$平均浓度为47 μg/m^3，没有一个城市空气质量达标（表1-1）。

表1-1　2013年全国及部分地区$PM_{2.5}$浓度

地点	京津冀地区	长江三角洲地区	珠江三角洲地区	全国
$PM_{2.5}$平均浓度/（μg · m^{-3}）	106	67	47	72
达标城市比例/%	0	4	0	4.1

资料来源：2013年中国环境状况公报。

注：新标准第一阶段监测实施的74个城市。

我国相应出台了各类生态环境政策，如污染防治攻坚战、蓝天保卫战等，加大了国内环境治理力度，到2015年，中国环境状况公报显示新标准第一阶段监测实施的74个城市中，$PM_{2.5}$平均浓度为55 μg/m^3，达标城市比例上升为16.2%，其中京津冀地区$PM_{2.5}$平均浓度为77 μg/m^3，达标城市比例上升为7.7%，长江三角洲地区$PM_{2.5}$平均浓度为53 μg/m^3，达标城市比例为4%，珠江三角洲地区$PM_{2.5}$平均浓度为34 μg/m^3，达标城市比例上升为55.6%（表1–2）。

表1–2　2015年全国及部分地区$PM_{2.5}$浓度

地点	京津冀地区	长江三角洲地区	珠江三角洲地区	全国
$PM_{2.5}$平均浓度/（μg·m^{-3}）	77	53	34	55
达标城市比例/%	7.7	4	55.6	16.2

资料来源：2015年中国环境状况公报。

注：新标准第一阶段监测实施的74个城市。

到2019年，我国城市环境空气质量有了很大提升，在全国337个地级及以上城市中，157个城市环境空气质量达标，占全部城市数的46.6%；180个城市环境空气质量超标，占全部城市数的53.4%（图1–3）。337个城市平均达标天数［空气质量指数（AQI）在0～100的天数］比例为82.0%，其中，16个城市优良天数比例为100%，199个城市优良天数比例为80%～100%，106个城市优良天数比例为50%～80%，16个城市优良天数比例低于50%；平均超标天数［空气质量指数（AQI）大于100的天数］比例为18.0%。全国$PM_{2.5}$平均浓度为36 μg/m^3，空气质量较2018年有了很大提升，其中，京津冀地区$PM_{2.5}$平均浓度为57 μg/m^3，长江三角洲地区$PM_{2.5}$平均浓度为41 μg/m^3，汾渭平原$PM_{2.5}$平均浓度为55 μg/m^3（表1–3）。

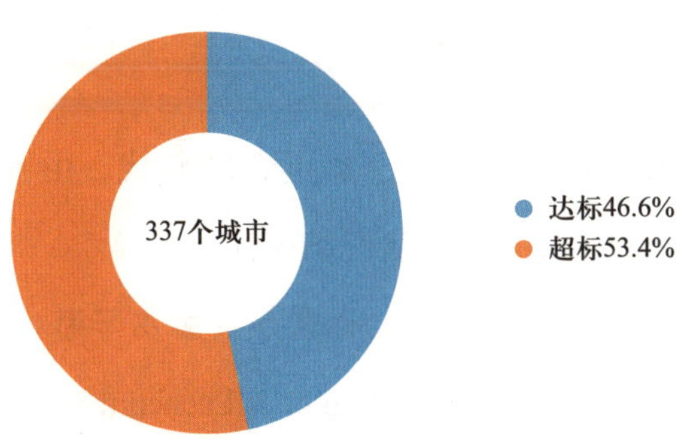

图1–3　2019年全国337个城市环境空气质量达标情况

（资料来源：2019年中国生态环境状况公报）

表1-3　2019年全国及部分地区$PM_{2.5}$浓度

地点	京津冀地区	长江三角洲地区	汾渭平原	全国
$PM_{2.5}$平均浓度/（μg·m^{-3}）	57	41	55	36
较2018年变化/%	−1.7	−2.4	1.9	—

资料来源：2019年中国生态环境状况公报。

到2020年，在全国337个地级及以上城市中，优良天数比例为87%，同比上升5%，轻度污染天数比例为9.8%，中度污染天数比例为2.0%，重度及以上污染天数比例为1.2%。全国$PM_{2.5}$平均浓度为32.6 μg/m^3，同比下降9.4%，空气质量稳步好转（表1-4）。

表1-4　2020年全国各类空气质量天数比例及全国$PM_{2.5}$平均浓度

指标	优良天数比例/%	轻度污染天数比例/%	中度污染天数比例/%	重度及以上污染天数比例/%	全国$PM_{2.5}$平均浓度/（μg·m^{-3}）
数值	87.0	9.8	2.0	1.2	32.6

资料来源：2020年中华人民共和国生态环境部发布全国生态环境质量简况。

1.2.2　室内空气$PM_{2.5}$污染现状

1.2.2.1　国外建筑室内空气$PM_{2.5}$污染现状

国外学者对室内颗粒物浓度的研究始于20世纪80年代。由于城市结构，车辆组成、燃料类型和活动习惯等不同，各国研究结果存在差异。

Koistinen等（2001）和Cyrys等（2004）监测芬兰赫尔辛基、德国埃尔福特的室内空气$PM_{2.5}$浓度分别为11.7 μg/m^3和6.9 μg/m^3。Lachenmyer（2000）和Meng等（2005）监测了北美不同地区住宅建筑中室内颗粒物，其研究结果表明，室内空气$PM_{2.5}$浓度为15 ~ 20 μg/m^3；Neas等（1994）统计了1 273个美国家庭的$PM_{2.5}$，其中吸烟家庭$PM_{2.5}$年平均浓度为48.5 μg/m^3，而未吸烟家庭为17.3 μg/m^3；同样在美国，Haller等（1999）报道室内空气$PM_{2.5}$和PM_{10}浓度分别为10.8 μg/m^{3}和23.8 μg/m^3；在伯明翰，Jones等（2000）研究发现室内空气$PM_{2.5}$和PM_{10}浓度分别为7.9 μg/m^{3}和16.5 μg/m^3，对应的室外空气$PM_{2.5}$和PM_{10}浓度分别为9.1 μg/m^{3}和13.4 μg/m^3。Fromme等（2008）对德国慕尼黑某小学两间教室的$PM_{2.5}$监测结果表明室内空气$PM_{2.5}$浓度为37.4 μg/m^3。Amato等（2014）对西班牙巴塞罗那39所小学室内空气$PM_{2.5}$污染调查发现，室内空气$PM_{2.5}$浓度为7 ~ 105 μg/m^3，教室47%的$PM_{2.5}$室内源为灰尘再悬浮、学生活动和粉笔尘。Lim等（2011）对韩国大田某商业建筑的某间办公室的研究表明室内空气$PM_{2.5}$浓度为47.6 μg/m^3。Satsangi等（2014）在印度浦那市区和郊区6间居民住宅室内采集$PM_{2.5}$样品，结果表明市区室内空气$PM_{2.5}$浓度为89.7 μg/m^3，郊区室内空气$PM_{2.5}$浓度为197.5 μg/m^3。日本、韩国、印度的室内颗粒物浓度平均水平为30 ~ 200 μg/m^3（Nitta等，1994；Lee等，1997；Liu等，2004）。

一般来说，亚洲国家的室内颗粒物浓度较高，这可能是室外污染的空气渗入室内或不同的生活习惯所致。在亚洲家庭中，烹饪风格通常造成从厨房向客厅排放一部分油烟，一些宗教家庭的香火燃烧过程也会排放细颗粒物。

1.2.2.2 国内建筑室内空气$PM_{2.5}$污染现状

目前，建筑室内空气$PM_{2.5}$的研究正逐渐引起科研工作者的高度关注。虽然我国对$PM_{2.5}$的研究起步较晚，但是关于室内空气$PM_{2.5}$污染现状的报道正逐渐增多。表1-5汇总了2013年以来文献报道的我国建筑室内空气$PM_{2.5}$浓度情况，涵盖了公共建筑、居住建筑等建筑类型。由表1-5可知，不同城市、不同建筑类型的室内均存在不同程度的$PM_{2.5}$污染，最低可低于10 μg/m^3，最高可高于500 μg/m^3。

影响公共建筑室内空气$PM_{2.5}$浓度的原因之一是室内的人员活动，并且监测结果表明，商场下午的颗粒物浓度高于上午，其主要原因是下午进入商场的人数大于上午；另外，人员吸烟、使用打印机等办公设备，也是影响公共建筑室内空气$PM_{2.5}$浓度的重要原因。不同的烹饪方式将导致不同的$PM_{2.5}$浓度，且火锅或烧烤等

表1-5 2013年以来文献报道的我国建筑室内空气 $PM_{2.5}$ 浓度情况

建筑类型	城市	测试条件	测试期间室内外 $PM_{2.5}$ 浓度平均值（范围）/($\mu g \cdot m^{-3}$)		室内超标比例②/%	参考文献
			室内	室外①		
办公室	北京	11层，无人办公，门窗关闭，无空调	夏季，49	夏季，104	夏季，27	（赵力等，2015）
			冬季，134	冬季，230	冬季，54	
办公室	北京	无吸烟，门窗基本关闭	85.3（5.91 ~ 367）	124（10.20 ~ 710）	39.5	（张锐等，2014）
办公室	北京	无人办公，门窗关闭，无空调	测点1，44，38	测点1，87，47	—	（王清勤等，2015）
			测点2，26，80	测点2，101，05	—	
办公室	上海	10层多个房间，无人办公	51（24 ~ 105）③	59（35 ~ 89）	0④	（项琳琳等，2015）
办公室	上海	10层多个房间，正常办公	142（1 ~ 649）③	113（108 ~ 120）	52.38④	（项琳琳等，2015）
办公室	济南	10层办公室	82（5 ~ 413）	105（26 ~ 443）	53.6	（李新伟等，2015）
办公室	南昌	正常营业	103.13（27.25 ~ 138.84）	94.95（28.87 ~ 161.54）	—	（陈陵等，2014）
学校	南昌	正常营业	63.46（27.72 ~ 133.83）	64.05（33.2 ~ 116.4）	—	（陈陵等，2014）
学校	北京	正常营业	85.6（2.73 ~ 383）	124（10.20 ~ 710）	41.2	（张锐等，2014）
教室	武汉	—	86（83 ~ 99）③	—	—	（刘延湘等，2015）
电子阅览室	武汉	正常开放	92.2（84 ~ 108）③	—	—	（刘延湘等，2015）
宿舍	武汉	正常作息	105（84 ~ 152）③	—	—	（刘延湘等，2015）
宿舍	西安	正常作息	75.86（68.1 ~ 111.5）③	111.7（92.3 ~ 154.8）③	—	（董俊刚等，2015）
民宅	北京	无吸烟，门窗基本关闭	85.5（3.82 ~ 338）	124（10.20 ~ 710）	42.7	（张锐等，2014）
民宅	南京	正常作息	80（36 ~ 292）	85（42 ~ 155）	—	（王园园等，2013）
民宅	贵州	农村燃煤民宅	201.60③	166.65	—	（马利英等，2015）
民宅	贵州	农村燃煤民宅	104.95③	98.79	—	（马利英等，2015）

① 室内空气 $PM_{2.5}$ 浓度结果对应的室外空气 $PM_{2.5}$ 浓度。
② 超标比例是指室内空气 $PM_{2.5}$ 浓度大于某指标浓度的比例，未特别标注时该指标浓度为 75 μg/m^3。
③ 取原文多组数值平均值作为均值；将多组数值中最小值和最大值作为范围值。
④ 超标的指标浓度为 105 μg/m^3。

餐厨连通的餐饮场所室内空气$PM_{2.5}$浓度将高于餐厨分开的餐饮场所。

有研究人员对上海五类公共建筑的室内空气$PM_{2.5}$浓度进行了监测，并调查了影响五类公共建筑室内空气$PM_{2.5}$浓度变化的不同因素（项琳琳等，2016）。研究时间为2014年1月14日至2014年4月28日，在不同时段现场监测了上海市五类公共建筑中$PM_{2.5}$等颗粒物的浓度。五类公共建筑包括：办公建筑、医院建筑、学校建筑、宾馆建筑和商场建筑，对每种类型的公共建筑选择一个典型的功能区域或房间，基本覆盖了每类公共建筑所有功能区域。

（1）办公建筑

2014年1月和2014年3月，研究人员在办公建筑10层对室内不同颗粒物浓度及总悬浮颗粒物（TSP）浓度进行了监测，监测场所包括2间单人办公室、2间会议室、1个大办公区、4条走廊、1个水吧（休息区）、1间打印复印间，同时也监测了室外颗粒物浓度，结果如表1-6和表1-7所示。当办公楼正式启用后，$PM_{2.5}$的浓度迅速增长，可以看出人为因素在很大程度上影响室内环境。

表1-6 办公建筑$PM_{2.5}$等颗粒物浓度监测结果（1月份）

房间或区域	$PM_{2.5}$/（mg·m^{-3}）			$PM_{1.0}$/（mg·m^{-3}）	PM_{10}/（mg·m^{-3}）	TSP/（mg·m^{-3}）
	平均值	最低值	最高值	平均值	平均值	平均值
单人办公室	0.057	0.035	0.105	0.056	0.072	0.107
会议室	0.040	0.024	0.068	0.039	0.045	0.053
大办公区	0.051	0.042	0.065	0.050	0.062	0.083
走廊	0.050	0.043	0.062	0.049	0.054	0.058
水吧	0.044	0.041	0.049	0.044	0.048	0.056
打印复印间	0.056	0.051	0.072	0.055	0.062	0.082
室外	0.059	0.035	0.089	0.059	0.064	0.068

注：监测是在该办公楼装修完成但未正式启用时进行的。

表1-7 办公建筑$PM_{2.5}$等颗粒物浓度监测结果（3月份）

房间或区域	$PM_{2.5}$/（mg·m^{-3}）			$PM_{1.0}$/（mg·m^{-3}）	PM_{10}/（mg·m^{-3}）	TSP/（mg·m^{-3}）
	平均值	最低值	最高值	平均值	平均值	平均值
单人办公室	0.270	0.056	0.649	0.269	0.297	0.343
会议室	0.103	0.059	0.156	0.102	0.108	0.125
大办公区	0.085	0.051	0.239	0.084	0.090	0.124
走廊	0.187	0.138	0.339	0.186	0.202	0.243
水吧	0.129	0.117	0.154	0.129	0.135	0.145
打印复印间	0.100	0.085	0.112	0.096	0.104	0.109
室外	0.113	0.108	0.121	0.112	0.116	0.116

注：监测是在该办公楼正式启用时进行的。

（2）医院建筑

2014年3月和2014年4月，研究人员对医院建筑不同功能区不同楼层室内颗粒物浓度进行了监测，监测场所包括住院楼5个病房、4条走廊和收费大厅等，感染科门诊楼2间诊室和候诊室，门诊楼和急诊医技楼8间候诊室、8间诊室、2间输液室、多条走廊等，行政楼2间办公室、1间会议室等，同时也监测了室外浓度，结果如表1-8和表1-9所示。由于室外颗粒物浓度对室内颗粒物浓度的影响较大，3月份的温度低于4月份，大气平均混合层的高度较低，污染物不易扩散传输，进而导致颗粒物浓度较高。

表1-8 医院建筑$PM_{2.5}$等颗粒物浓度监测结果（3月份）

功能区	房间或区域	$PM_{2.5}$/（mg·m^{-3}）			$PM_{1.0}$/（mg·m^{-3}）	PM_{10}/（mg·m^{-3}）	TSP/（mg·m^{-3}）
		平均值	最低值	最高值	平均值	平均值	平均值
住院楼	收费大厅	0.252	0.234	0.278	0.251	0.269	0.303
	病房	0.239	0.195	0.346	0.238	0.257	0.301
	护士台	0.268	0.252	0.640	0.267	0.288	0.341
	走廊	0.240	0.159	0.302	0.238	0.256	0.300
	楼梯间	0.228	0.199	0.271	0.227	0.242	0.281
	室外	0.262	0.195	0.675	0.261	0.275	0.303

表1-9 医院建筑$PM_{2.5}$等颗粒物浓度监测结果（4月份）

功能区	房间或区域	$PM_{2.5}$/（$mg \cdot m^{-3}$）			$PM_{1.0}$/（$mg \cdot m^{-3}$）	PM_{10}/（$mg \cdot m^{-3}$）	TSP/（$mg \cdot m^{-3}$）
		平均值	最低值	最高值	平均值	平均值	平均值
住院楼	收费大厅	0.031	0.026	0.045	0.027	0.057	0.099
	病房	0.026	0.021	0.038	0.023	0.050	0.090
	走廊	0.031	0.026	0.061	0.028	0.055	0.104
	电梯前室	0.044	0.029	0.068	0.040	0.088	0.187
感染科门诊楼	候诊室	0.038	0.031	0.054	0.034	0.070	0.129
	诊室	0.039	0.030	0.048	0.035	0.073	0.129
门诊楼	门诊大厅	0.040	0.033	0.457	0.037	0.072	0.126
	候诊室	0.040	0.023	0.091	0.036	0.072	0.135
	诊室	0.043	0.019	0.118	0.039	0.069	0.116
	针灸诊室	2.045	0.045	12.500	1.784	2.191	2.281
	输液室	0.059	0.037	0.210	0.050	0.096	0.181
	走廊	0.043	0.036	0.057	0.039	0.077	0.150
急诊医技楼	候诊室	0.024	0.018	0.043	0.021	0.062	0.142
	诊室	0.020	0.016	0.035	0.017	0.046	0.096
	输液室	0.035	0.001	0.548	0.034	0.052	0.084
	实验室、操作室等	0.025	0.015	0.042	0.022	0.053	0.104
	电梯前室	0.024	0.019	0.035	0.022	0.046	0.086
行政楼	办公室	0.025	0.019	0.041	0.022	0.048	0.097
	会议室	0.020	0.016	0.049	0.019	0.046	0.094
	室外	0.035	0.028	0.055	0.032	0.055	0.084

（3）学校建筑

2014年4月，研究人员对学校建筑不同功能区不同楼层室内颗粒物浓度进行了监测，监测场所包括教学楼6间教室、图书馆12个区域、2间学生宿舍、2间办公室及1个食堂，同时也监测了室外浓度。教室和食堂与室外联系密切，$PM_{2.5}$浓度更加接近室外，如表1-10所示。

表1-10　学校建筑$PM_{2.5}$等颗粒物浓度监测结果（4月份）

房间或区域	$PM_{2.5}$/（$mg \cdot m^{-3}$）			$PM_{1.0}$/（$mg \cdot m^{-3}$）	PM_{10}/（$mg \cdot m^{-3}$）	TSP/（$mg \cdot m^{-3}$）
	平均值	最低值	最高值	平均值	平均值	平均值
教室	0.063	0.053	0.091	0.059	0.078	0.107
图书馆	0.043	0.030	0.098	0.040	0.051	0.069
学生宿舍	0.049	0.028	0.103	0.046	0.063	0.089
办公室	0.044	0.041	0.062	0.041	0.053	0.067
食堂	0.063	0.050	0.293	0.059	0.090	0.151
室外	0.067	0.041	0.093	0.062	0.081	0.086

（4）宾馆建筑

2014年4月，研究人员对宾馆建筑不同功能区不同楼层室内颗粒物浓度进行了监测，监测场所包括大厅、2个餐厅、3间客房、1间会议室、2条走廊，同时也监测了室外浓度，结果如表1-11所示。

表1-11　宾馆建筑$PM_{2.5}$等颗粒物浓度监测结果（4月份）

房间或区域	$PM_{2.5}$/（$mg \cdot m^{-3}$）			$PM_{1.0}$/（$mg \cdot m^{-3}$）	PM_{10}/（$mg \cdot m^{-3}$）	TSP/（$mg \cdot m^{-3}$）
	平均值	最低值	最高值	平均值	平均值	平均值
大厅	0.035	0.021	0.108	0.031	0.052	0.077
餐厅	0.034	0.026	0.054	0.029	0.069	0.121
客房	0.032	0.019	0.084	0.028	0.068	0.130
会议室	0.023	0.020	0.033	0.020	0.032	0.040
走廊	0.029	0.019	0.063	0.026	0.045	0.062
室外	0.025	0.017	0.129	0.021	0.041	0.052

（5）商场建筑

2014年4月，研究人员对商场建筑不同功能区不同楼层室内颗粒物浓度进行了监测，监测场所包括百货区、餐饮区、超市区等多种不同类型的区域，同时也监测了室外浓度，结果如表1-12所示。

表1-12　商场建筑$PM_{2.5}$等颗粒物浓度监测结果（4月份）

房间或区域	$PM_{2.5}$/（$mg \cdot m^{-3}$）			$PM_{1.0}$/（$mg \cdot m^{-3}$）	PM_{10}/（$mg \cdot m^{-3}$）	TSP/（$mg \cdot m^{-3}$）
	平均值	最低值	最高值	平均值	平均值	平均值
百货区	0.029	0.016	0.038	0.028	0.045	0.074
餐饮区	0.059	0.021	0.493	0.057	0.070	0.097
超市区	0.061	0.023	0.174	0.057	0.071	0.097
室外	0.039	0.017	0.161	0.037	0.046	0.063

五类公共建筑室内空气$PM_{2.5}$浓度的常见影响因素有：室外颗粒物浓度、门窗开启情况、监测时段、楼层高度和室内人员密度等。对于办公建筑，吸烟、空调系统和地毯扬尘也是重要因素；对于医院建筑，不同医疗活动影响巨大；对于学校建筑，食堂和其他特殊功能区域$PM_{2.5}$浓度呈现特殊规律；对于宾馆建筑，客房打扫卫生或开启浴室排风设备都会影响$PM_{2.5}$浓度；对于商场建筑，餐厅类区域及超市熟食区的食物都会使$PM_{2.5}$浓度升高。

有研究指出（郭春梅等，2018），中国居住建筑室内空气$PM_{2.5}$浓度未达到《环境空气质量标准》（GB 3095—2012）二级标准要求，一般为世界卫生组织（WHO）标准限值的2～4倍。2011年，Shen等（2014）研究了南京市环境空气中$PM_{2.5}$的基本浓度水平和季节性变化，并利用美国国家海洋和大气管理局（NOAA）的后向轨迹模型计算得出室内空气$PM_{2.5}$浓度日平均值为33～234 μg/m^3。2014年，张锐等（2014）对北京市民宅室内空气$PM_{2.5}$进行了监测，发现室内空气$PM_{2.5}$浓度高于《环境空气质量标准》（GB 3095—2012）二级标准的42.7%。2015年，董俊刚等（2015）以西安市某高校研究生高层公寓为监测对象，对室内空气$PM_{2.5}$浓度进行了调查，发现该公寓在冬季存在严重的颗粒物污染，$PM_{2.5}$浓度为52～112 μg/m^3。

针对居住建筑室内空气$PM_{2.5}$的现状分析，其来源除室外大气环境外，也包括室内活动，其中，烹饪、吸烟、燃煤是造成室内空气$PM_{2.5}$浓度明显增长的主要原因。北京民宅室内空气$PM_{2.5}$浓度为3.82～338 μg/m^3，超标比例为42.7%（张锐等，

2014）；人们通过对比上海市某民宅室内、室外空气$PM_{2.5}$在PM_{10}中的占比，发现室外空气中的颗粒物主要是$PM_{2.5}$（高军等，2014）；一些研究人员选取南京市85户家庭作为调查对象，发现各个房间的$PM_{2.5}$浓度水平均超标并且高于室外空气$PM_{2.5}$浓度水平，说明这些家庭存在明显的室内污染源。

第二章　典型地区典型场所室内外空气 $PM_{2.5}$ 污染特征研究方法

本章介绍了典型地区典型场所 $PM_{2.5}$ 监测方案，在北京、上海、广州三座典型城市选择具有代表性的民宅、办公室、学生宿舍、幼儿园，开展为期一年的室内外空气 $PM_{2.5}$ 实时连续监测，考察 $PM_{2.5}$ 浓度随时空的变化。

对于样品采集地点和采样要求进行相关规定，介绍样品分析方法，包括水溶性离子分析、元素分析、碳组分分析和痕量有机物分析方法。判定 $PM_{2.5}$ 实时监测仪器的准确性并对其进行校准，确保数据质量，最后介绍 $PM_{2.5}$ 膜采样研究方法。

2.1　浓度监测方案

选择的监测场所要尽量临近环境空气固定监测点，借助环境监测站点长期积累的 $PM_{2.5}$ 实时监测数据，以便和本项目中选择的各场所室外空气 $PM_{2.5}$ 实时连续监测数据进行对比。

（1）民宅：考虑到样本的均匀性和随机性，在上海现有的10个空气质量监测站点附近分别随机选取3户民宅（其中一户是抽烟家庭），共30户民宅进行 $PM_{2.5}$ 浓度实时监测，总体上反映上海市民宅的室内空气污染水平。

（2）办公室：在广州市选取15间办公室，进行$PM_{2.5}$浓度监测。为考察不同的功能区内办公室空气质量，选取市中心商业区、工业区和空气质量相对较好的大学城区的办公室，同时考察办公室内有无打印设备两类情况。

（3）学生宿舍：为对比市区室内和郊区室内空气质量的优劣，在北京市市内和郊区各选取一定数量的大学生宿舍，以考察室外空气质量对室内空气$PM_{2.5}$浓度的影响。同时，为考察不同年级、不同性别的学生宿舍空气质量情况，在一年级本科生、二年级本科生、三年级本科生、四年级本科生、硕士研究生和博士研究生宿舍里各选取2间男生宿舍、2间女生宿舍，共24间学生宿舍进行$PM_{2.5}$浓度实时监测。

（4）幼儿园：在上海市区典型场所选取了一家幼儿园，从2015年10月到2016年9月对其室内外空气$PM_{2.5}$进行了长达1年的采样。在室内外同时采集，在室外采用Airmetrics采样泵，流量为5 L/min；在室内采用SKC采样泵，流量为2 L/min或4 L/min。工作日的采样按照2 L/min的速度连续3天采样，周末的采样按照4 L/min的速度连续2天采样。

2.2 样品采集

2.2.1 采样地点

在北京、上海、广州三座典型城市各选取1户民宅、1间办公室、1间学生宿舍和1所幼儿园，进行室内外空气$PM_{2.5}$样品手工采集，用以分析$PM_{2.5}$化学组分。为了能在三座城市更好地对比不同典型场所的空气质量差异，按照同样的原则来选择这四类典型场所。各典型场所选取的原则如下：

（1）民宅：① 市中心人群高度密集民宅区；② 民宅区内临近交通要道的民宅；③ 家庭成员结构相同；④ 装修条件相差不大。

（2）办公室：① 位于市中心位置；② 室内皆有打印机；③ 装修条件相差不大；④ 室内人员结构和数量相同。

（3）学生宿舍：① 市内的男研究生宿舍；② 宿舍装有空调；③ 室内成员为4～8人；④ 人员生活习惯良好，无抽烟、烹饪行为。

（4）幼儿园：① 市中心人群高度密集处的幼儿园；② 幼儿园临近交通要道；③ 幼儿园规模相近。

2.2.2 采样要求

民宅的室内采样点设在客厅中央位置，办公室和学生宿舍的室内采样点设在室内中央位置，幼儿园的室内采样点设在教室的中央，采样点距门窗1 m以上，距墙壁0.5 m以上，并远离通风口。民宅的室外采样点设在阳台或者楼顶天台，办公室、学生宿舍和幼儿园的室外采样点设在场所附近或室外空旷处，要求附近无其他明显污染源。室内外采样高度皆为1.5 m左右。

同时，采样期间同步记录室温、室外大气温度、相对湿度、风速、风向、气压和降水量等气象条件；并详细记录室内源（香烟烟雾、燃料燃烧、烹饪和其他室内活动）发生情况和室内环境通风状况（自然通风和机械通风）。

每个城市进行为期一年的典型场所室内外空气$PM_{2.5}$样本采集。室内外空气$PM_{2.5}$样本采集在一年12个月内每个月采样2次，为了对比工作日和周末的不同，采样一次在工作日进行，一次在周末进行。室内外空气$PM_{2.5}$样本采集需要4台仪器，其中室内2台、室外2台，分别采用石英滤膜和特氟龙（Teflon）滤膜，以便进行不同化学组分的分析。

2.2.3 样品分析

2.2.3.1 浓度的测定

（1）称量

采样前后，将特氟龙滤膜置于恒温恒湿箱［T（温度）=20±1℃，RH（湿度）=50%±2%］内平衡24 h，用赛多利斯CPA26P天平称量，在相同条件下平衡1 h后再次称量，同一滤膜两次称量的质量差应小于0.02 mg，并将两次称量结果的平均值作为滤膜质量。当称量完毕后，将滤膜放回膜盒中避光保存，然后将其储存在4℃的冰箱环境中，用于成分分析。

（2）浓度计算

颗粒物浓度的计算式为

$$\rho=\frac{m-m_0}{V_{\mathrm{nd}}} \tag{2-1}$$

式中：ρ——颗粒物浓度，μg/m³；

m——采样后滤膜质量，μg；

m_0——采样前滤膜质量，μg；

V_{nd}——采样的标准体积（273 K，101.325 kPa），m³。

其中：

$$V_{\mathrm{nd}}=V_{\mathrm{m}}\times\frac{P_{\mathrm{A}}}{101.325}\times\frac{273}{273+t_{\mathrm{A}}} \tag{2-2}$$

式中：V_{m}——所测定温度、压强条件下的样品总体积，m³；

P_{A}——采样时环境的大气压强，kPa；

t_{A}——采样时环境温度，℃。

2.2.3.2 水溶性离子分析

本研究采用离子色谱（ion chromatography，IC）分析滤膜样品中的Na^+、K^+、Ca^{2+}、Mg^{2+}、NH_4^+、Cl^-、NO_3^-和SO_4^{2-}等水溶性离子。离子色谱采用美国Dionex/3000型离子色谱仪。分析阴离子和阳离子的淋洗液分别为弱碱（76.2 mmol/L NaOH水溶液）和弱酸（20 mmol/L甲基磺酸水溶液，MSA）。该方法相对标准偏差均低于5%，检出限达10 μg/L，回收率为80% ~ 120%，用标准溶液（GBW 08606）进行常规质量控制，保证数据可靠。

（1）样品的提取及检测

对折采样后的特氟龙滤膜，裁取1/2样品用于离子分析。取10 mL超纯水于洁净烧杯中，用镊子夹取剪裁的样品，将采样面朝下放入烧杯中，漂浮在水面上，并保证膜面与水面完全接触没有气泡。若有气泡，则可用洁净的针头将气泡刺破。用保鲜膜封闭烧杯口，记录样品编号及烧杯编号。将烧杯放入超声波振荡清洗器中提取30 min，在提取过程中加入适量冰块以防止温度过高，然后用一次性针筒吸取上层清液，用0.45 μm PTFE（聚四氟乙烯）过滤头过滤去除不溶颗粒物，将滤液装入洁净的离心管中，密封后放入专用冰箱4℃环境下保存直至分析。用1 mL一次性针筒吸取滤液，采用离子色谱进行分析、检测，得到样品中各待测水溶性离子的峰面积，利用标准曲线求得浓度。

（2）浓度计算

各阴离子的浓度计算式为

$$\rho=\frac{\rho_i \times V_s}{V_{nd}} \times \frac{m}{m_1} \tag{2-3}$$

式中：ρ——水溶性离子的浓度，$\mu g/m^3$；

ρ_i——从标准曲线得到目标化合物的浓度，μg/mL；

V_s——样品提取液的总体积，mL；

V_{nd}——所采气样的标准体积（273 K，101.325 kPa），m^3；

m_1——1/2滤膜的质量，μg；

m——滤膜采样后的质量，μg。

2.2.3.3 元素分析

采用标准方法对特氟龙滤膜样品进行元素分析，可分析23种元素在样品中的含量，包括：Al、Na、Cl、Mg、Si、S、K、Ca、Ti、V、Cr、Mn、Fe、Ni、Cu、Zn、As、Se、Br、Sr、Cd、Ba、Pb。所用仪器为日本理学RIX 3000型波长色散X射线荧光光谱仪（WDXRF），Rh靶X射线管。在测量时，X射线管电压为50 kV，电流为50 mA，样式为粗狭缝，视场光阑直径为30 mm，真空（3.7～6.7 Pa）。

本研究采用电感耦合等离子体质谱法（inductively coupled plasma mass spectrometry，ICP-MS）和X射线荧光光谱法（XRF）两种方法对特氟龙滤膜样品进行元素分析，其中，ICP-MS分析元素包括Na、Mg、Al、K、Ca、Ti、Cr、Mn、Fe、Ni、Cu、Zn、Pb、As、Sr、Cd、Mo、Co，XRF分析元素包括Al、Na、Cl、Mg、Si、S、K、Ca、Ti、V、Cr、Mn、Fe、Ni、Cu、Zn、As、Se、Br、Sr、Cd、Ba、Pb。

（1）样品的提取及检测（ICP-MS）

对折采样后的特氟龙滤膜，裁取1/2样品用于元素分析。将剪碎后的滤膜放入特氟龙消解罐中，依次加入6 mL硝酸和2 mL氢氟酸，使酸溶液浸没滤膜碎片，摇匀后盖上消解罐的盖子，之后将消解罐放入Mars微波消解仪，设置二段加热消解程序（包括功率、温度、时间等参数），消解完毕待冷却至室温后，打开消解罐。消解液定容至10 mL容量瓶中，上机分析。随机抽取样品总量的10%重复测试，每种元素的偏差都应小于5%。在正式采样前，要用标准溶液做各元素的标线，并输入仪器软件，样品进入ICP-MS后直接能输出各元素占$PM_{2.5}$的质量分数，再用公式计算各元素的浓度。

（2）浓度计算

各元素的浓度计算式为

$$\rho=\frac{\rho_i \times V_s}{V_{nd}} \times \frac{m}{m_2} \qquad (2-4)$$

式中：ρ——水溶性离子的浓度，μg/m^3；

ρ_i——从标准曲线得到目标化合物的浓度，μg/mL；

V_s——样品提取液的总体积，mL；

V_{nd}——所采气样的标准体积（273 K，101.325 kPa），m^3；

m_2——1/2滤膜的质量，μg；

m——滤膜采样后的质量，μg。

（3）样品的检测（XRF）

当X射线管产生的初级X射线照射到特氟龙滤膜表面时，颗粒物所含待测元素原子受到激发后发射出特征X射线，经探测器接收后，将其光信号转变为模拟电信号，经过模数变换器将模拟电信号转换为数字信号并送入计算机进行处理，获取待测元素特征X射线强度，根据元素特征谱峰强度与含量对应的数学模型计算待测元素含量。

2.2.3.4 碳组分分析

本研究采用热光反射法（TOR）分析滤膜$PM_{2.5}$中的有机碳（OC）和元素碳（EC）。所采用的仪器为美国沙漠研究所（DRI）研制的Model 2001A热光碳分析仪。TOR由国际知名研究机构美国沙漠研究所开发，依据的是IMPROVE热/光反射协议，已被广泛应用于颗粒物碳组分的分析。TOR分析原理（表2-1）为：样品于氦气气氛下在石英炉中加热到850℃，在升温过程中较易挥发的OC首先从滤膜上释放出来，另有部分OC在较高的温度下才发生热解，其中的一部分OC因碳化转化为聚合碳（OPC），其他的OC从滤膜上释放，随氦气进入二氧化锰氧化炉中与氧气混合，并在二氧化锰的催化作用下氧化，产生的二氧化碳随氦气引出氧化炉并与氢气混合，在500℃条件下经镍的催化作用还原成甲烷并引入火焰离子化检测器（FID）进行定量测量。

（1）样品的检测

用特制打孔器，在石英滤膜上截取合适面积的膜片，用Model 2001A热光碳分析仪，采用热光反射法（TOR）测量小膜片上的OC和EC的含量。

表2-1　TOR分析原理

检测环境	无氧、纯氦				2%氧气、纯氦		
加热温度/℃	120	250	450	550	550	700	800
检测产物	OC_1	OC_2	OC_3	OC_4	EC_1	EC_2	EC_3

$$OC=OC_1+OC_2+OC_3+OC_4+OPC$$

$$EC=EC_1+EC_2+EC_3-OPC$$

（2）浓度计算

OC/EC的浓度计算式为

$$\rho=\frac{\rho_{si}\times S}{V_{nd}} \tag{2-5}$$

式中：ρ——OC/EC的浓度，μg/m^3；

ρ_{si}——目标化合物的单位膜面积浓度，μg/cm^2；

S——滤膜上颗粒物（$PM_{2.5}$、PM_{10}）的覆盖面积，cm^2；

V_{nd}——所采气样的标准体积（273 K，101.325 kPa），m^3。

2.2.3.5　痕量有机物分析

本研究需要检测的有机组分包括16种多环芳烃，分别为萘（Nap）、苊（Acy）、苊（Ace）、芴（Flu）、菲（Phe）、蒽（Ant）、荧蒽（Fl）、芘（Pyr）、苯并（*a*）蒽（B*a*A）、䓛（Chr）、苯并（*b*）荧蒽（B*b*F）、苯并（*k*）荧蒽（B*k*F）、苯并（*a*）芘（B*a*P）、茚并（1，2，3-*c*，*d*）芘（Inp）、二苯并（*a*，*h*）蒽（DBA）、苯并（*g*，*h*，*i*）苝（B*ghi*P）。Nap属于2环，Acy、Ace、Flu、Phe、Ant属于3环，Fl、Pyr、B*a*A、Chr属于4环，B*b*F、B*k*F、B*a*P、DBA属于5环，InP和B*ghi*P属于6环。其中，2环、3环属于低环多环芳烃，4环属于中环多环芳烃，5环、6环属于高环多环芳烃。

（1）样品的处理及检测

将样品剪碎，置于玻璃离心管中，加入适量二氯甲烷，采用超声波清洗器振荡提取20 min，重复提取3次，在超声提取过程中要加入适量冰块控制超声温度。将三次提取液合并置于离心管中，加入适量无水Na_2SO_4颗粒，放置30 min。随后转移液体至圆底烧瓶中，采用旋转蒸发仪（≤35℃）浓缩，至1 mL左右时加入正己烷，继续旋蒸至1 mL左右。用0.45 μm有机相滤膜过滤浓缩液，氮吹至100 μL以下，定容至100 μL。设定GC-MS（气相色谱-质谱联用仪）的升温程序和离子化条件，进样，选择离子扫描模式进行扫描，分析待测物浓度。

（2）浓度计算

由下列公式计算各组分的浓度：

$$\rho=\frac{\rho_{si}\times V_s}{V_{nd}} \tag{2-6}$$

式中：ρ——有机组分的浓度，μg/m^3；

ρ_i——从标准曲线得到目标化合物的浓度，μg/mL；

V_s——样品提取液的总体积，mL；

V_{nd}——所采气样的标准体积（273 K，101.325 kPa），m^3。

2.3 质量保证和质量控制

2.3.1 $PM_{2.5}$实时监测仪器

2.3.1.1 $PM_{2.5}$实时监测仪器的准确性测试

（1）与称量法对比

$PM_{2.5}$实时监测仪器选取的是国产清天朗日QT50智能空气质量监测仪（以下简称QT50监测仪）。为了保证测量结果的准确性，将随机抽取的5台QT50监测仪及

10台美国SKC（出售空气采样设备的公司）仪器和4台美国Airmetrics（出售空气监测仪器的公司）仪器，于同一时间段、同一地点、相同条件下进行空气$PM_{2.5}$的监测和采样，结果如表2-2所示。

表2-2　QT50监测仪与SKC仪器、Airmetrics仪器称量法的$PM_{2.5}$浓度对比

仪器	仪器编号	采样体积/m^3	$PM_{2.5}$浓度/（$\mu g \cdot m^{-3}$）	平均值/（$\mu g \cdot m^{-3}$）	比对检验
SKC	1	4.86	59.73	58.71	两两比较，p值均大于0.05，三个仪器的测试结果一致性较好
	2	4.85	63.88		
	3	4.85	78.31		
	4	4.86	61.73		
	5	4.85	74.22		
	6	4.86	51.49		
	7	4.86	47.33		
	8	4.86	47.37		
	9	4.86	59.73		
	10	4.86	43.25		
Airmetrics	A	13.23	43.84	54.45	
	B	13.23	57.45		
	C	13.20	58.33		
	D	13.23	58.20		
QT50	Ⅰ	—	61.49	58.65	
	Ⅱ	—	54.48		
	Ⅲ	—	59.09		
	Ⅳ	—	61.41		
	Ⅴ	—	56.80		

注：对比测试的时间为2015年4月29日18:10至5月1日14:00；地点为复旦大学公共卫生学院3楼办公室室内；平均温度为20.3℃（16.3～24.3℃）。

统计学检验显示，QT50监测仪与SKC仪器的数据服从正态分布，方差不齐，两者之间进行t检验，$p=0.990>0.05$，说明两者无统计学差异；Airmetrics仪器的

数据不服从正态分布，方差不齐，两者进行秩和检验，$p=0.413>0.05$，说明两者无统计学差异。由此可知，QT50监测仪与SKC仪器、Airmetrics仪器所测数据一致性较好。

（2）与科研专用的直读式$PM_{2.5}$监测仪（MicroPEM）对比

MicroPEM是一种连续式监测仪，通过光散射法直接读取实时数值浓度，如图2-1所示，具有良好的稳定性。光散射法在一定程度上弥补了膜称量法的不足，可实现浓度的实时显示，具有快速、灵敏、体积小，可以存储及输出电信号从而实现自动控制等优点，为颗粒物的现场监测提供了可能。

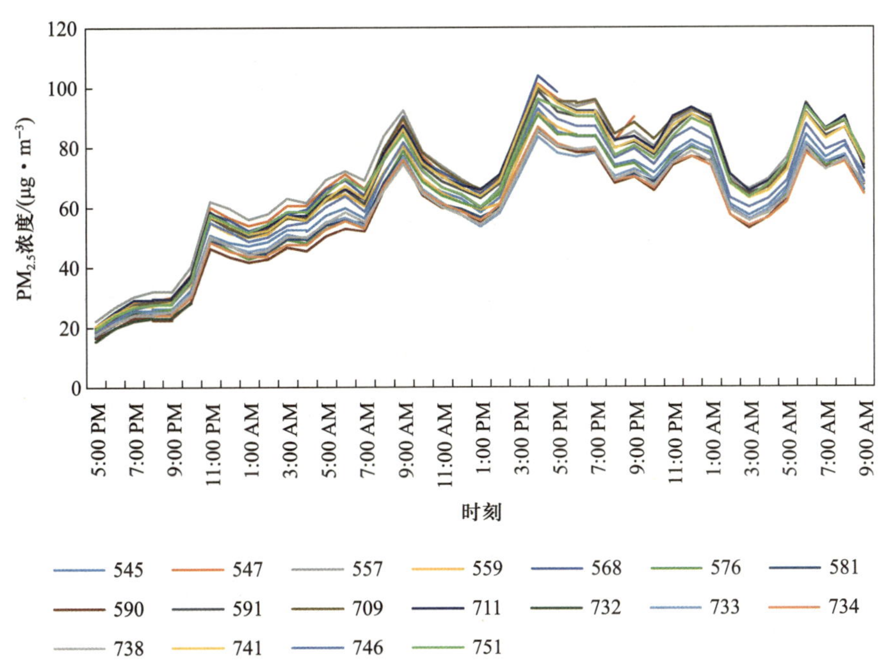

图2-1　18台MicroPEM所测数据折线图

将40台QT50监测仪与18台MicroPEM于同一时间段、同一地点、相同条件下进行采样，比较和评价两类直读式监测仪的相关性。以QT50监测仪的数据为横轴，以MicroPEM的数据为纵轴，将MicroPEM与QT50监测仪数据进行曲线拟合（图2-2），线性拟合度R^2为0.887，方程为$y=0.948\ 1x+0.01$，斜率为0.948 1。统计学检验结果显示，两组数据均不符合正态性，故而对两组数据进行秩和检验，

p=0.412 > 0.05，表明二者无统计学差异。可见，这两组数据具有很高的一致性，即在相同条件下监测相同地方的空气质量，QT50监测仪所测数据与MicroPEM所测数据相关性很高。

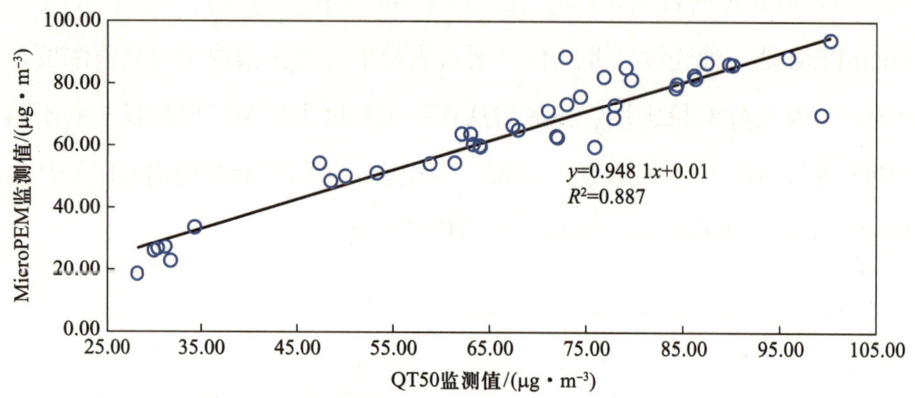

图2-2　QT50与MicroPEM监测值对比图

（3）与生态环境部大气监测站数据对比

QT50监测仪可以通过WiFi连接互联网，将所得数据实时上传至网络后台——清天朗日网站，并可随时下载进行分析。同时，在上海市空气质量实时发布系统中下载由上海市10大监测站点监测到的空气质量实时数据，分别计算其日平均值，画出折线图（图2-3）。从图中可以看出，二者随时间的推移，一致性较好。

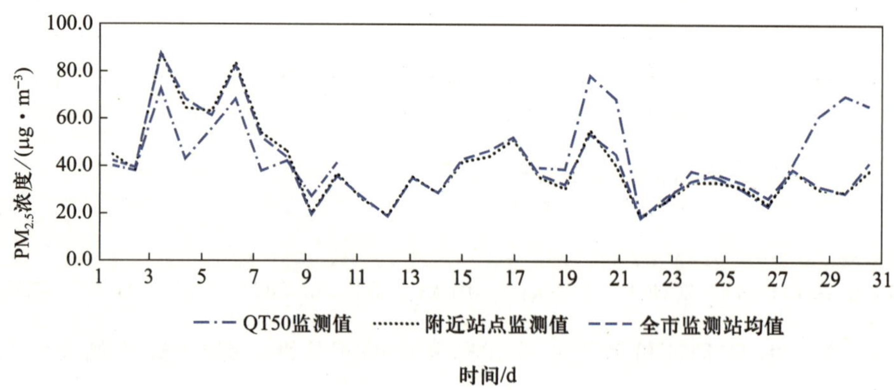

图2-3　QT50监测仪与监测站对比图

2.3.1.2 $PM_{2.5}$实时监测仪器的平行性测试

将QT50监测仪分三批共进行了98台仪器的平行性测试对比。第一批共42台仪器（编号为1—42号）；第二批共26台仪器（编号为43—68号），第三批共30台仪器（编号为69—98）。三批测试分别在2015年3月31日，4月1日和4月21—23日间进行，在第二批和第三批的测试中，均有从第一批测试中挑选出来的稳定性较好的10台仪器同时参与测试。

仪器平行性的筛选方法：按照第一批42台仪器的平均值及其上下20%浮动的范围，进行第一批仪器的筛选。第二批和第三批仪器，按照同时参与的第一批仪器的平均值及其上下20%浮动的范围进行挑选。具体做法为，计算每台仪器的小时平均值，并对同一个小时内不同仪器的小时平均值求平均，从而得到一条平均值线。由此平均值线上下浮动20%，得到两条边界线。处于两条边界线内的，符合本课题对监测仪器平行性的筛选要求（图2-4、图2-5、图2-6中红色粗线为平均值线上下浮动20%后的边界线，中间彩色深线则为QT50监测仪所测得的数据趋势折线）。

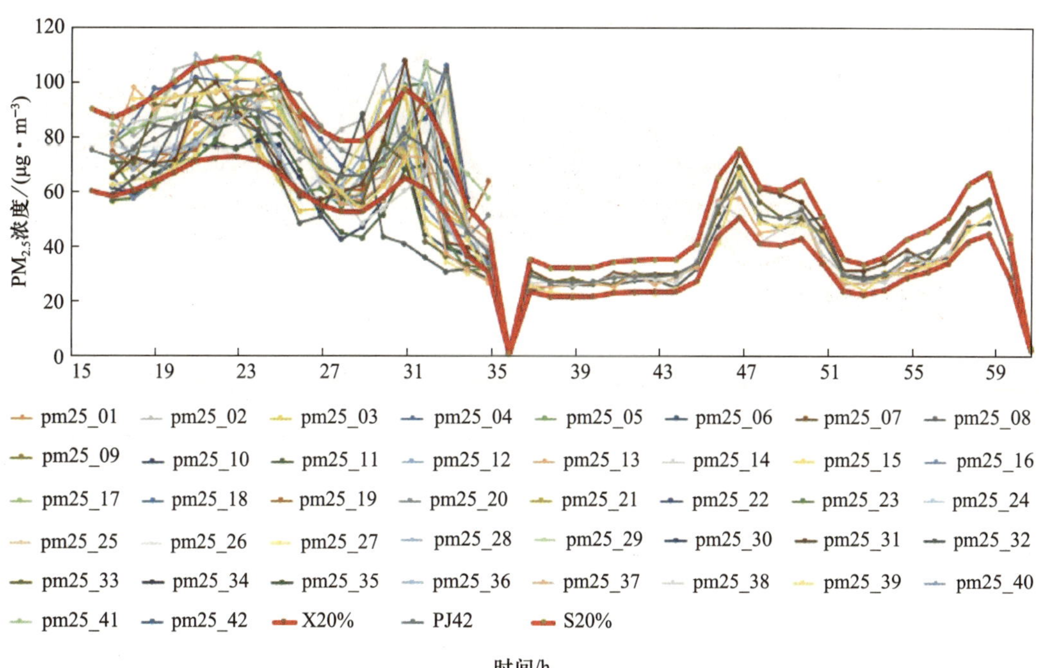

图2-4 平行性测试中第一批42台仪器中符合要求的29台趋势图

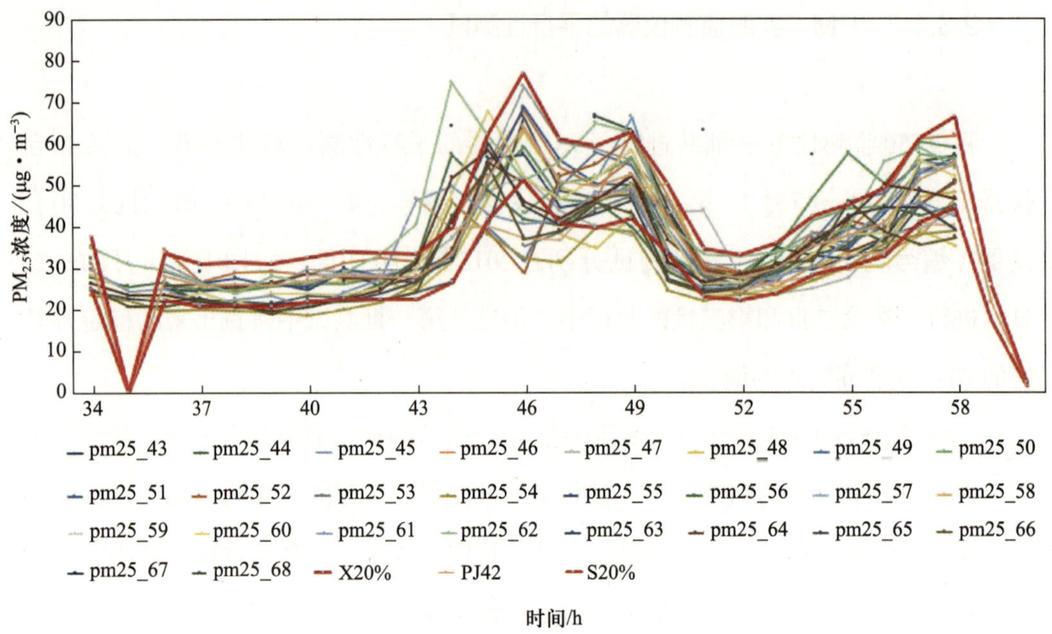

图 2-5　平行性测试中第二批 26 台仪器中符合要求的 20 台趋势图

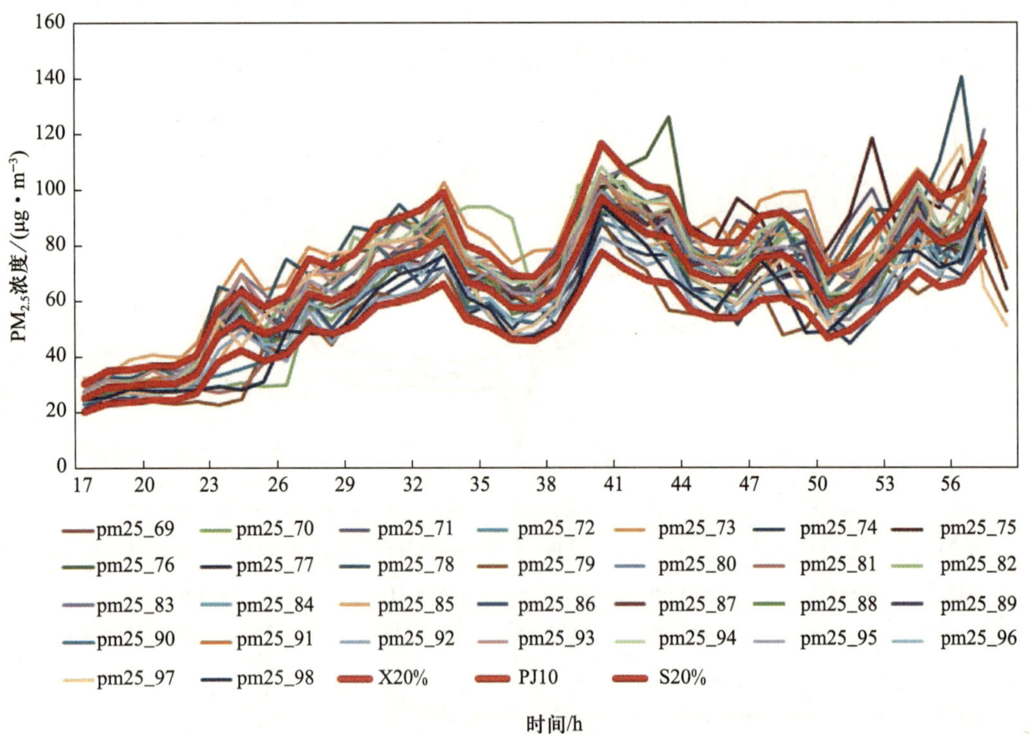

图 2-6　平行性测试中第三批 30 台仪器中符合要求的 23 台趋势图

最终，从98台仪器中筛选出72台仪器，剔除了26台不符合平行性要求的仪器。

2.3.1.3 $PM_{2.5}$实时监测仪器校正

将不同温度、相对湿度下QT50监测仪监测结果和称量法结果的差值分别进行相关性分析，发现两种方法测得结果的差值与相对湿度显著相关，斯皮尔曼相关系数为0.361，p=0.001；与温度亦显著相关，斯皮尔曼相关系数为−0.255，p=0.027。为进一步探究温度、相对湿度对QT50监测仪、MicroPEM和称量法三种方法的影响，图2−7和图2−8分别显示了在不同温度和相对湿度下，三种方法$PM_{2.5}$浓度实测值的分布情况。由图2−7可以看出，随着温度的增加，QT50监测仪的实测值与利用其他两种方法所测结果均没有发现明显的变化趋势，说明温度对QT50监测仪的影响较小。

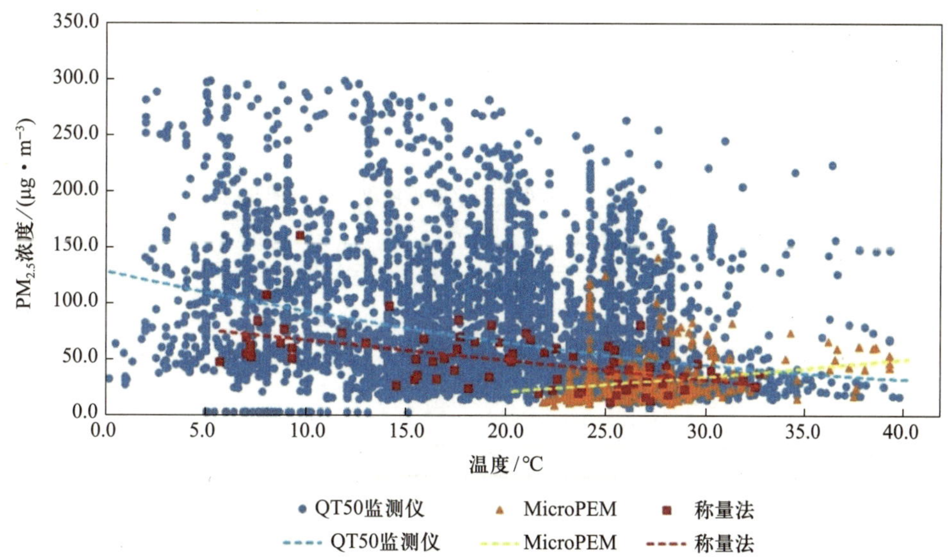

图2−7 在不同温度下QT50监测仪、MicroPEM和称量法$PM_{2.5}$浓度实测值的分布

然而，从图2−8可以看出，随着相对湿度的增加，QT50监测仪的实测值与利用其他两种方法所测结果的分布存在较大差异，相对湿度越高，QT50监测仪的实测值偏离称量法的实测值越远。说明相对湿度是QT50监测仪的重要影响因素。

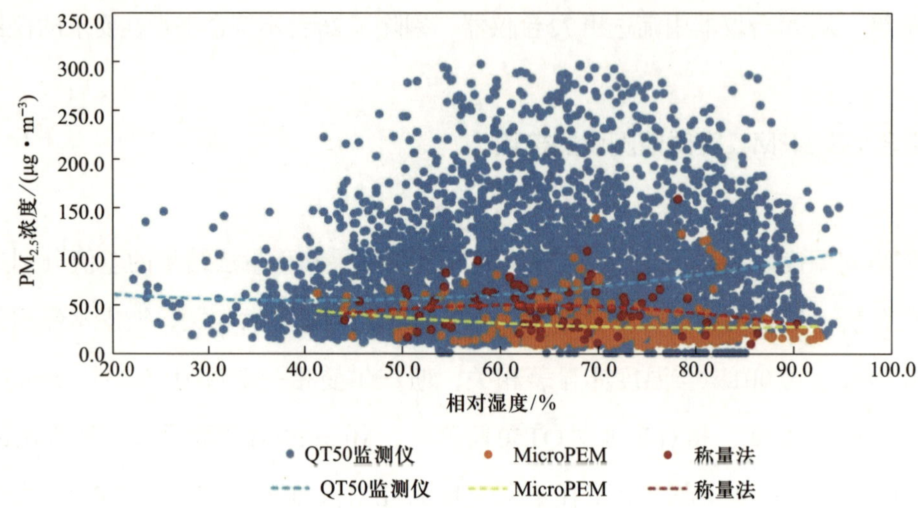

图2-8 在不同相对湿度下QT50监测仪、MicroPEM和称量法$PM_{2.5}$浓度实测值的分布

根据上述结果，考虑通过利用称量法的质量浓度、温度、相对湿度三个因素对QT50监测仪质量浓度实测值进行校正。以称量法结果（$\mu g/m^3$）为因变量，测得的QT50监测仪质量浓度（$\mu g/m^3$）、温度、相对湿度（%）为自变量，进行多元线性回归（表2-3）。

表2-3 多元线性回归模型选择

自变量	QT50监测仪质量浓度	QT50监测仪质量浓度+*RH*	QT50监测仪质量浓度+*RH*+*T*
自变量个数	1	2	3
样本量	75	75	75
残差平方和	11605.23	9361.75	8859.19
R^2	0.87	0.89	0.90
调整R^2	0.75	0.79	0.80
常数项	14.15（2.65）	50.65（9.11）	57.45（9.54）
$QT50^a$	0.48（0.03）	0.50（0.03）	0.47（0.03）
RH^b	—	−0.58（0.14）	−0.53（0.14）
T^c	—	—	−0.41（0.20）

注：*a*、*b*、*c*分别为QT50、相对湿度、温度前系数，括号中为系数标准误差（SE）。

比较调整R^2后，选择模型：

$$QT50_{校正}=57.45+0.47\times QT50-0.53\times RH-0.41\times T \quad (2-7)$$

式中：QT50校正——QT50监测仪质量浓度校正值，μg/m³；

QT50——QT50监测仪质量浓度实测值，μg/m³；

RH——环境相对湿度，%；

T——环境温度，℃。

通过对模型（2-7）进行十折交叉验证，平均R^2为0.789，平均调整R^2为0.786，与模型拟合R^2=0.899、调整R^2=0.800相比较，模型验证结果良好。

校正后QT50监测仪测量空气中细颗粒物质量浓度结果与称量法的比值由1.51（0.66）变为1.09（0.38）（图2-9），相对偏差（RD）由51%降至9%，因此可见这两种方法的监测结果的差异变小。二者间差异无统计学意义（p=0.962）。经斯皮尔曼相关性分析，校正后QT50监测仪与称量法监测结果差值与温度、相对湿度相关关系不显著（p=0.861；p=0.288）。

MicroPEM也是一种基于光散射原理的细颗粒物质量浓度监测仪器，但其输出

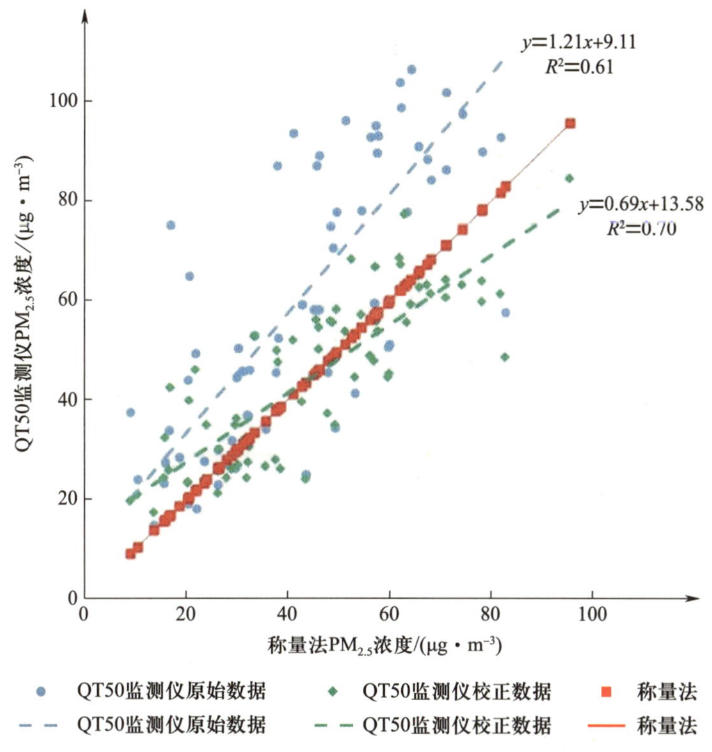

图2-9　QT50监测仪校正前后与称量法结果的比较

结果是经由内部算法对相对湿度进行校正后的值。故以其结果作为对照，验证本研究对QT50监测仪的校正模型。

MicroPEM监测结果平均值略高于称量法监测结果（图2-10），二者间差异无统计学意义（p=0.136），故可以认为MicroPEM准确性较好，可作为光散射原理标准值进行对照。MicroPEM与称量法结果比值平均为1.08（0.37），相对偏差为8%。而校正后QT50监测仪监测结果与称量法的比值为1.09（0.38），相对偏差为9%，二者与称量法结果的相对偏差接近，校正后QT50监测仪监测结果与MicroPEM无显著差异（p=0.269）。

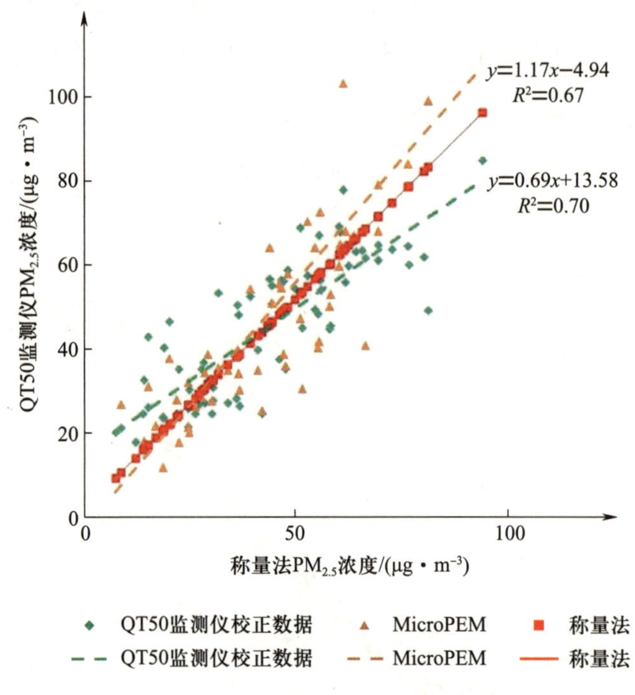

图2-10　QT50监测仪校正后与MicroPEM测量值的比较

同时，本研究采用同样的方法对济南诺方颗粒物监测仪SDM805（济南诺方科技有限公司）进行准确性和平行性测试。该仪器的工作原理为：气流经位于采样器底部的抽气泵进入检测模块，检测模块采用光散射法测定其浓度，记录值可精确到0.1 μg/m^3，每1 min记录一次，连续观测室内环境的$PM_{2.5}$浓度的时间变化特征。采样前，使用便携式细颗粒物连续监测仪（Dusttrak Aerosol Monitor 8530）对仪器进行校准，得到$y=1.02x+1.33$（$R^2=0.999$）回归方程，式中，x代表便携式细颗粒物连续监测仪的实时浓度，μg/m³；y代表颗粒物监测仪SDM805的实时浓度，μg/m³。将待检测的颗粒物监测仪置于同一环境中进行平行性测试，确保实验仪器的相对偏差小于10.0%。

在本项目的典型场所$PM_{2.5}$质量浓度监测实验中，同时选用了QT50监测仪和济南诺方颗粒物监测仪SDM805两种仪器。

2.3.2 $PM_{2.5}$膜采样研究

2.3.2.1 采样过程

采样前、后，滤膜应放在恒温恒湿箱（T=20±1℃，RH=50%±2%）内平衡24 h，再进行称量。

采样器在采样前、后进行流量标定，以确保采样流量的准确性。

采样前需要对石英滤膜进行一定的预处理：用铝箔包裹好石英滤膜并留有开口，放入马弗炉进行烘烤除去杂质，设定温度为500℃，持续时间为4 h，以除去石英滤膜的本底杂质，烘烤完毕冷却至100℃以下，取出滤膜，在自然状态下冷却至常温。

采集环境样品的滤膜要在采样结束后尽快收集到膜盒中，并在分析前保存在冰箱内，保存温度为−18℃左右。

采样前、后，滤膜应放在膜盒中保存，并放置在−4℃左右的移动冰箱中运输保存。

采样完毕后，用镊子将滤膜从采样器上取出，放入原膜盒中，然后装入密封袋中，带回实验室存放在冰箱中。

采样期间同步记录各场所环境温度和相对湿度。

2.3.2.2 分析检测过程

每张滤膜要进行两次称量，两次称量结果的误差须保持在0.04 mg以内，以两次称量结果的平均值作为滤膜的称量值。

实验过程中所使用的镊子，均用去离子水超声洗涤、晾干后，用烘过的铝箔包好镊子尖头与膜接触的部分，并装入密封袋中放置，防止镊子上黏附污染物。

采样滤膜的称重、提取、分析均在密闭干净的实验室内完成，避免实验环节灰尘落入采样膜引起误差。

2.3.2.3 空白加标回收率实验

为确保痕量有机物分析检测结果的准确性，本研究同步进行了空白加标回收率实验。取空白石英滤膜，加入0.1 mL标准溶液［PAHs（多环芳烃）、PAEs（邻苯二甲酸酯）、HCB（六氯苯）浓度分别为1.0 μg/mL、5.0 μg/mL、0.5 μg/mL］，采用样品预处理方法提取痕量有机物，采用气相色谱-质谱联用仪（GC-MS）进行分析检测，得到各物质的浓度，并计算其回收率。本研究中，除Nap外的所有痕量有机物的回收率均为80%～125%，而Nap的回收率为60%，相对较低，这是由于该物质具有较强的挥发性。

第三章　北京市典型场所室内外空气$PM_{2.5}$污染特征

本章对北京市典型场所（办公室、学生宿舍、民宅）室内外空气进行了$PM_{2.5}$膜采样研究，同时对学生宿舍进行了$PM_{2.5}$浓度实时监测，通过水溶性离子分析、元素分析、碳组分分析和痕量有机物分析等方法，研究了学生宿舍室内空气$PM_{2.5}$浓度与室外环境等因素之间的关系。此外，分析了北京市典型场所室内外空气$PM_{2.5}$的理化特性，包括化学组成、水溶性离子、有机碳和元素碳、重金属元素、多环芳烃。最后，进行了室内外空气$PM_{2.5}$来源解析，得到各种污染源对$PM_{2.5}$的贡献，其中包括二次转化源、燃煤源、机动车源、工业排放源、土壤风沙尘源、建筑尘源等。

3.1　研 究 方 法

3.1.1　北京市典型场所室内外空气$PM_{2.5}$浓度监测研究

为考察不同位置的学生宿舍室内空气$PM_{2.5}$浓度情况，在北京航空航天大学共选取了12间学生宿舍（分布情况见表3-1）及2个室外监测点，$PM_{2.5}$浓度的实时监测仪器选用济南诺方颗粒物监测仪SDM805。该监测工作从2015年春季持续到2015年冬季。

表3-1　室内空气$PM_{2.5}$浓度实时监测宿舍分布情况

因素	监测宿舍分布情况
市区、郊区	市区8间，郊区4间
年级	本科生一年级、二年级各2间，研究生一年级、二年级各4间
性别	男生宿舍8间，女生宿舍4间

3.1.2　北京市典型场所室内外空气$PM_{2.5}$膜采样研究

本研究在北京市城区内选择一户民宅、一间学生宿舍、一间办公室作为研究对象，自2014年12月至2016年2月，共完成了802份$PM_{2.5}$样品采集。其中，民宅位于海淀区某民宅小区9层，该楼与北边及西边道路的距离均大于50 m。一对中年夫妻及女儿共三人居住，无人吸烟，每日烹饪两次（早、晚各一次）。工作日白天无人在家，周末人员活动较多，属于典型的上班族家庭。学生宿舍位于海淀区某大学宿舍区10层，该宿舍楼距东边及北边道路均大于50 m，有四人居住，均为男生。人员活动集中在工作日晚上7点到次日早上9点及周末，属于典型的大学生宿舍。办公室位于海淀区某办公大厦19层，该大厦距北四环路大于200 m，人员活动集中在上午9点到下午6点。室外采样点设在北京航空航天大学校园北部某三层实验楼的楼顶，距离北四环路200 m左右，周围无遮挡。室内外同时采集，每个典型场所采样点放置两台便携式$PM_{2.5}$采样仪（MiniVol，Airmetrics，美国），分别内置石英滤膜（47 mm，沃特曼，英国）和特氟龙滤膜（Teflon，47 mm，沃特曼，英国）进行$PM_{2.5}$样品采集，以用于后续的$PM_{2.5}$质量分析和化学成分分析。采样流量为5 L/min，采样时间持续72 h（冬季采样持续48 h），每周采样两次，每个场所每个季节至少采样一个月。采样前对设备进行校准。采样完毕后，用镊子将滤膜从采样器中取出，装入滤膜盒，然后再装入密封袋中，带回实验室放入冰箱保存。同时记录采样期间各场所环境温度和湿度。采样期包括四个季节，春季：2015.3.16—2015.5.30，夏季：2015.6.1—2015.8.31，秋季：2015.9.1—2015.10.30，冬季：2014.12.15—2015.2.28和2015.11.1—2016.1.21。

3.2 典型场所室内外空气$PM_{2.5}$污染特征

从2015年春季开始的$PM_{2.5}$浓度实时监测结果表明：绝大多数情况下，室内空气$PM_{2.5}$的浓度低于室外，且与室外空气$PM_{2.5}$的变化趋势较为接近，但是变化曲线更为平缓，这主要是因为室外空气$PM_{2.5}$在向室内渗透过程中部分颗粒受到拦截或者进入室内后又发生了沉降。同时，还发现室内空气$PM_{2.5}$的浓度变化较室外具有一定的滞后性。以上结果表明本研究中室内空气$PM_{2.5}$主要来源于室外传输。但是在某些情况下，室内空气$PM_{2.5}$浓度会出现区别于室外的短暂峰值，这是因为室内空气$PM_{2.5}$浓度除了受到室外传输的影响，还受到当时室内源的作用（如清扫、烹饪、人员走动等）。

3.2.1 典型场所室内空气$PM_{2.5}$浓度的月变化

监测结果表明［图3-1（a）、（b）］，4、5月份的室外空气$PM_{2.5}$浓度日变化相似，均是夜间高白天低，学生宿舍室内空气$PM_{2.5}$浓度日变化规律基本类同于室外空气$PM_{2.5}$浓度日变化规律，一方面说明了学生宿舍内$PM_{2.5}$主要来源于室外，另一方面说明了夜间随着地面温度逐渐降低、大气边界层趋于稳定，大气扩散条件转差，导致大气环境$PM_{2.5}$不断聚积，$PM_{2.5}$浓度达到一天中的高峰期。

图3-1（c）显示随着月份的推进，室外气温逐渐升高，大气扩散条件逐渐变好，故室外空气$PM_{2.5}$浓度逐渐下降；而室内空气$PM_{2.5}$的浓度也在4—6月呈下降趋势，表明学生宿舍$PM_{2.5}$浓度受室外传输的影响较大；此外，夏季学生宿舍室内

外空气$PM_{2.5}$浓度差较春季更小，推测与夏季的通风换气频率更高有关。

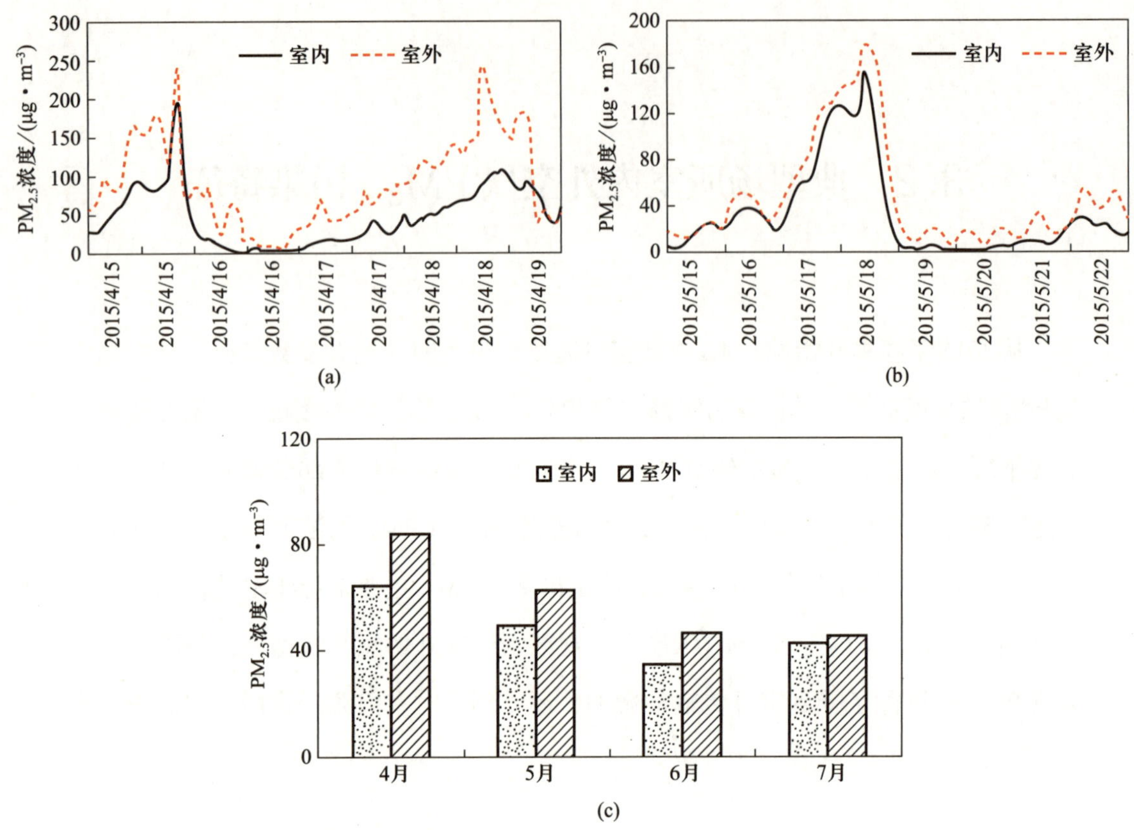

图3-1　学生宿舍室内外空气$PM_{2.5}$实时浓度变化

(a) 4月；(b) 5月；(c) 月份变化

3.2.2　典型场所室内空气$PM_{2.5}$浓度与室外环境的关系

从监测点所处环境来说，本研究中设置了4间郊区宿舍（北京市昌平区沙河高教园区）和8间市区宿舍（北京市海淀区北京航空航天大学），监测结果表明：郊区学生宿舍和市区学生宿舍室内空气$PM_{2.5}$浓度日变化趋势相似，均是夜间浓度高于白天。在绝大部分时间，市区学生宿舍内$PM_{2.5}$浓度高于郊区学生宿舍。由图3-2可以看出，当大风天气来临时，市区和郊区学生宿舍室内空气$PM_{2.5}$浓度均会急剧下降，但是市区学生宿舍$PM_{2.5}$的变化滞后于郊区，主要是因为郊区学生宿舍采样点位于昌平区沙河高校园区，而昌平区地处北京市西北方向，是北京市的上风口，冷空气一般从此进入北京，故郊区$PM_{2.5}$浓度先于市区下降。

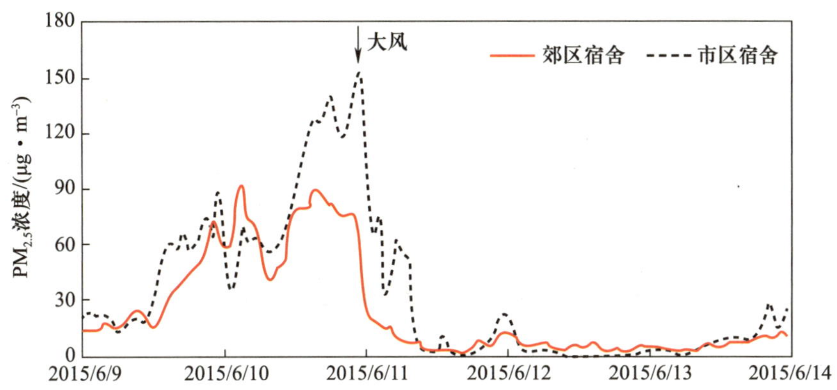

图3-2 郊区、市区学生宿舍室内空气$PM_{2.5}$实时浓度变化

从监测点所处位置来说，本研究设置了临街学生宿舍（距离马路0 m）和不临街学生宿舍两类监测点（距离马路大于100 m），结果表明：绝大部分时间，临街学生宿舍室内空气$PM_{2.5}$浓度高于不临街学生宿舍，说明了周边环境对学生宿舍室内空气$PM_{2.5}$浓度具有显著的影响，如图3-3所示。

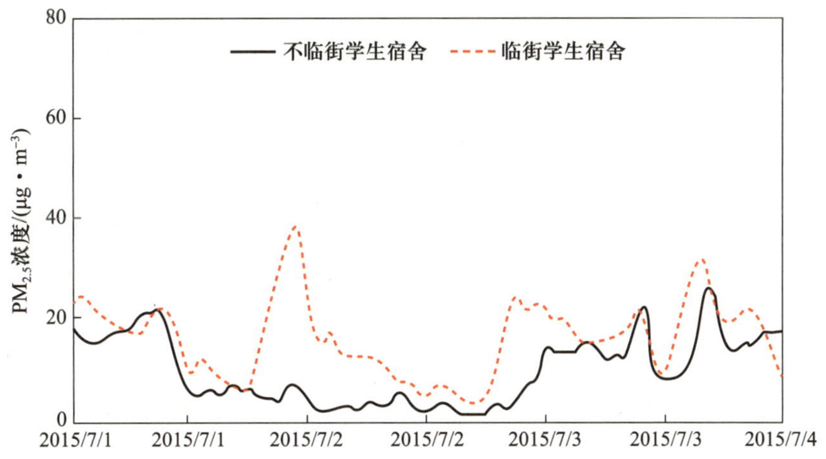

图3-3 不同位置学生宿舍室内空气$PM_{2.5}$实时浓度变化

3.3 典型场所室内外空气 $PM_{2.5}$ 理化特性

2014年12月至2016年2月，研究人员在办公室、学生宿舍、民宅三个典型室内场所及室外共采集了802个样品。采样期间，为了使三个室内场所及室外的样品更具可比性，采取四个采样点同时采样、同批次样品同时分析的方式。

3.3.1 典型场所室内外空气 $PM_{2.5}$ 浓度

表3-2列出了不同季节典型场所 $PM_{2.5}$ 膜采样的平均浓度。结果表明：室内外空气 $PM_{2.5}$ 平均浓度呈现冬季最高，春、秋季次之，夏季最低，这与先前的研究结果一致。冬季出现峰值的主要原因包括三点：一是采暖期燃煤量增加，导致颗粒物及其前体物的排放量增加。尽管北京四环内已经实现天然气替代煤，但是四环外、周围农村地区及河北仍然采用煤或固体燃料来烹饪和取暖；二是地面逆温频率的增加导致污染物在近地层不断累积，形成了不利的扩散条件；三是低温会促进半挥发性物质向颗粒态转化。夏季室外 $PM_{2.5}$ 的污染水平相对较低，这主要是因为夏季温度升高，大气稳定度降低，有利于颗粒物扩散，同时夏季降雨较多，对细颗粒物的冲刷影响较大。春季室外沙尘天气频繁发生，且气候干燥、少雨多风，秋季降雨相对夏季较少、相对湿度比夏季低，导致春、秋季 $PM_{2.5}$ 浓度比夏季高。

表3-2　不同季节典型场所 $PM_{2.5}$ 膜采样的平均浓度　　单位：$\mu g/m^3$

场所	春季	夏季	秋季	冬季
办公室	56.6	43.4	45.3	89.8
学生宿舍	54.7	40.1	57.3	71.0
民宅	32.3	23.8	24.9	46.0
室外	67.6	44.2	57.6	85.5

本研究在春、夏、秋、冬季四个季节分别在办公室、学生宿舍、民宅、室外四个场所进行$PM_{2.5}$浓度的实时监测，结果表明不同季节各场所的$PM_{2.5}$浓度有所不同。显而易见，民宅的$PM_{2.5}$浓度明显低于办公室及学生宿舍，推测这是因为民宅的室内环境较为清洁，室内无明显的污染源，且参与者不吸烟，每天仅做饭两次（早、晚餐），工作日白天无人在家，故民宅门窗经常处于闭合状态，室外空气$PM_{2.5}$的渗透量较小。而办公室定期开窗，人员活动频繁，每周会打扫一次卫生；学生宿舍居住条件较为拥挤，白天长期开窗通风，人员活动时间一般集中在20：00至第二天9：00（其中，冬季监测第一周为春节期间，无人居住），故这两个场所受室外空气$PM_{2.5}$的渗透影响较大。

3.3.2 典型场所室内外空气$PM_{2.5}$主要化学组成

2014年12月至2016年2月，办公室、学生宿舍、民宅、室外$PM_{2.5}$化学组成见图3-4。结果表明，所分析的颗粒物各组分，包括硫酸铵［$(NH_4)_2SO_4$］、硝酸铵（NH_4NO_3）、有机质（OM）、元素碳（EC）、地壳物质，较好地重建了$PM_{2.5}$的浓度，其他组分分别占据了办公室、学生宿舍、民宅、室外的6.71%、3.37%、4.50%、9.91%，推测是由某些未检出的组分及在估算OM和地壳物质质量浓度时的误差所导致。对于四个场所，OM是占比最高的化学组分（办公室、学生宿舍、民宅、室外分别为40.97%、39.60%、46.24%、32.98%），其次是$(NH_4)_2SO_4$、NH_4NO_3、地壳物质，占比最低的化学组分是EC（办公室、学生宿舍、民宅、室外分别为5.23%、5.40%、5.39%、5.37%）。三个室内场所OM和$(NH_4)_2SO_4$的占比均高于室外，地壳物质的占比均低于室外，EC的占比与室外基本相同。

各典型场所$PM_{2.5}$的化学组成呈现不同的季节差异。图3-5是室外空气$PM_{2.5}$化学组成的季节性变化。二次离子（SNA，包括SO_4^{2-}、NO_3^-、NH_4^+）在$PM_{2.5}$中的占比呈现的变化趋势为：夏季（49.77%）＞秋季（45.27%）＞春季（42.37%）＞冬季（33.95%）。地壳物质呈现春季（29.08%）＞夏季（12.39%）＞冬季（10.44%）＞秋

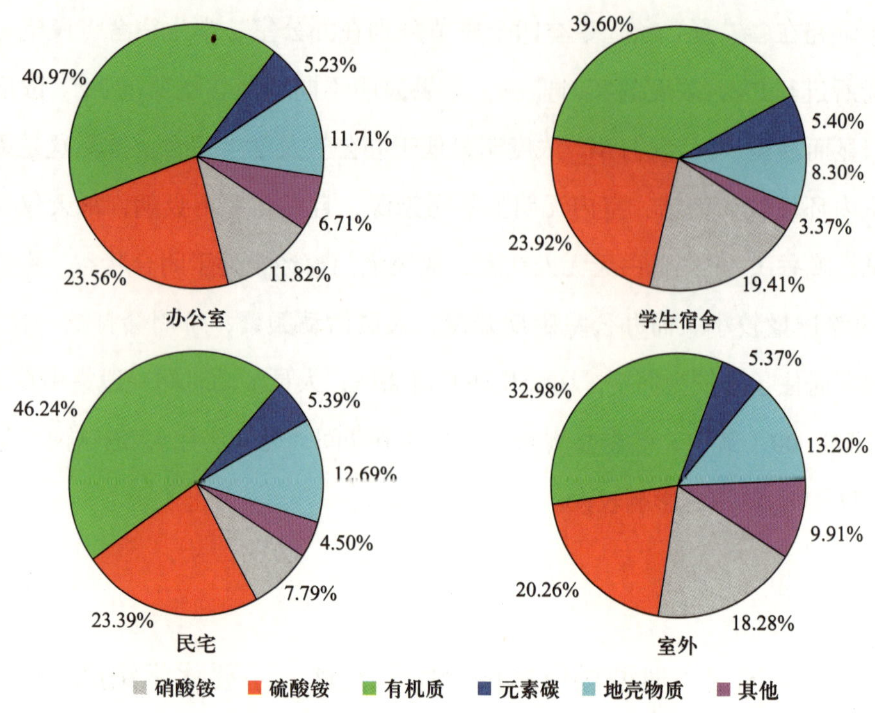

图 3-4　典型场所空气 $PM_{2.5}$ 化学组成（整个采样期间）

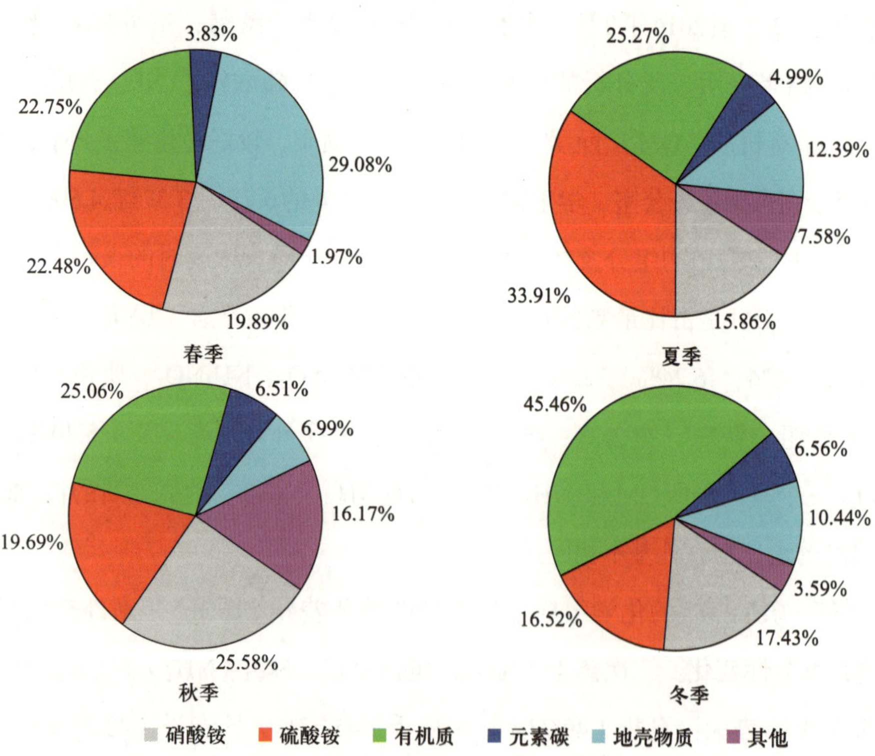

图 3-5　室外空气 $PM_{2.5}$ 化学组成的季节性变化

季（6.99%）的递减趋势。OM在冬季最高（45.46%），其次为夏季（25.27%）和秋季（25.06%），春季最低（22.75%）。EC则是秋季、冬季要高于春季、夏季。

图3-6是办公室$PM_{2.5}$化学组成的季节性变化。二次离子在$PM_{2.5}$中的占比呈现的变化趋势为：夏季（39.70%）> 春季（39.07%）> 秋季（34.77%）> 冬季（27.60%）。地壳物质呈现春季（18.24%）> 夏季（11.83%）> 冬季（6.05%）> 秋季（5.52%）的递减趋势，与室外相同。OM在秋季（45.93%）最高，其次为夏季（43.68%）和冬季（42.56%），春季最低（35.65%）。EC的变化与室外相同，秋季、冬季要高于春季、夏季。

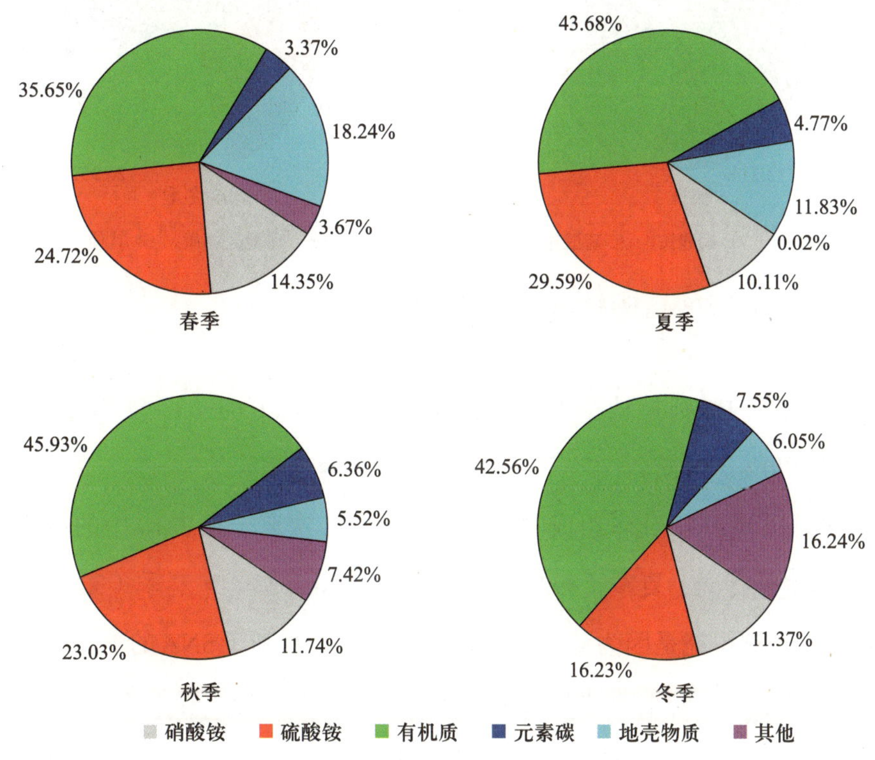

图3-6　办公室$PM_{2.5}$化学组成的季节性变化

图3-7是学生宿舍$PM_{2.5}$化学组成的季节性变化。二次离子在$PM_{2.5}$中的占比呈现的变化趋势为：春季（47.17%）> 夏季（45.42%）> 冬季（45.50%）> 秋季（25.73%）。地壳物质春季（11.96%）最高，约为夏季、秋季、冬季的1.2、2.3、2.5倍。OM在秋季（42.40%）和冬季（41.16%）较高，春季（34.92%）和夏季

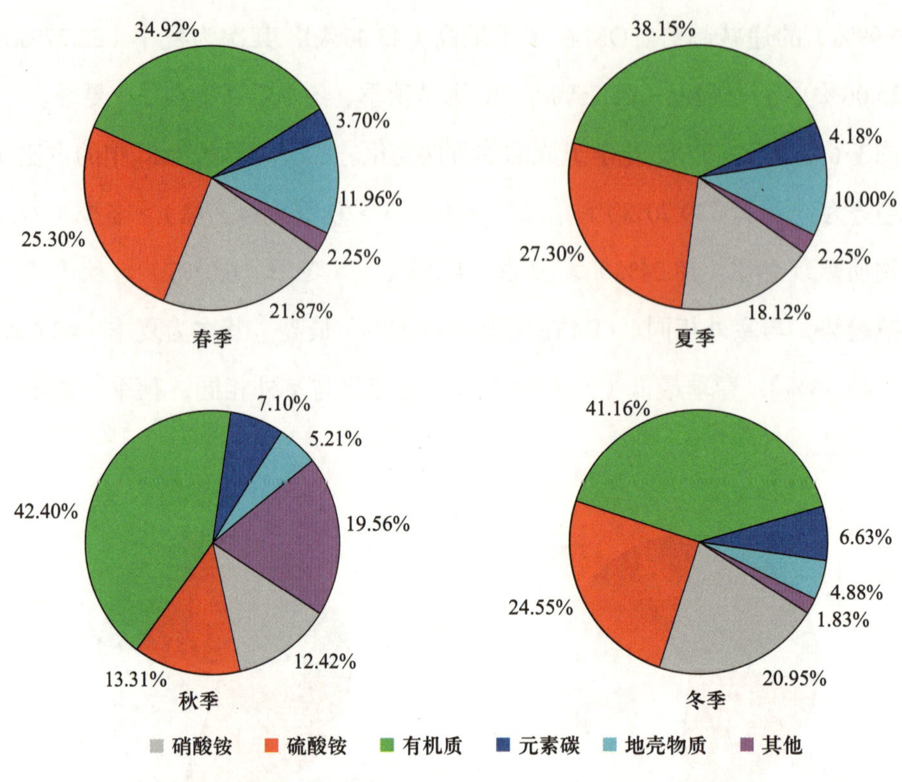

图3-7 学生宿舍$PM_{2.5}$化学组成的季节性变化

（38.15%）较低。EC则是秋季（7.10%）最高，冬季（6.63%）、夏季（4.18%）次之，春季（3.70%）最低。

图3-8是民宅$PM_{2.5}$化学组成的季节性变化。二次离子在$PM_{2.5}$中的占比呈现的变化趋势与室外相同，夏季（39.85%）> 秋季（36.23%）> 春季（32.01%）> 冬季（25.50%），这可能是因为夏季光照强、温度高，有利于SNA的生成。除二次离子组分外的其他组分的季节性变化则不同于室外。地壳物质春季（15.28%）最高，约为夏季、秋季、冬季的2.1、1.8、1.1倍，推测这与北京春季风沙较大有关。OM在冬季最高（50.03%），其次为秋季（47.13%），春季（40.08%）和夏季（37.69%）较低，且相差不大；EC则是秋季（8.10%）最高，其次为夏季（6.19%），春季（3.63%）和冬季（4.58%）相差不大，这可能与冬季采暖期燃煤、大气扩散条件较差等因素有关。

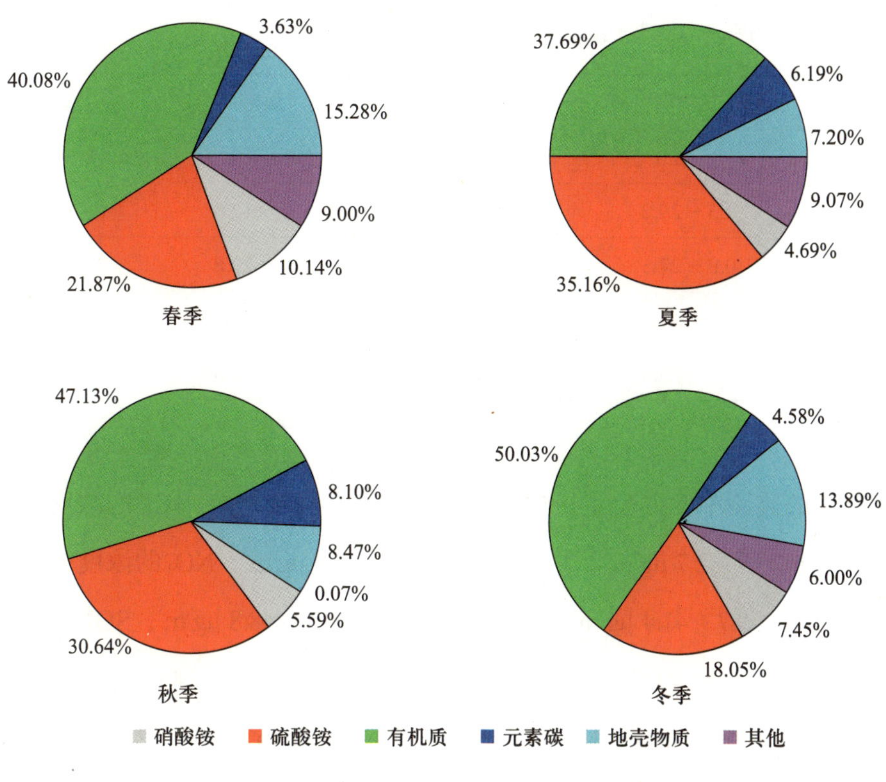

图3-8　民宅$PM_{2.5}$化学组成的季节性变化

3.3.3　典型场所室内外空气水溶性离子的分布特征

NO_3^-、SO_4^{2-}、Cl^-、NH_4^+是$PM_{2.5}$中主要的水溶性离子组分，办公室、学生宿舍、民宅、室外样品中水溶性离子的浓度范围分别为3.4 ~ 65.6 μg/m³、2.6 ~ 83.7 μg/m³、3.0 ~ 52.5 μg/m³、3.4 ~ 102.3 μg/m³，相应的年平均浓度分别为21.0 μg/m³、24.4 μg/m³、12.6 μg/m³、28.9 μg/m³，占$PM_{2.5}$的30% ~ 50%（表3-3）。一般而言，水溶性离子在$PM_{2.5}$中的占比夏季最高（办公室、学生宿舍、民宅、室外分别为43.5%、49.7%、56.3%、50.8%），冬季最低（办公室、学生宿舍、民宅、室外分别为31.6%、43.2%、31.5%、38.2%）。需要指出的是，在以上三个室内场所中，民宅对应的水溶性离子的浓度最低、学生宿舍最高，推测与民宅门窗经常关闭、学生宿舍经常开窗通风有关。

表3-3　典型场所水溶性离子浓度　　单位：μg/m³

离子	办公室	学生宿舍	民宅	室外
Cl^-	0 ~ 3.3	0 ~ 2.7	0 ~ 5.4	0 ~ 31.5
NO_3^-	0.3 ~ 29.2	0.7 ~ 41.4	0.3 ~ 12.6	0.4 ~ 48.8
SO_4^{2-}	0.8 ~ 27.5	0.3 ~ 29.9	1.9 ~ 22.8	1.5 ~ 49.1
NH_4^+	0 ~ 20.2	0.3 ~ 20.3	0 ~ 11.7	0.4 ~ 22.0
总浓度	3.4 ~ 65.6	2.6 ~ 83.7	3.0 ~ 52.5	3.4 ~ 102.3

在全年的监测中，办公室、学生宿舍、民宅、室外样品中Cl^-的浓度范围分别为0 ~ 3.3 μg/m³、0 ~ 2.7 μg/m³、0 ~ 5.4 μg/m³、0 ~ 31.5 μg/m³，NO_3^-的浓度范围分别为0.3 ~ 29.2 μg/m³、0.7 ~ 41.4 μg/m³、0.3 ~ 12.6 μg/m³、0.4 ~ 48.8 μg/m³，SO_4^{2-}的浓度范围分别为0.8 ~ 27.5 μg/m³、0.3 ~ 29.9 μg/m³、1.9 ~ 22.8 μg/m³、1.5 ~ 49.1 μg/m³，NH_4^+的浓度范围分别为0 ~ 20.2 μg/m³、0.3 ~ 20.3 μg/m³、0 ~ 11.7 μg/m³、0.4 ~ 22.0 μg/m³。对于学生宿舍和室外，NO_3^-、SO_4^{2-}、Cl^-、NH_4^+的年平均浓度由高到低依次为$SO_4^{2-} > NO_3^- > NH_4^+ > Cl^-$；在办公室和民宅，这四种水溶性离子的年平均浓度由高到低依次为$SO_4^{2-} > NH_4^+ > NO_3^- > Cl^-$。

在监测期间，这四种水溶性离子浓度的变化具有明显的季节特征（图3-9）。水溶性离子浓度冬季最高，这可能是由于冬季采暖期间煤和生物质燃烧量增加，导致大气中气态污染物和颗粒物的增加，同时边界层的抬升及较低的气温形成了较差的扩散条件，导致气态污染物（NH_3、NO_2、SO_2）向颗粒态（NH_4^+、NO_3^-、SO_4^{2-}）转化。对室外场所来说，Cl^-浓度夏季最低、冬季最高，冬季一般为夏季的4.1 ~ 24.7倍，这可能是由冬季取暖燃煤量的增加及生物质的燃烧引起的；SO_4^{2-}的浓度秋季最低，冬、春季较高，推测是由于春季和冬季燃煤取暖导致SO_2排放量增多，夏季高温、高湿的环境会增强光化学反应，进而增强SO_4^{2-}的形成；夏季NO_3^-的浓度明显低于其他季节，这是由于尽管高温会增强光化学反应，但是也会加快NH_4NO_3的分解及其从滤膜上的蒸发；冬季NH_4^+的浓度明显高于其他季节，这是由于夏季高温促进NH_4NO_3的分解及冬季低温有利于NH_4NO_3细颗粒物的形成。三个室内场所水溶性离子的季节性变化与室外基本相同。

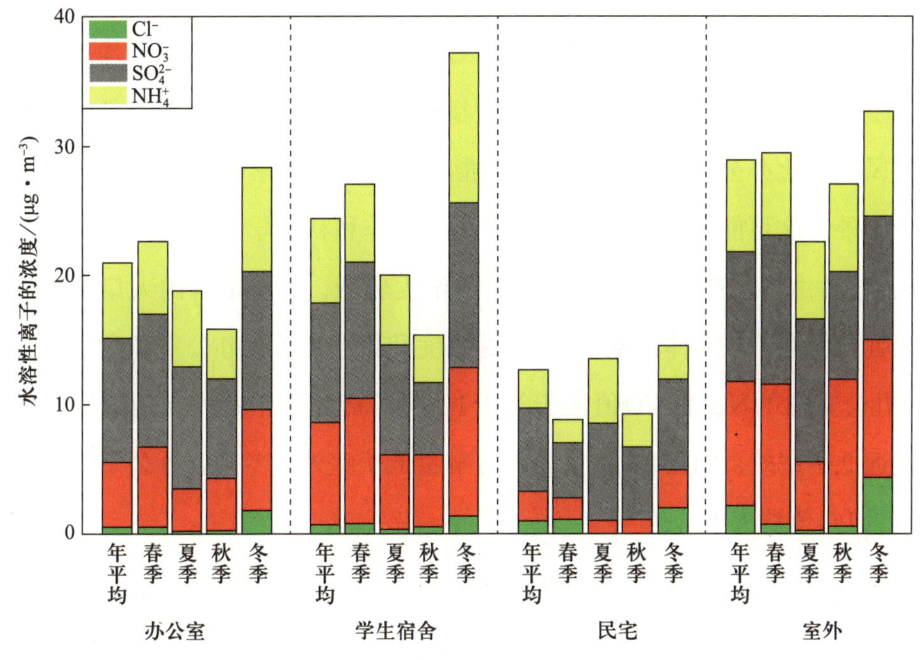

图3-9 不同季节典型场所空气$PM_{2.5}$中水溶性离子的浓度

NO_3^-/SO_4^{2-}值分析法可定性分析移动源和固定源对$PM_{2.5}$的相对贡献，较低的NO_3^-/SO_4^{2-}值可以表示固定源的贡献较大，相反，较高的比值则表示移动源的贡献较大。本研究中室外样品NO_3^-/SO_4^{2-}的年平均值为0.97，高于广州（0.79）、上海（0.64），这表明移动源排放对北京颗粒物的贡献较大，但远低于几乎不燃煤的美国洛杉矶和鲁比杜（2～5），这表明燃煤源对北京$PM_{2.5}$仍有一定的贡献。室外样品中NO_3^-/SO_4^{2-}值在春、夏、秋、冬四季分别为1.0、0.5、1.4、1.1，该结果远高于2001—2003年北京冬季的0.49，高于成都（春、夏、秋、冬四季分别为0.63、0.44、0.70、0.62）、杭州（春、夏、秋、冬四季分别为0.41、0.25、0.37、0.57），表明近年来北京大规模削减燃煤，SO_2减排显著，同时，移动源的贡献更加突出。此外，本研究中移动源的贡献在夏季最低、秋季最高。除了排放源的影响，气象因素在一定程度上也会影响NO_3^-/SO_4^{2-}值，夏季高温、高湿环境更有利于SO_4^{2-}的形成，同时会促进NH_4NO_3的分解。

表3-4列出了三个室内场所$PM_{2.5}$中Cl^-、NO_3^-、SO_4^{2-}、NH_4^+与室外相应离子浓度的比值（I/O值）。结果表明，不同场所各水溶性离子的I/O值不同，不同季节各水溶性离子的室内外相关性也不同。从I/O年平均值来看，四种离子均呈现学生宿舍 > 办公室 > 民宅的趋势，这表明学生宿舍受室外影响较大，推测是由于学生宿舍的通风状况比办公室、民宅好。需要指出的是，冬季学生宿舍的水溶性离子溶度高于室外，这可能与室内源的影响有关。春季和秋季学生宿舍内Cl^-的I/O值均大于1，这是由于在这两个季节室外Cl^-的浓度较低，学生宿舍内人口密度大、空间小，脏衣服堆积、人体汗液引起Cl^-的浓度升高；夏季，办公室和学生宿舍内的NO_3^-、办公室内的NH_4^+的I/O值大于等于1，这可能是由于室内空调的使用使得室内温度远低于室外，NH_4NO_3在室内的分解量低于室外。冬季，办公室和学生宿舍内SO_4^{2-}的I/O值均大于1。

表3-4　$PM_{2.5}$中水溶性离子室内外I/O值

离子	办公室					学生宿舍					民宅				
	年平均	春季	夏季	秋季	冬季	年平均	春季	夏季	秋季	冬季	年平均	春季	夏季	秋季	冬季
Cl^-	0.8	1.0	0.6	0.6	0.7	1.1	1.3	0.7	1.1	0.9	0.4	0.9	0.0	0.2	0.3
NO_3^-	0.8	0.7	1.0	0.6	0.8	1.1	0.9	1.5	0.9	0.9	0.4	0.5	0.5	0.2	0.3
SO_4^{2-}	0.9	0.9	0.9	0.9	1.2	0.9	0.9	0.9	0.7	1.4	0.7	0.7	0.7	0.8	0.7
NH_4^+	0.9	0.8	1.0	0.7	0.9	0.9	1.0	0.9	0.6	1.1	0.5	0.7	0.8	0.4	0.3

3.3.4　典型场所室内外空气有机碳和元素碳的分布特征

办公室、学生宿舍、民宅、室外碳组分的年平均浓度分别为19.1 μg/m³、17.8 μg/m³、14.4 μg/m³、20.2 μg/m³，在相应的$PM_{2.5}$中的占比分别为34.5%、33.7%、42.2%、27.7%。在整个采样期间，办公室、学生宿舍、民宅、室外OC的浓度范围分别为3.5 ~ 42.3 μg/m³、4.5 ~ 43.3 μg/m³、3.8 ~ 38.5 μg/m³、2.7 ~ 71.1 μg/m³，相对应的EC浓度范围分别为0.1 ~ 16.0 μg/m³、0.2 ~ 10.6 μg/m³、0.4 ~ 5.5 μg/m³、

0.4 ~ 14.1 μg/m^3。在所有季节中，三个室内场所的OC浓度均高于室外，而EC浓度均低于室外。推测室内存在产生有机碳的源，而EC则主要产生于室外，包括煤燃烧、机动车排放、生物质燃烧等。$PM_{2.5}$中碳组分呈现明显的季节性变化。对于四个监测点，OC和EC的浓度冬季最高，秋季、春季次之，夏季最低，且OC的增长率高于EC。这可能就是产生上述现象的原因：一方面，由于冬季取暖，燃煤源产生的$PM_{2.5}$占比增大；另一方面，冬季较为稳定的气象条件不利于污染物的扩散。

OC/EC值通常用来评估是否有二次有机气溶胶的形成，也可用来识别一次有机碳产生源的主要燃料的类型。办公室、学生宿舍、民宅、室外OC/EC值分别为2.3 ~ 44.8、3.1 ~ 24.1、3.1 ~ 25.1、1.9 ~ 11.6，年均值分别为8.4、6.7、7.4、4.7。OC/EC值为0.5 ~ 0.8表示与重型柴油车有关，为1.3 ~ 2.3表示与轻型汽油车有关，为3.3 ~ 13.1则表示与家庭采暖（包括生物质、木材、天然气的燃烧）及道路扬尘有关。不同于OC和EC的变化趋势，OC/EC值在夏季和秋季低于春季，冬季最高，推测是由于北京11月至第二年3月为采暖期，春、冬季燃烧大量的煤、生物质及木材（农村）。

办公室、学生宿舍、民宅、室外二次有机碳（SOC）的年平均浓度分别为6.1 μg/m^3、4.3 μg/m^3、3.1 μg/m^3、5.0 μg/m^3，分别占相应的OC浓度的37.6%、28.5%、25.4%、30.0%。在三个室内场所中，只有办公室的SOC年平均浓度高于室外。四个场所的SOC浓度都存在季节性变化。冬季SOC的浓度最高（办公室、学生宿舍、民宅、室外分别为13.2 μg/m^3、5.4 μg/m^3、4.9 μg/m^3、7.8 μg/m^3），推测是因为冬季稳定的大气环境和较低的温度会促进空气污染物的积累及加快挥发性有机物在颗粒物上的凝聚速度。室外SOC的浓度在夏、秋季相近，均较低；办公室和民宅夏季最低，而学生宿舍则是秋季最低。然而，室外的SOC/OC值则呈现春季（42.8%）> 夏季（42.1%）> 秋季（32.0%）> 冬季（28.0%），这一结果与其他研究发现的夏季比值较高的结果相一致。冬季SOC的占比较低，主要是由于冬季温度较低，光照强度较弱，从而导致光化学反应减弱，不利于SOC的生成。研究表明，冬季一次源的贡献较高，如采暖期燃煤源、柴油机动车源等。

3.3.5 典型场所室内外空气重金属元素的分布特征

本研究检测了$PM_{2.5}$中的15种元素（Na、Mg、Al、Ca、K、Fe、Ti、Ni、Cu、Zn、Mn、Sr、Cr、Cd、Pb），图3-10为四个场所的$PM_{2.5}$样品中各种元素的年平均浓度及各个季节的平均浓度。办公室、学生宿舍、民宅、室外样品中所有检测的金属元素（total detected element，TDE）的年平均浓度分别为3.9 μg/m^3、3.1 μg/m^3、2.8 μg/m^3、4.4 μg/m^3，相应地，在$PM_{2.5}$中的占比分别为7.1%、5.9%、8.1%、6.5%。室外的TDE年平均浓度最高。TDE在$PM_{2.5}$中的占比在春季最高（办公室、学生宿舍、民宅、室外分别为10.0%、8.5%、14.1%、10.0%），约为秋季、冬季的两倍，这与春季扬尘源的贡献增大有关。

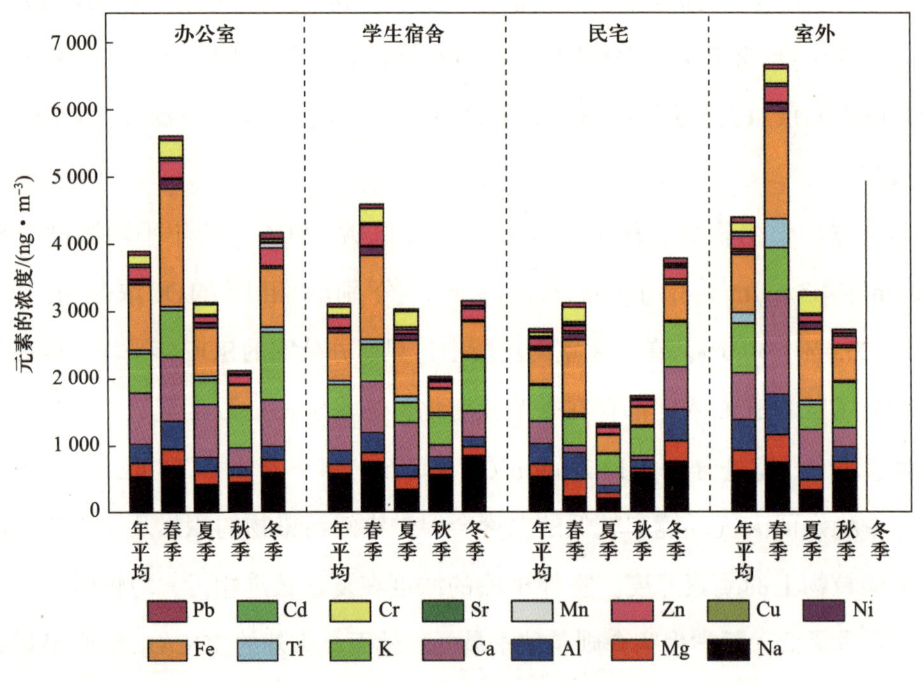

图3-10 四个场所的$PM_{2.5}$样品中各种元素的年均浓度及各个季节的平均浓度

7种地壳元素（Na、Mg、Al、Ca、K、Fe、Ti）是$PM_{2.5}$中的主要元素成分，全年平均浓度在办公室、学生宿舍、民宅、室外分别占TDE的87.4%、86.3%、88.3%、87.4%。除民宅外的三个场所地壳元素的浓度在春季最高（办公室、学生宿舍、室外分别为4.9 μg/m^3、3.9 μg/m^3、6.0 μg/m^3）、在秋季最低（办公室、学生宿舍、室外分别为1.9 μg/m^3、1.9 μg/m^3、2.5 μg/m^3），这是由于春季雨水较少，沙尘天气频繁发生，运移了大量土壤尘。而民宅则呈现冬季最高（3.4 μg/m^3）、夏季最低（1.2 μg/m^3），推测是由于冬季（46.2 μg/m^3）民宅内$PM_{2.5}$的浓度远高于春季（22.4 μg/m^3），而民宅的室内$PM_{2.5}$主要来自室外。8种微量元素（Ni、Cu、Zn、Mn、Sr、Cr、Cd、Pb）在四个场所的TDE中所占比重都很小，均低于15%。

对室外来说，Ti、Cu、Zn、Mn、Pb在春季、冬季的浓度高于夏季、秋季，Cd在秋季、冬季的浓度稍高于春季、夏季，而最高浓度均出现在冬季。产生这一现象的原因主要有：① 冬季城市集中供热系统中煤或天然气的燃烧增加了重金属元素的产生量；② 北京冬季干燥，湿沉降较弱，而且气象条件（如低温及缓慢的空气对流）有利于金属元素在颗粒物中的凝聚。三个室内场所得到相似的季节性变化。研究表明，Zn与交通源的排放、工业冶金的排放有关，Pb主要来源于工业燃煤；Cu、Cd主要来源于道路交通。Ni春季最高，均超过欧盟规定的室外Ni的浓度水平（20 ng/m^3），秋季最低，除民宅以外的三个场所均呈现夏季远高于冬季的现象，民宅则呈现相反的结果。Mn在冬季、春季的浓度高于夏季、秋季，推测与采暖期燃煤有关。

表3-5列出了各典型场所$PM_{2.5}$中金属元素室内外I/O年平均值。办公室的Na、Ca、K、Zn、Fe、Mn、Sr、Cd的I/O年平均值稍大于1，推测办公室内可能存在室内源；民宅Ni和Cr的I/O年平均值大于1，表明民宅室内可能存在室内源；学生宿舍所有检测元素的I/O年平均值均小于1，表明学生宿舍内金属元素主要来源于室外。

表3-5　各典型场所$PM_{2.5}$中金属元素室内外I/O年平均值

元素	办公室	学生宿舍	民宅	元素	办公室	学生宿舍	民宅
Na	1.12	0.98	0.85	Cu	0.99	0.64	0.62
Mg	0.98	0.6	0.42	Zn	1.16	0.96	0.53
Al	0.54	0.33	0.56	Mn	1.15	0.77	0.39
Ca	1.1	0.66	0.44	Sr	1.5	0.63	0.59
K	1.13	0.87	0.6	Cr	0.78	0.61	1.37

续表

元素	办公室	学生宿舍	民宅	元素	办公室	学生宿舍	民宅
Ti	0.22	0.35	0.1	Cd	1.14	0.91	0.56
Fe	1.01	0.64	0.73	Pb	0.95	0.85	0.58
Ni	0.97	0.66	1.34				

3.3.6 典型场所室内外空气多环芳烃的分布特征

图3-11给出了在整个采样期间典型场所室内外空气$PM_{2.5}$及其中总多环芳烃（ΣPAHs）的浓度变化趋势。可以看出，在整个采样期间，学生宿舍、办公室、民宅和室外$PM_{2.5}$浓度变化范围分别为11.2 ~ 176.3 μg/m^3、18.0 ~ 169.3 μg/m^3、5.4 ~ 149.0 μg/m^{3}和13.6 ~ 266.0 μg/m^3，ΣPAHs浓度的变化范围分别为3.8 ~ 180.1 ng/m^3、3.6 ~ 214.5 ng/m^3、6.8 ~ 304.9 ng/m^{3}和5.1 ~ 788.2 ng/m^3。总的来说，室外ΣPAHs的浓度随着$PM_{2.5}$浓度的增加而增加，斯皮尔曼相关系数为0.38（$p < 0.01$），二者呈现显著的正相关关系，但相关性较弱。对于不同的季节，ΣPAHs浓度与$PM_{2.5}$浓度之间的相关性不同，

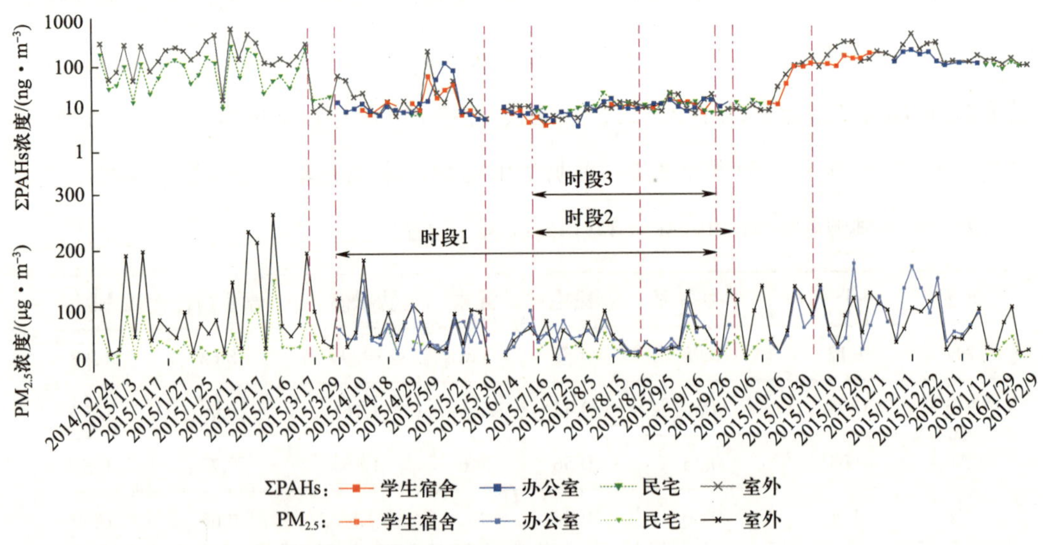

图3-11 典型场所室内外空气$PM_{2.5}$及其中ΣPAHs浓度

夏季的相关性较弱且不显著（相关系数为0.05），而冬季的相关性较强且显著（相关系数为0.61，$p < 0.01$）。推测是由于冬季较低的气温更有助于ΣPAHs在$PM_{2.5}$中稳定存在。三个场所和室外空气$PM_{2.5}$及其中ΣPAHs浓度随监测时间呈现明显的波动，最高浓度与最低浓度相差约两个数量级。

值得注意的是，本研究整个采样期间包括两个特殊时段，分别为冬季$PM_{2.5}$浓度≥150 μg/m³的雾霾污染时段和“阅兵蓝”清洁时段（2015.8.20—2015.9.4）。在这两个特殊时期室外空气$PM_{2.5}$日平均浓度分别为202.0 μg/m³和24.7 μg/m³，ΣPAHs平均浓度分别为225.5 ng/m³和11.8 ng/m³，ΣPAHs/$PM_{2.5}$分别为1.12‰、0.048‰。雾霾期ΣPAHs的浓度为“阅兵蓝”期间的19.1倍，推测是由于雾霾期正值北京采暖期，燃煤增加了$PM_{2.5}$及其中PAHs的排放量，而“阅兵蓝”期间北京及周边地区实施的一系列控制措施大大减少了大气污染物的排放量；同时气象条件的差异也是一个重要原因，相较于“阅兵蓝”期间，雾霾期气象条件更稳定，不利于污染物的扩散。此外，雾霾期ΣPAHs在$PM_{2.5}$中的占比为“阅兵蓝”期间的23倍，这是由于相比较于“阅兵蓝”期间，雾霾期较低的气温不利于PAHs从颗粒物上解吸。

图3-12给出了各季节室内和室外空气$PM_{2.5}$中ΣPAHs的浓度。可以看出，室外和典型室内场所ΣPAHs及不同环数PAHs呈现明显的季节性变化。室外ΣPAHs春、夏、秋、冬季的平均浓度分别为27.1 ng/m³、9.1 ng/m³、15.0 ng/m³、200.1 ng/m³，冬季ΣPAHs的平均浓度最高，春、秋季次之，夏季最低。与近些年在北京开展的研究相比，本研究中室外空气$PM_{2.5}$中ΣPAHs冬季浓度水平与2014年相近（199.7 ng/m³），略低于2013年（258.2 ng/m³）。夏季浓度水平明显低于2002年、2006年、2007年的26 ng/m³、30.3 ng/m³、28.2 ng/m³，但与2008年相近（11.5 ng/m³）。显然，这是由于2008年夏季奥运会和2015年“阅兵蓝”期间北京及周边地区皆采取了一系列大气污染防控措施使$PM_{2.5}$及其中的ΣPAHs浓度显著降低。此外，室外ΣPAHs在$PM_{2.5}$中的占比呈现如下规律：冬季（2.34‰）> 春季（0.40‰）> 秋季（0.26‰）> 夏季（0.09‰）；这可能与不同季节PAHs的来源和气象条件差异有关。

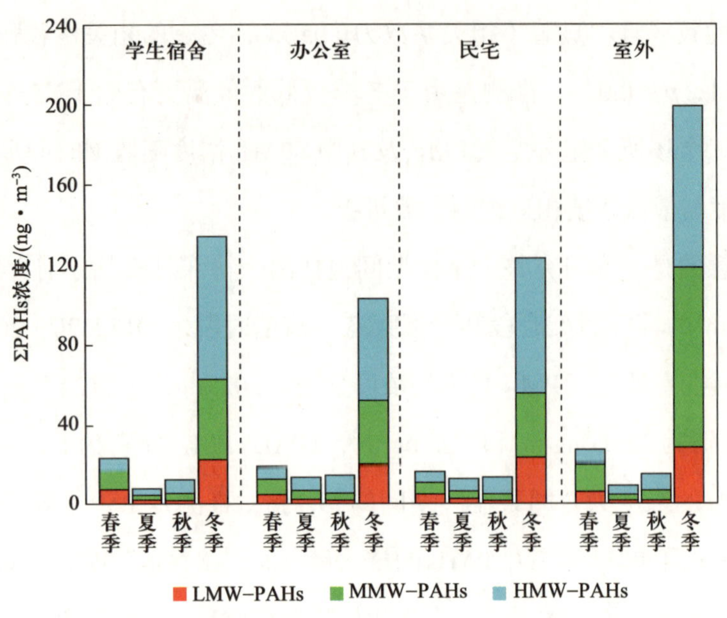

图3-12 各季节室内和室外空气$PM_{2.5}$中ΣPAHs的浓度

本研究中室外ΣPAHs浓度的冬、夏季比值为22.1，与北京2001年、2003年相近（分别为27.3、26.0），但远高于厦门（2.0～5.1）、香港（1.4～2.4）、欧洲城市（2～10）的比值，表明北京冬季的PAHs污染十分严重。其原因包括两个方面，一方面是由于北京冬季燃煤供暖，导致PAHs的排放量增加，同时冬季稳定及低温的气象条件又在一定程度上限制了污染物的扩散及化学分解；另一方面，夏季PAHs的排放量降低，且臭氧浓度的增加会促进PAHs的分解。

对室外而言，从不同环数PAHs在ΣPAHs中的占比来看（图3-12），春、冬季LMW-PAHs（低环多环芳烃）和MMW-PAHs（中环多环芳烃）的占比较高，夏、秋季HMW-PAHs（高环多环芳烃）占比较高（春、夏、秋、冬四季分别为30.1%、52.2%、57.4%、40.7%）。研究表明，LMW-PAHs、MMW-PAHs的主要来源是煤的燃烧，HMW-PAHs的主要来源是机动车。初春和冬季是北京的供暖季，燃煤源对PAHs的贡献相对较大；而夏、秋季燃煤较少，机动车的贡献相对较大。同时，夏、秋季期间较高的环境温度有利于颗粒物LMW-PAHs、MMW-PAHs的解吸。这两个原因共同导致了PAHs环数分布的季节性变化。对于三个室内场所来说，不同环数PAHs占比的季节变化规律与室外相同，表明受室外影响较大。

I/O值为室内/室外PAHs浓度比，表3-6列出了整个采样期间各场所不同环数PAHs及ΣPAHs的I/O值。三个场所ΣPAHs的I/O值均小于1，表明室内PAHs主要来源于室外。大多数研究也得到了这样的结论，但各研究中监测条件的不同导致I/O值变化较大。此外，PAHs的I/O值随环数的不同而不同，三个室内场所PAHs的I/O值呈现出低环、高环、中环的递减趋势。推测产生上述现象的原因包括两个方面，一是各环PAHs的来源不同，尽管室外是各环PAHs的主要来源，但相比较于MMW-PAHs和HMW-PAHs，室内可能存在更多的LMW-PAHs污染源，这会导致LMW-PAHs的I/O值最高；二是不同环数PAHs在颗粒物上的粒径分布规律不同，MMW-PAHs、LMW-PAHs主要分布在粒径为0.49 ~ 0.95 μm和7.3 ~ 10 μm的颗粒物上，HMW-PAHs主要分布在粒径≤0.49 μm的颗粒物上，而积聚模态颗粒物（0.08 ~ 0.5 μm）室外向室内的渗透因子最大，这可能导致HMW-PAHs的I/O值高于MMW-PAHs的I/O值。

表3-6　整个采样期间各场所不同环数PAHs及ΣPAHs的I/O值

采样地点	学生宿舍	办公室	民宅
LMW-PAHs	0.96	0.85	0.74
MMW-PAHs	0.52	0.54	0.35
HMW-PAHs	0.82	0.82	0.69
ΣPAHs	0.74	0.68	0.50

表3-7列出了三个同步采样期各室内场所ΣPAHs浓度与室外的斯皮尔曼相关系数。三个同步采样期的各场所室内外ΣPAHs浓度的斯皮尔曼相关系数表明：办公室与室外的相关性最强，其次为学生宿舍，民宅与室外的相关性最弱。产生这一现象的原因有两个：一是学生宿舍和办公室的通风量比民宅大；二是相比较于办公室，学生宿舍、民宅存在较多的室内污染源。

表3-7　三个同步采样期各室内场所ΣPAHs浓度与室外的斯皮尔曼相关系数

斯皮尔曼相关系数	Ⅰ	Ⅱ	Ⅲ
学生宿舍	0.85**	—	0.543*
办公室	0.87**	0.96**	0.622*
民宅	—	0.90**	0.301

注：*表示$p < 0.05$，**表示$p < 0.01$。

3.4 典型场所室内外空气$PM_{2.5}$来源解析

为了制定有效的$PM_{2.5}$控制策略，需要探明$PM_{2.5}$的主要来源及各源对$PM_{2.5}$的贡献率。$PM_{2.5}$常见的来源解析技术主要包括源清单法、扩散模型和受体模型三大类，其中受体模型主要包括化学质量平衡模型和因子分析两类模型。

20世纪60年代，Blifford和Meeker提出了受体模型（receptor model）的概念，这主要是将$PM_{2.5}$中对源有指示意义的化学示踪物信息与数学统计方法相结合而发展起来的方法。发展至今，受体模型可分为两类：一类为源信息已知的受体模型，另一类为源信息未知的受体模型。前者主要包括化学质量平衡模型（chemical mass balance，CMB）；后者主要包括因子分析（FA）。因子分析基于大量样品的化学物种相关关系来归纳总结公因子，计算因子载荷，并通过因子载荷及源类特征示踪物推断源类别。因子分析主要包括正定矩阵因子分解法（positive matrix factorization，PMF）、主成分分析法（principal component analysis，PCA）、多元线性模型（multilinear engine，ME2）和UNMIX等方法，其中以正定矩阵因子分解法使用得最为广泛。

正定矩阵因子分解法（PMF）是1993年由Paatero和Tapper在传统因子分析法的基础上发展的一种新的颗粒物源解析方法。PMF仅需要输入受体点成分的谱信息，利用最小二乘法解出源贡献量和源谱信息。PMF与CMB相比，不需要输入污染源的详细信息，提取的污染源信息比较客观，可以解释输入测量值中的不确定性，可以处理缺省的或检出限以下的数据，主成分负荷矩阵中不存在负数。因此本研究采用美国EPA PMF 5.0模型对$PM_{2.5}$来源进行解析。

3.4.1 室外空气$PM_{2.5}$来源解析

3.4.1.1 PMF模型数据输入与运行

美国EPA PMF 5.0模型的数值输入诊断及运行性能优化包括以下方面：

（1）在输入化学组分时，应包含典型的源标志物，同时需要输入检测数据的不确定度。在本项目中，采用测定浓度的10%作为分析不确定度。

（2）美国EPA PMF 5.0模型中可以分别设定化学物种的类别：物种设定的类别有“强”“弱”和“差”三类，物种设定类别的依据为其信噪比。由于本研究中物种的不确定度均为浓度的10%，所以物种分类不能依据模型计算的信噪比，而是依据物种浓度低于检出限的样品的比例判断物种的重要性。其中将Na、Mg、S、Ca、Ti、Cr、Mn、Cu、Zn、Pb设为“弱”。

（3）PMF是描述性模型，因此没有客观的标准来选择应该保留的最优因子数。若因子数过多，则会造成把一个源分解成两个甚至更多个实际上并不存在的污染源。因子数设定得过多或过少，都会造成解析出物理意义不易解释的因子成分谱。在本研究中，尝试选取3 ~ 10个因子，并进行了多次优化计算后，最终确定6个因子能合理解释其污染源类别，且此时解析结果稳定，大部分残差值分布在-3 ~ 3。

3.4.1.2 因子判定

在运行结束后，得到室外空气$PM_{2.5}$因子的廓线/贡献图如图3-13所示。对因子的判定如下：

因子1中优势物种为Mn、Cd、Pb、Zn、EC，Zn和Cu为机动车润滑油的主要添加剂，而Zn、Ba和Mn也广泛地用于刹车片和轮胎，尽管北京已经使用无铅汽油，但并不意味着Pb的零排放，机动车的磨损仍可能排放Pb，另外机动车尾气中含有大量的EC，因此这些物种都可作为机动车的示踪物，因此可认定因子1为机动车源。

因子2中含有较多的Ti、Mg、Al、Fe等元素，这些元素为与水泥、石灰建筑材料相关的地壳元素，因此可认定因子2为建筑尘源。

因子3中的优势物种为S、NH_4^+、NO_3^-、SO_4^{2-}，主要由NH_3、NO_x和SO_2二次转化而来，可认定因子3为二次转化源。

因子4中含有较多的Na、Mg、Al、Ca等元素，同时对EC、OC也有一定的贡献，这可能与扬尘受人类活动的影响大，大量腐烂的植物、垃圾和燃烧源排放出的高浓度EC、OC进入扬尘有关，可认定因子4为土壤风沙尘源。

因子5中含有大量的Cl^-、NO_3^-、OC、EC，北京地区的Cl^-通常被认为是燃煤的特征组分，加上其对OC、EC的显著贡献，可认定因子5为燃煤源。

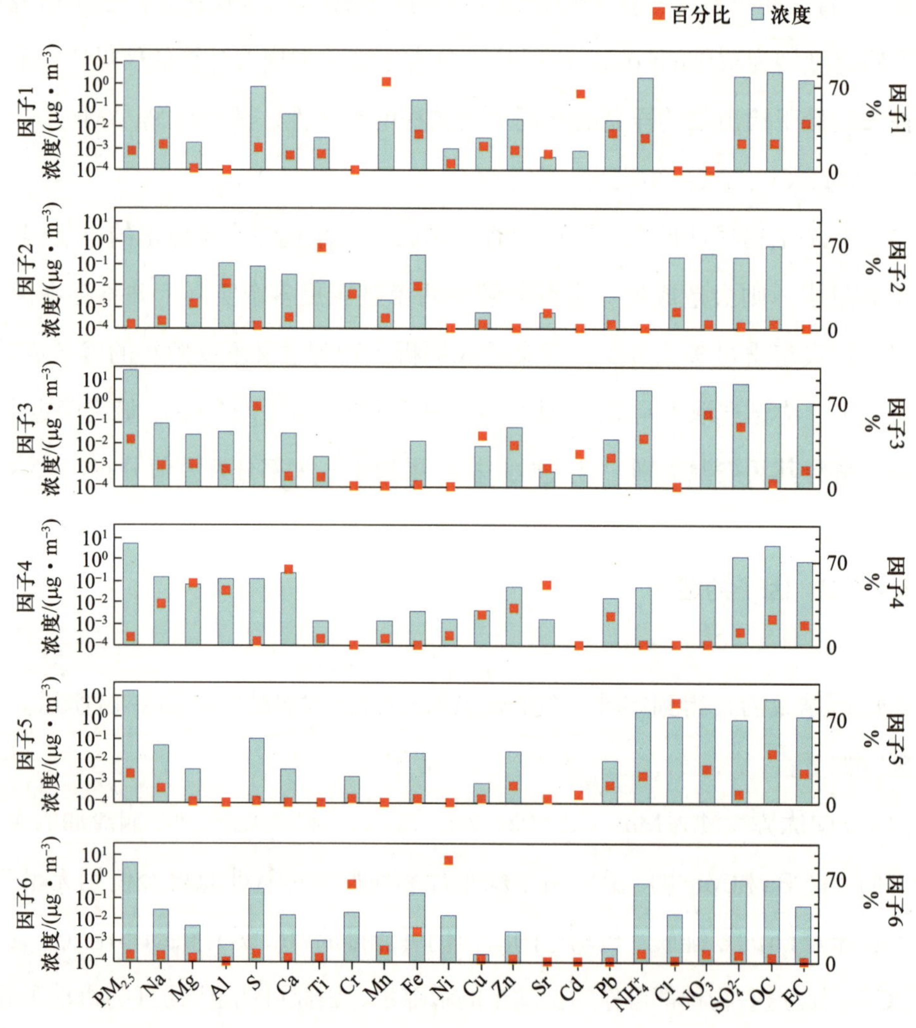

图3-13 室外空气$PM_{2.5}$因子廓线/贡献图

因子6中的优势物种为Ni、Cr、Fe等元素，可认定因子6为与金属加工相关的工业排放源。

根据对因子的判定，可以得到各种源对$PM_{2.5}$的贡献，如图3-14所示。其中机动车源占比为17.3%，建筑尘源占比为4.3%，二次转化源占比为39.1%，土壤风沙尘源占比为7.2%，燃煤源占比为25.9%，工业排放源占比为6.2%。

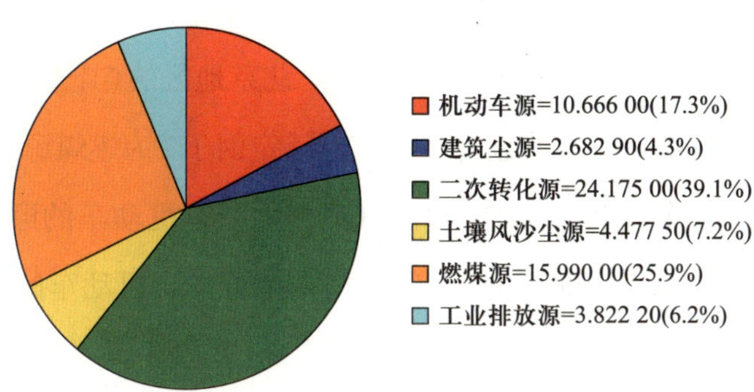

图3-14　北京市典型场所室外空气$PM_{2.5}$各种污染源占比图

3.4.2　室内空气$PM_{2.5}$来源解析

3.4.2.1　PMF模型数据输入与运行

美国EPA PMF 5.0模型的数值输入诊断及运行性能优化包括以下方面：

（1）在本研究中，采用测定浓度的10%作为分析不确定度。

（2）依据物种浓度低于检出限的样品的比例判断物种的重要性。其中将Al、S、Ti、Mn、Cu、Zn、Sr、Pb、Cl^-设为“弱”。

（3）在本研究中，尝试选取3 ~ 10个因子，并进行了多次优化计算，最终确定6个因子能合理解释其污染源类别，且此时解析结果稳定、大部分残差值分布在-3 ~ 3。

3.4.2.2 因子判定

在运行结束后，得到室内空气$PM_{2.5}$因子的廓线/贡献图如图3-15所示。对因子的判定如下：

因子1中的优势物种为S、NH_4^+、NO_3^-、SO_4^{2-}，主要由NH_3、NO_x和SO_2二次转化而来，可认定因子1为二次转化源。

因子2中含有大量的Cl^-、NO_3^-、OC、EC。北京地区的Cl^-通常被认为是燃煤的特征组分，加上其对OC、EC的显著贡献，可认定因子2为燃煤源。

因子3中含有较多的Pb、NO_3^-、OC、EC等物种，机动车的磨损可能排放Pb，机动车尾气中可产生NO_x、OC、EC，这些物种都可作为机动车的示踪物，因此可认定因子3为机动车源。

因子4中的优势物种为Cr、Mn、Fe、Ni等元素，可认定因子4为与金属加工相关的工业排放源。

因子5中的优势物种为Fe、Ni、Cu、Zn等元素，其中Fe和Zn可作为钢铁厂的标识元素，因此可认定因子5为钢铁厂排放源。

因子6中含有较多的Na、Mg、Al、Ca等地壳元素，可认定因子6为土壤风沙尘源。

根据对因子的判定，可以得到各种源对$PM_{2.5}$的贡献如图3-16所示。其中二次转化源占比为35.0%，燃煤源占比为23.0%，机动车源占比为26.2%，工业排放源占比为2.0%，钢铁厂排放源占比为2.6%，土壤风沙尘源占比为11.2%。

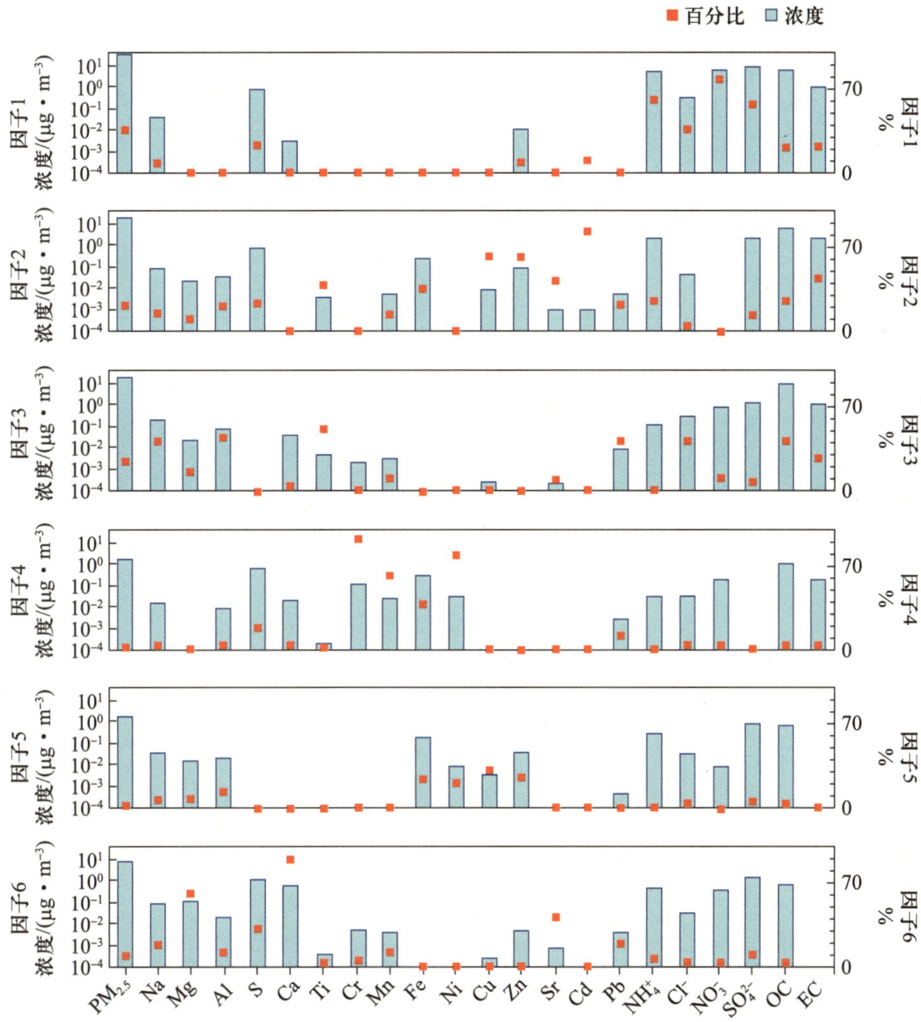

图 3-15　室内空气 $PM_{2.5}$ 因子廓线 / 贡献图

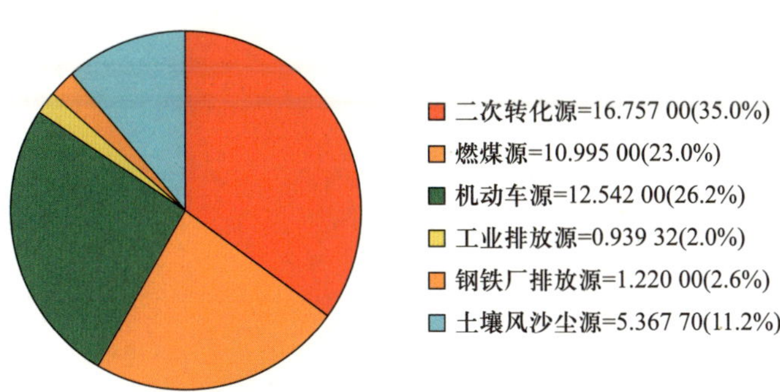

图 3-16　北京市典型场所室内空气 $PM_{2.5}$ 各种污染源占比图

第四章 上海市典型场所室内外空气$PM_{2.5}$污染特征

本章对上海市典型场所（办公室、学生宿舍、民宅、幼儿园）室内外空气进行了$PM_{2.5}$膜采样研究。此外，对民宅进行了$PM_{2.5}$浓度实时监测，确定了民宅室内外空气$PM_{2.5}$浓度污染特征，包括室内外空气$PM_{2.5}$污染特征及时空分布规律、室内外空气$PM_{2.5}$浓度的相关性及渗透系数、各种活动（烹饪、通风、开启空气净化设备）对室内空气$PM_{2.5}$浓度的影响。同时也分析了典型场所室内外空气$PM_{2.5}$理化特性，包括化学组成、水溶性离子、有机碳和元素碳、重金属元素、多环芳烃。最后，进行了室内外空气$PM_{2.5}$来源解析，得到了各种污染源对室内空气$PM_{2.5}$的贡献，其中包括二次转化源、燃煤源、机动车源、工业排放源、生物质燃烧源、土壤风沙尘源、建筑尘源等。

4.1 研 究 方 法

4.1.1 上海市典型场所室内外空气$PM_{2.5}$浓度监测研究

4.1.1.1 住户招募及样本户的确定

本研究招募受试者的基本要求为居住在上海市一年以上，为避免民宅分布过于聚集而不具备代表性，要求民宅需位于任意一个空气质量监测点（国控点）6 km的范围内（共9个，包括普陀监测站、上海师范大学附属卢湾小学监测站、虹口凉城监测站、杨浦四漂监测站、静安监测站、上海师范大学监测站、浦东川沙监测站、浦东张江监测站、浦东监测站），主要分布在上海市中心城区的黄浦、静安、徐汇、普陀、虹口、杨浦、浦东新区（东部、中部、西部）等行政区。

根据上述要求，再结合实际人力、物力情况，向以上述9个点为中心的6 km范围内志愿报名的居民发放招募问卷，并回收有效问卷70份，综合考虑各监测站附近分布的住户数和民宅的楼层、建筑面积和建筑类型等多方面因素，最终确定其中的30户为本研究的研究对象。本研究所选用的样本户基本建筑信息如表4-1所示，住户主要居住在建筑年龄为9～30年的多层公寓、旧式里弄、小高层、自建房，近3年内没有装修，楼层分布较均衡（1—27层）。样本户的家庭基本信息如表4-2所示，本研究纳入的30户样本户多为一家三口或三世同堂，常住人口数为1～5人，平均值为3人。30户样本户常住人员平均年龄分布在24～68岁，遵循通勤人群的生活模式，文化程度较高，其中高中及以下学历占42%，本科生占28%，硕士研究生占17%，博士研究生占13%（图4-1）。经济收入方面，人均年收入在10万以下占3%，10万～20万占43%，20万～30万占27%，30万～40万占10%，40万以上占17%（图4-2）。

表4-1　样本户基本建筑信息

监测站	样本户编号	建筑基本信息						
		与监测站距离/km	楼层	建筑类型	建筑年龄/a	居住时间	居住面积/m²	最近装修时间
普陀区	1	1.1	8	多层公寓	14	6年3月	75	2008.11
	2	0.4	11	多层公寓	20	5年10月	85	2008.6
	3	3.4	1	多层公寓	15	4年0月	92	2010.9
黄浦区	4	1.7	3	多层公寓	15	2年1月	120	2014.6
	5	3.3	4	多层公寓	12	7年6月	95	2007.12
	6	0.9	12	多层公寓	13	13年0月	150	2002.12

续表

监测站	样本户编号	建筑基本信息						
		与监测站距离/km	楼层	建筑类型	建筑年龄/a	居住时间	居住面积/m^2	最近装修时间
黄浦区	7	2.4	7	多层公寓	15	6年1月	81	2005.5
虹口区	8	1.7	14	多层公寓	9	5年10月	150	2009.12
	9	1.5	14	多层公寓	10	2年2月	90	—
	10	1.3	2	多层公寓	15	15年4月	114	2000.1
杨浦区	11	2.2	5	旧式里弄	22	5年2月	60	—
	12	0.9	7	多层公寓	17	1年0月	56	2000.7
	13	1.4	3	多层公寓	14	1年10月	102	2012.6
	14	5.0	8	多层公寓	9	8年10月	136	2007.7
静安区	15	0.5	27	多层公寓	14	14年3月	121	2001.6
	16	0.7	18	多层公寓	18	3年8月	101	2011.3
	17	2.5	16	多层公寓	13	12年0月	100	2002.12
徐汇区	18	1.7	6	多层公寓	18	11年1月	129	2003.10
	19	0.9	17	小高层	20	9年6月	108	2006.10
	20	1.1	4	多层公寓	16	14年1月	121	2014.12
	21	0.6	5	多层公寓	21	7年8月	69	2007.10
浦东新区（东部）	22	0.7	2	旧式里弄	30	0年6月	70	—
	23	0.5	4	多层公寓	14	12年8月	138	2002.3
	24	5.9	6	多层公寓	18	7年6月	100	2008.5
浦东新区（中部）	25	3.1	1	自建房	22	28年6月	270	2010.5
	26	2.9	4	多层公寓	18	3年9月	62	—
	27	3.8	6	多层公寓	12	6年5月	202	2008.10
浦东新区（西部）	28	2.1	5	多层公寓	23	8年10月	78	2006.4
	29	2.3	8	多层公寓	10	8年5月	125	2007.11
	30	2.0	4	多层公寓	15	5年6月	124	2002.4

表4-2　样本户的家庭基本信息

监测站	样本户编号	家庭基本信息		
		常住人口数/人	家庭常住人员平均年龄/岁	人均年收入/万元
普陀区	1	3	66	10～20
	2	2	40	10～20
	3	2	32	10～20
黄浦区	4	3	30	10～20
	5	4	57	30～40
	6	3	68	10～20
	7	3	26	10～20
虹口区	8	3	—	10～20
	9	3	41	10～20
	10	4	60	10～20
杨浦区	11	3	33	40以上
	12	2	29	10～20
	13	3	27	10～20
	14	4	27	20～30
静安区	15	3	45	20～30
	16	3	24	40以上
	17	3	47	20～30
徐汇区	18	3	50	30～40
	19	3	41	20～30
	20	4	—	10～20
	21	3	27	40以上
浦东新区（东部）	22	1	26	小于10
	23	3	30	20～30
	24	3	25	40以上

续表

监测站	样本户编号	家庭基本信息		
		常住人口数/人	家庭常住人员平均年龄/岁	人均年收入/万元
浦东新区（中部）	25	5	35	20 ~ 30
	26	5	—	10 ~ 20
	27	3	43	30 ~ 40
浦东新区（西部）	28	4	37	20 ~ 30
	29	3	34	40以上
	30	5	48	20 ~ 30
平均值	—	3	39	—

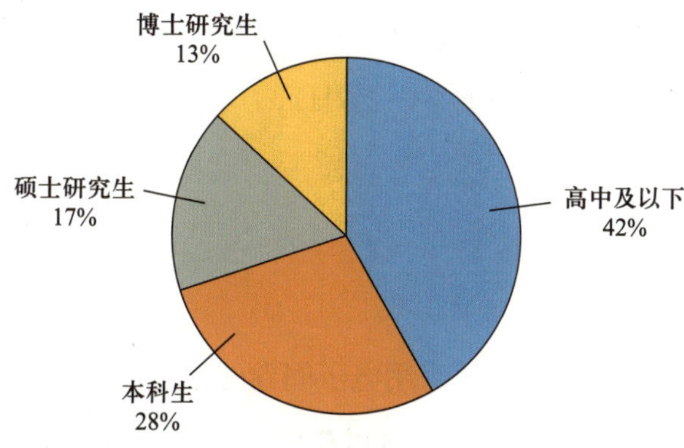

图 4-1　样本户常住人口文化程度情况

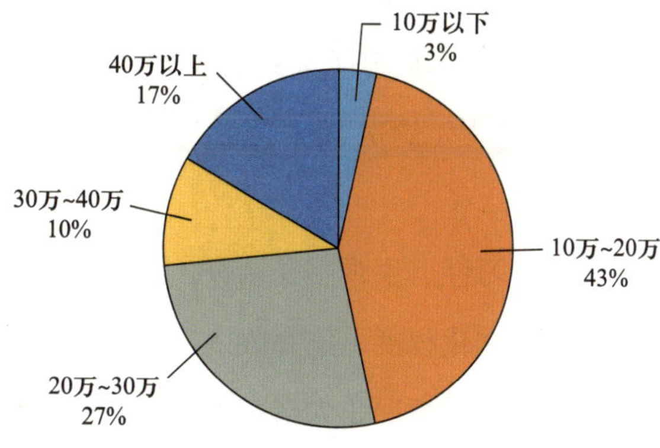

图 4-2　样本户人均年收入分布情况

4.1.1.2 现场入户安装仪器

本研究入户安装仪器共30户，安装QT50监测仪合计48台。QT50监测仪安装位置的具体要求为：室内仪器距门窗1 m，距墙壁0.5 m，位于呼吸带高度1.5 m，远离通风口，靠近电源，接收Wi-Fi信号且网络连接强度在两格以上；室外仪器需完全暴露于室外环境，靠近电源，避雨，接收Wi-Fi信号且网络连接强度在两格以上。室外空气$PM_{2.5}$监测数据在周围3 km内的民宅间共享。此外，在放置室内监测仪器房间的主要通风窗户安装磁开关记录仪，记录住户的开关窗情况。

本研究30户样本户均在室内安装QT50监测仪，但由于部分民宅室外网络连接信号不畅通、室外环境无法供电或该民宅无开放式阳台等原因，只有18户民宅符合室外安装仪器的要求。入户安装仪器的时间相对集中，共分为两批，分别是2015年4月18—20日和2015年4月23—26日。

4.1.1.3 问卷随访

考虑到住户分布较为分散，故采用电子问卷的方式通过手机和电子邮箱在后续一年的监测时间内，给住户发布《上海市住宅室内环境及人为活动模式基础问卷》及每两周一次的跟踪随访问卷，请住户配合完成累计23次的随访工作。问卷调查的内容包括室内建筑环境、室内污染源及常住人员的行为和生活习惯等。

室内环境调查，包括建筑基本信息（建筑年份、建筑形式、楼层、面积、层高、最近装修时间等）、燃烧过程（厨房燃料燃烧、焚香）、室内空气净化设备、空调采暖、通风设备运行情况等。

居住人群基本情况、生活习性、主观感受调查，包括居住人数及构成、居住者个人基本情况（年龄、职业、文化程度、家庭收入、是否吸烟、每天吸烟根数等）、入住时间、居住者在各时段的活动情况（如清扫频率、开窗次数和时间、烹饪及抽烟等）、居住者对室内环境的主观感觉等。

结合问卷数据及民宅室内外空气$PM_{2.5}$监测数据，本项目研究了不同室内人员行为活动模式对民宅室内空气$PM_{2.5}$浓度的影响。我们使用混合效应模型进行分析，该模型同时考虑了固定效应和随机效应，每个研究对象是自身对照，从而减少了诸多混杂因素的干扰，同时将建筑层高、建筑面积、建筑年份等作为固定效应协变量纳入模型。该模型能够定量评估室外空气$PM_{2.5}$浓度、空调使用情况、通风情况、是否吸烟、烹饪频率、清扫频率、蚊香使用情况、居住人数、空气净化设备使用情况对室内空气$PM_{2.5}$浓度的影响。在本研究中，所建立的混合效应模型表达式为：

$$Y_{ij}=\beta_0+\beta_1X1_{ij}+\beta_2X2_{ij}+\beta_3X3_{ij}+\beta_4X4_{ij}+\beta_5X5_{ij}+\beta_6X6_{ij}+\beta_7X7_{ij}+\beta_8X8_{ij}+\beta_9X9_{ij}+\beta_{10}(T_{ij})+\beta_{11}(RH_{ij})+\beta_{12}H_i+\beta_{13}A_i+\beta_{14}Y_i+Z_{\mathrm{id}}+\varepsilon_{ij} \tag{4-1}$$

式中：Y_{ij}——第i位住户第j次测量时室内空气$PM_{2.5}$浓度日平均值（已校正），μg/m³；

β_0——随机截距；

$X1_{ij}$——第i位住户第j次测量时室外空气$PM_{2.5}$浓度日平均值（已校正），μg/m³；

$X2\sim X9$——室内人员行为活动，各变量赋值见表4-3；

T_{ij}——第i位住户第j次测量时的室外温度日平均值，℃；

RH_{ij}——第i位住户第j次测量时的室外相对湿度日平均值，%；

H_i——第i位住户家的建筑层高，m；

A_i——第i位住户家的建筑面积，m²；

Y_i——第i位住户家的建筑年份，a；

Z_{id}——每个样本户的编号；

ε_{ij}——剩余误差。

研究结果的表达方式为：短期室内人员行为活动模式的改变，可以使室内空气$PM_{2.5}$浓度的几何平均值发生变化的百分比。由于室内外空气$PM_{2.5}$浓度水平（校正后）均不符合正态分布，因此在进行统计分析之前，需对所有室内外空气$PM_{2.5}$浓度进行对数转化。由随访问卷获得的室内人员行为活动模式则以离散型变量的形式放入模型中（表4-3）。

表4-3　混合效应模型各变量名称及赋值

变量	变量类型	变量名称	赋值
$X1$	连续变量	室外空气$PM_{2.5}$浓度日平均值	—
$X2$	分类变量	空调使用情况	“未使用”=1，“使用”=2
$X3$	分类变量	通风情况	“白天夜间均不通风”=1， “白天通风，夜间不通风”=2， “白天夜间均通风”=3
$X4$	分类变量	居住人数	“1～3人”=1，“4～6人”=2
$X5$	分类变量	烹饪频率	“小于等于1次”=1，“大于等于2次”=2
$X6$	分类变量	蚊香使用情况	“未使用”=1，“使用”=2
$X7$	分类变量	清扫频率	“少于每天1次”=1，“每天1次或以上”=2
$X8$	分类变量	是否吸烟	“否”=1，“是”=2
$X9$	分类变量	空气净化设备使用情况	“未使用”=1，“使用”=2

4.1.2　上海市典型场所室内外空气$PM_{2.5}$膜采样研究

4.1.2.1　膜采样仪器

（1）SKC $PM_{2.5}$采样泵：简称为SKC采样泵，由美国SKC公司研制，型号为SKC Universal PCXR8，配合使用的$PM_{2.5}$切割器是SKC个体采样器（PEM，Personal Environmental Monitor，cat.761-203），采样流量为2 L/min，所对应的采样膜直径为37 mm。本课题中采用石英膜和特氟龙膜采集室内空气的$PM_{2.5}$样品。

（2）Airmetrics MiniVol便携式空气采样泵：简称为Airmetrics采样泵，由美国Airmetrics公司研制，型号为MiniVol便携式$PM_{2.5}$采样器，已被美国国家环境保护局（USEPA）和Airmetrics联合认证，采样流量为5 L/min，对应的采样膜直径为47 mm。

（3）MicroPEM个体$PM_{2.5}$暴露采样仪：由总部位于美国北卡罗来纳州的RTI国际公司研制，采样流量为0.5 L/min，属于直读式的采样器，专门用于室内空气

$PM_{2.5}$的科研监测。在本研究中用于与QT50监测仪做相关性对比的质量控制。相关仪器如图4-3所示。

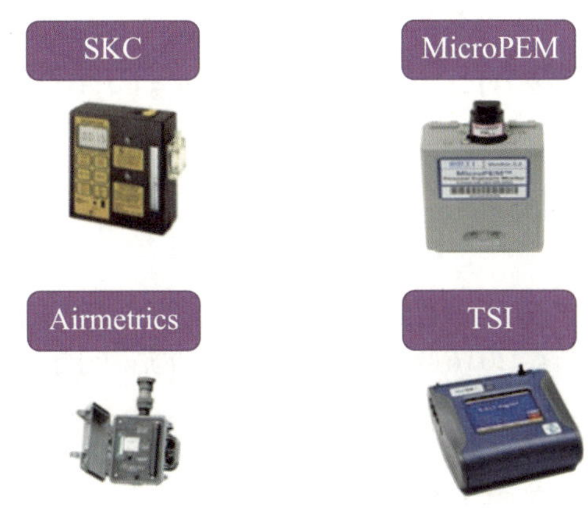

图4-3 $PM_{2.5}$膜样品采集和其他直读式仪器

4.1.2.2 采样时间及地点

本研究起止时间为2015年5月至2016年9月，选取了上海市区的典型场所办公室、学生宿舍、民宅和幼儿园各一间（户、所），对其室内外空气$PM_{2.5}$进行了长达1年的采样，已经完成500份$PM_{2.5}$膜样品的采集。其中办公室、宿舍和民宅的采集时间为2015年5月至2016年4月，幼儿园的采集时间为2015年10月至2016年9月。室内外同时采集，室外采用Airmetrics采样泵，流量为5 L/min，室内采用SKC采样泵，流量为2 L/min或4 L/min，工作日的采样按照2 L/min的速度连续3天采样，周末的采样按照4 L/min的速度连续2天采样。

三个典型的室内场所，办公室、学生宿舍及民宅，均按照每个月采样两次，一次工作日，一次周末，且尽量避开了下雨等天气。在采样过程中，采样泵均放在自制的消音盒内（图4-4），有效地降低了室内的噪声干扰。

图4-4 带消音盒的室内空气$PM_{2.5}$采样装置

4.2 典型场所室内外空气 $PM_{2.5}$ 污染特征

4.2.1 典型场所室内外空气 $PM_{2.5}$ 污染特征及时空分布规律

4.2.1.1 时间分布

2015年4月18日至2016年4月17日，上海市民宅室内外空气 $PM_{2.5}$ 浓度季节分布如表4-4所示。全年30户民宅室内外空气 $PM_{2.5}$ 年平均值分别为室外（46.6±25.1）μg/m³，室内（44.3±22.7）μg/m³。其中，将4—5月划分为春季，6—8月划分为夏季，9—11月划分为秋季，12月—次年2月划分为冬季。经校验后计算，春季，参加调查民宅的室内空气 $PM_{2.5}$ 浓度平均值为（44.9±17.9）μg/m³，室外浓度平均值为（49.5±21.7）μg/m³；夏季，民宅的室内空气 $PM_{2.5}$ 浓度平均值为（34.4±16.3）μg/m³，室外浓度平均值为（34.5±16.8）μg/m³；秋季，民宅的室内空气 $PM_{2.5}$ 浓度平均值为（40.8±20.7）μg/m³，室外浓度平均值为（42.3±22.5）μg/m³；冬季，民宅的室内空气 $PM_{2.5}$ 浓度平均值为（55.4±26.1）μg/m³，室外浓度平均值为（60.5±30.7）μg/m³。

表4-4　上海市民宅室内外空气 $PM_{2.5}$ 浓度季节分布　　单位：μg/m³

室内/外	春季	夏季	秋季	冬季	年平均值
室内	44.9±17.9	34.4±16.3	40.8±20.7	55.4±26.1	44.3±22.7
室外	49.5±21.7	34.5±16.8	42.3±22.5	60.5±30.7	46.6±25.1

在本研究监测一年期间，上海市30户民宅全年室内外空气 $PM_{2.5}$ 浓度日平均值（标准差，SD）的汇总情况见表4-5。比较各民宅室内外空气 $PM_{2.5}$ 浓度日平均值，我们发现民宅室内外空气 $PM_{2.5}$ 浓度的时间变化趋势全年基本一致（图4-5）。针对同时开展室内外空气 $PM_{2.5}$ 浓度监测的18户民宅，经配对秩和检验，室外空气 $PM_{2.5}$ 浓度高于室内浓度，并具有显著性统计学意义（$p<0.001$）（表4-6）。图4-6展示

的是全年民宅室内外空气$PM_{2.5}$浓度月平均值分布，室内外浓度时间分布基本一致，表现为夏季浓度最低，冬季最高，春、秋季呈现过渡状态。

表4-5　上海市30户民宅全年室内外空气$PM_{2.5}$浓度日平均值（标准差）汇总表

编号	室内/外	$PM_{2.5}$浓度日平均值（SD）/（μg · m^{-3}）	温度/℃	湿度/%
1	室内	49.9（23.3）	19.7	65.0
	室外	41.9（18.8）	22.2	70.9
2	室内	42.3（17.2）	20.9	62.9
3	室内	47.5（27.6）	18.8	72.6
	室外	50.7（27.9）	19.3	68.7
4	室内	45.9（24.8）	20.4	67.7
	室外	50.3（21.8）	18.1	70.7
5	室内	46.0（26.1）	20.1	68.8
6	室内	40.3（19.4）	19.6	63.9
	室外	50.3（27.1）	16.2	72.6
7	室内	39.7（21.1）	20.6	70.8
8	室内	41.3（17.9）	22.2	67.2
9	室内	40.6（18.7）	19.5	71.9
	室外	51.3（30.9）	19.7	71.8
10	室内	48.7（26.0）	19.5	70.3
11	室内	48.3（22.9）	21.6	63.6
	室外	43.5（25.2）	18.9	72.2
12	室内	51.4（24.5）	18.0	71.4
	室外	39.9（20.6）	17.8	73.7
13	室内	37.4（19.9）	19.6	71.9
	室外	54.3（27.4）	17.1	71.8
14	室内	37.8（16.3）	22.3	65.2
	室外	57.0（28.8）	17.0	73.4
15	室内	34.3（15.4）	20.0	70.1

续表

编号	室内/外	$PM_{2.5}$浓度日平均值（SD）/（μg·m^{-3}）	温度/℃	湿度/%
16	室内	40.4（18.6）	20.1	65.8
	室外	40.2（18.8）	19.8	67.5
17	室内	41.0（18.0）	21.1	66.1
	室外	46.3（27.6）	20.3	69.2
18	室内	34.9（16.4）	21.0	65.2
19	室内	43.2（21.3）	18.9	68.4
	室外	40.3（18.2）	19.3	70.0
20	室内	45.6（22.0）	20.1	65.0
21	室内	43.9（20.4）	23.2	67.7
	室外	43.7（19.8）	20.6	65.6
22	室内	43.5（23.2）	19.3	72.7
23	室内	48.1（25.3）	17.8	71.3
	室外	52.7（30.1）	16.4	75.7
24	室内	69.3（22.7）	18.3	68.2
	室外	29.2（24.7）	19.7	69.4
25	室内	40.3（19.7）	18.1	73.3
26	室内	49.9（23.0）	18.4	70.5
27	室内	34.1（16.0）	20.4	67.9
	室外	49.6（25.7）	17.5	70.1
28	室内	49.0（24.9）	18.5	68.3
	室外	48.4（22.7）	18.4	72.7
29	室内	40.6（18.0）	19.0	69.8
	室外	43.6（24.6）	20.4	75.7
30	室内	50.8（24.1）	19.2	70.2

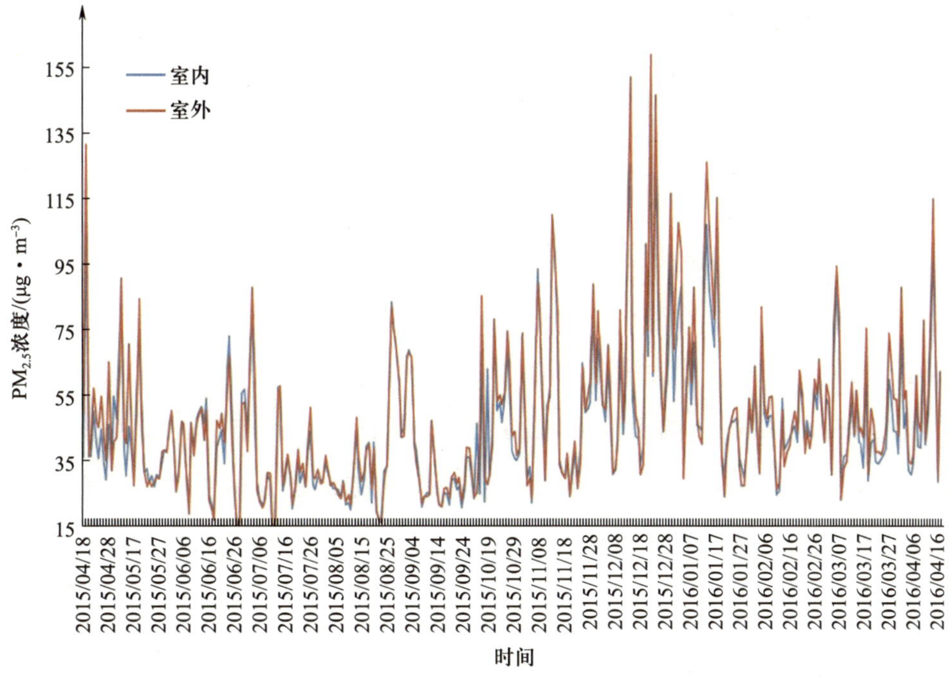

图4-5　全年民宅室内外空气$PM_{2.5}$浓度日平均值分布

表4-6　民宅室内外空气$PM_{2.5}$浓度比较

室内/外	平均值/（μg·m^{-3}）	最小值/（μg·m^{-3}）	中位数/（μg·m^{-3}）	最大值/（μg·m^{-3}）	标准差/（μg·m^{-3}）	p值
室外	46.6	10.3	40.6	204.3	25.1	0.000 1
室内	44.3	8.7	38.3	194.2	22.7	

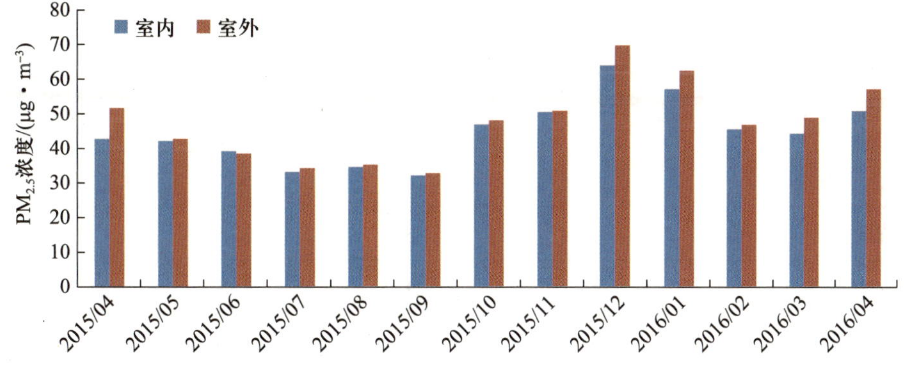

图4-6　全年民宅室内外空气$PM_{2.5}$浓度月平均值分布

4.2.1.2 空间分布

将民宅按照各个行政区划分的室外空气$PM_{2.5}$平均值结果汇总（见表4-7）。室内空气$PM_{2.5}$浓度与室外浓度在空间分布上存在差异，而各监测站$PM_{2.5}$数据在空间分布上变化不明显。将18户室外安装监测仪器测得的室外空气$PM_{2.5}$实测值与监测站数据进行比较，发现监测站测量值显著高于QT50监测仪的实测值（$p < 0.001$）。以黄浦江为界，将民宅分为浦东和浦西两部分，结果显示全年浦东$PM_{2.5}$日平均值为（45.7 ± 26.0）μg/m^3，浦西为（47.2 ± 25.1）μg/m^3，上海市中心城区（浦西）较东南地区（浦东）污染严重（表4-8）。从$PM_{2.5}$浓度垂直分布来看，不同层高的民宅室内外空气$PM_{2.5}$浓度存在差异（表4-9），将30户民宅的层高划分为1—3层、4—9层和10层及以上三组，三组室内浓度分别为43.9 μg/m^3、45.9 μg/m^3、40.4 μg/m^3，室外浓度分别为51.7 μg/m^3、45.1 μg/m^3、45.7 μg/m^3。由图4-7可以发现，10层及以上的高楼层民宅室内外空气$PM_{2.5}$浓度略低于居住在1—3层的低楼层民宅，但并不显著。

表4-7　上海市各行政区民宅室外空气$PM_{2.5}$浓度平均值

行政区	室外实测值/（μg · m^{-3}）		监测站数据/（μg · m^{-3}）	
	平均值	标准差	平均值	标准差
普陀区	46.6	24.3	51.3	31.8
黄浦区	48.8	24.2	54.5	32.0
虹口区	54.0	29.5	52.0	35.0
杨浦区	44.7	24.6	49.1	32.2
静安区	43.6	23.5	53.5	33.3
徐汇区	40.8	18.7	50.3	32.0
浦东新区（东部）	46.4	28.4	52.8	34.5
浦东新区（中部）	46.7	24.6	50.0	33.1
浦东新区（西部）	48.7	24.5	52.7	32.3

表4-8 上海市民宅室外空气$PM_{2.5}$浓度空间分布

季节	室外实测值（均数 ± 标准差）		监测站数据（均数 ± 标准差）	
	浦东/（$\mu g \cdot m^{-3}$）	浦西/（$\mu g \cdot m^{-3}$）	浦东/（$\mu g \cdot m^{-3}$）	浦西/（$\mu g \cdot m^{-3}$）
春季	47.4 ± 21.6	51.1 ± 21.7	47.7 ± 22.6	52.1 ± 24.8
夏季	34.9 ± 16.9	34.9 ± 16.4	40.0 ± 21.3	39.9 ± 22.1
秋季	39.9 ± 23.0	43.7 ± 22.0	44.2 ± 26.7	45.5 ± 27.1
冬季	59.9 ± 31.8	61.0 ± 30.1	68.6 ± 42.7	71.5 ± 43.1
日平均值	45.7 ± 26.0	47.2 ± 25.1	50.4 ± 32.2	52.0 ± 33.0

表4-9 不同楼层民宅室内外空气$PM_{2.5}$浓度汇总

楼层	室内			室外		
	平均值/（$\mu g \cdot m^{-3}$）	中位数/（$\mu g \cdot m^{-3}$）	标准差/（$\mu g \cdot m^{-3}$）	平均值/（$\mu g \cdot m^{-3}$）	中位数/（$\mu g \cdot m^{-3}$）	标准差/（$\mu g \cdot m^{-3}$）
1	43.5	38.5	23.8	50.7	44.6	28.0
2	48.7	43.7	26.0	—	—	—
3	41.6	36.1	22.8	52.1	46.1	24.6
4	48.1	43.3	24.1	52.7	45.7	30.1
5	47.2	42.1	22.9	45.4	39.7	22.4
6	45.3	37.3	24.4	40.1	36.2	27.2
7	45.9	39.7	23.7	39.9	36.2	20.6
8	42.5	37.3	20.7	48.1	41.2	25.8
11	42.3	38.5	17.2	—	—	—
12	40.3	36.1	19.4	50.3	45.5	27.1
14	41.0	36.7	18.3	51.3	42.1	31.0
16	41.0	37.0	18.0	46.3	36.9	27.6
17	43.2	37.2	21.3	40.3	35.6	18.2
18	40.4	36.3	18.6	40.2	36.1	18.8
27	34.3	31.4	15.4	—	—	—
日平均值	44.0	38.5	22.3	46.3	40.5	25.4

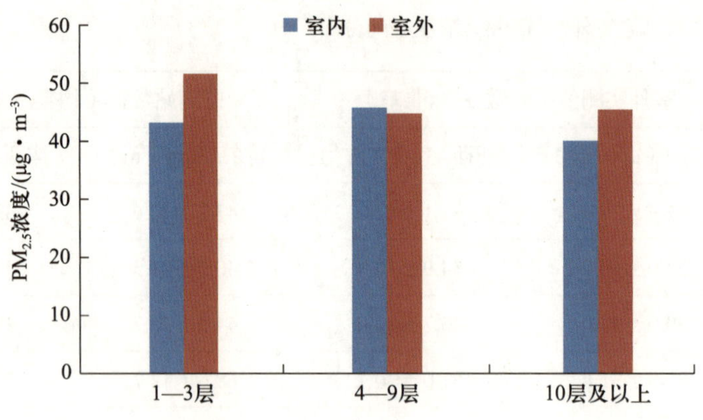

图4-7　不同楼层民宅室内外$PM_{2.5}$浓度分布

4.2.2　典型场所室内外空气$PM_{2.5}$浓度相关性及渗透系数研究

4.2.2.1　典型场所室内外空气$PM_{2.5}$浓度I/O值

I/O值量纲为1，用来表示室内外浓度的相对大小，以及室外来源对民宅室内颗粒物浓度的贡献程度，其值小于1，说明室外浓度高于室内；其值大于1则表明污染物以室内来源为主；其值接近1，表明室内空气$PM_{2.5}$浓度与室外空气$PM_{2.5}$浓度接近；其值接近0，表明室内颗粒物浓度极低，室外可能是潜在的主要污染源。

上海市民宅全年室内外空气$PM_{2.5}$浓度I/O平均值为0.94 ± 0.19，说明上海市民宅室内外空气$PM_{2.5}$的浓度接近。在选取的28户民宅中，不同民宅之间I/O值存在差异，最低的一户I/O值为0.70 ± 0.15，最高为3.38 ± 9.21（图4-8）。由于不同季节室内人员行为活动明显不同，室外空气$PM_{2.5}$亦存在季节分布，考虑室外大气颗粒物及室内源的影响，研究人员对I/O值按照季节进行了分层分析。从不同季节来看，夏季的I/O值最高，冬、春季的I/O值比较低（表4-10）。

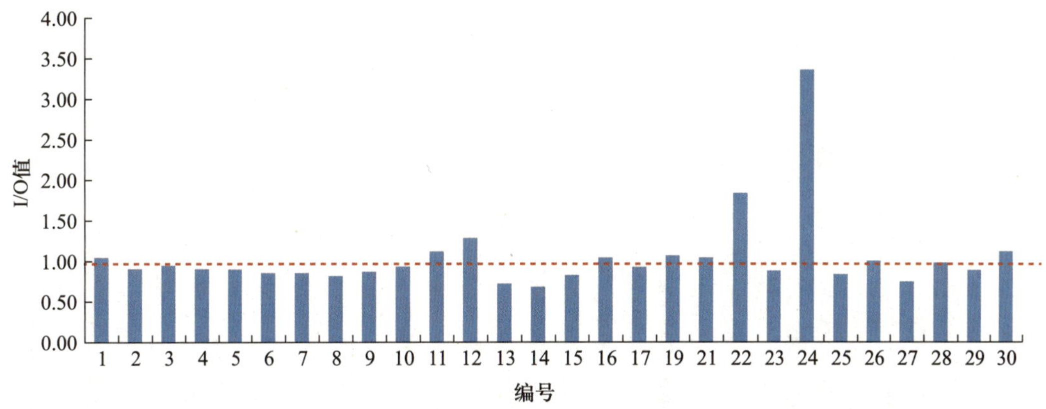

图4-8　民宅室内外空气$PM_{2.5}$浓度I/O值分布

表4-10　不同季节民宅室内外空气$PM_{2.5}$浓度I/O值

季节	室外浓度/（μg·m^{-3}）	室内浓度/（μg·m^{-3}）	I/O值
春季	49.88 ± 21.86	44.86 ± 17.93	0.91 ± 0.15
夏季	34.93 ± 17.02	34.39 ± 16.28	0.99 ± 0.19
秋季	42.77 ± 22.83	40.87 ± 20.71	0.95 ± 0.17
冬季	61.17 ± 30.96	55.39 ± 26.06	0.93 ± 0.18

4.2.2.2　典型场所室内外空气$PM_{2.5}$广义渗透系数

通过对质量平衡模型进行推导，研究人员发现室内空气$PM_{2.5}$浓度与室外浓度呈线性关系，其中斜率和截距分别表示室外源和室内源对室内颗粒物的贡献。研究认为，斜率（β）就是民宅室内外空气$PM_{2.5}$浓度的广义渗透系数，室外空气$PM_{2.5}$浓度每增加一个单位，室内浓度相应增加β个单位，表示室内外空气$PM_{2.5}$浓度间存在一种动态的相互关系。本研究基于30户民宅的实地监测，计算出全年上海市民宅室内外空气$PM_{2.5}$广义渗透系数平均值为0.77 ± 0.02。从图4-9可以看出，不同住户家$PM_{2.5}$广义渗透系数差异较大，说明广义渗透系数可能受到多种因素影响，需要进一步探究。

本研究分别按照季节、楼层、室外大气颗粒物浓度进行分层分析（表4-11、表4-12、表4-13）。从不同季节来看，夏季的广义渗透系数和室外贡献率均高于其

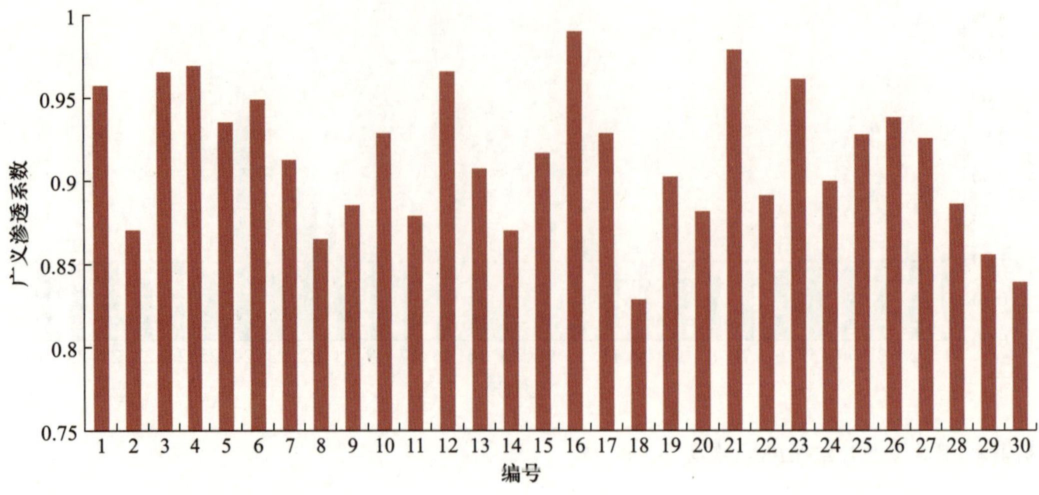

图4-9 民宅$PM_{2.5}$广义渗透系数分布

他季节，说明夏季室内外空气$PM_{2.5}$浓度相关性较高。从不同楼层来看，随着楼层的增高，广义渗透系数逐渐降低。从不同室外大气颗粒物浓度水平来看，室外大气颗粒物浓度与上海民宅广义渗透系数相关性不显著。在室外大气颗粒物浓度超过100 μg/m^{3}时，广义渗透系数高达0.81 ± 0.14，说明室内空气$PM_{2.5}$污染非常严重，应引起重视，并采取相关防护措施。

表4-11 不同季节的民宅室内外空气$PM_{2.5}$广义渗透系数

季节	室外浓度/（μg · m^{-3}）	室内浓度/（μg · m^{-3}）	广义渗透系数
春季	49.01 ± 21.86	44.32 ± 17.93	0.78 ± 0.06
夏季	35.19 ± 17.02	35.01 ± 16.28	0.83 ± 0.05
秋季	43.45 ± 22.83	41.17 ± 20.71	0.81 ± 0.04
冬季	63.65 ± 30.96	54.66 ± 26.06	0.75 ± 0.04

表4-12 不同楼层的民宅室内外空气$PM_{2.5}$广义渗透系数

楼层	室外浓度/（μg · m^{-3}）	室内浓度/（μg · m^{-3}）	广义渗透系数
1—4层	51.36 ± 26.31	45.48 ± 24.04	0.88 ± 0.02
5—8层	43.49 ± 24.16	45.59 ± 19.98	0.76 ± 0.02
9层及以上	47.48 ± 25.66	36.93 ± 17.89	0.67 ± 0.02

表4-13　不同室外大气颗粒物浓度下的民宅室内外空气$PM_{2.5}$广义渗透系数

室外大气颗粒物浓度/（μg·m^{-3}）	室外浓度/（μg·m^{-3}）	室内浓度/（μg·m^{-3}）	广义渗透系数
0～50	32.41±10.04	32.07±12.99	0.77±0.05
51～100	67.20±13.09	58.69±18.61	0.79±0.08
>100	122.40±21.53	102.28±30.61	0.81±0.14

评价室外大气颗粒物对室内空气$PM_{2.5}$的影响，还有基于S元素的示踪法。为了和本研究中基于质量平衡模型计算的广义渗透系数进行对比，随机选取一户民宅，在2015年5月至2016年4月，每月的工作日和周末利用称量法分别采集室内和室外空气$PM_{2.5}$的膜样品（合计48个样品）。通过测定采样膜上$PM_{2.5}$化学组分S元素的含量，基于S元素替代法计算该民宅室内外空气$PM_{2.5}$广义渗透系数（$PM_{2.5}$广义渗透系数=室内空气$PM_{2.5}$中S元素的浓度/室外空气$PM_{2.5}$中S元素的浓度）。经计算，利用S元素示踪法，该民宅室内外空气$PM_{2.5}$广义渗透系数分别为春季0.72、夏季0.81、秋季0.83、冬季0.70，与表4-11中的结果基本一致。

4.2.3　典型场所室内空气$PM_{2.5}$浓度预测模型构建

4.2.3.1　上海市民宅室内环境及人员活动模式调查结果

（1）民宅室内颗粒物源相关信息

从烹饪频率来看，周末民宅内的烹饪频率高于工作日，工作日大部分民宅烹饪频率为每天1次，周末为每天2次（图4-10）。烹饪使用的燃料主要为清洁能源，83%的民宅使用天然气（图4-11），其他燃料根据使用情况依次为电（7%）、液化石油气（7%）、煤气（3%）。67%的民宅采取上油炒菜为主，合并蒸煮的烹饪风格（图4-12）。30户民宅中有3户吸烟，吸烟率为10%，4户民宅饲养了宠物。53%的民宅清扫频率可达到每周3次以上（图4-13）。

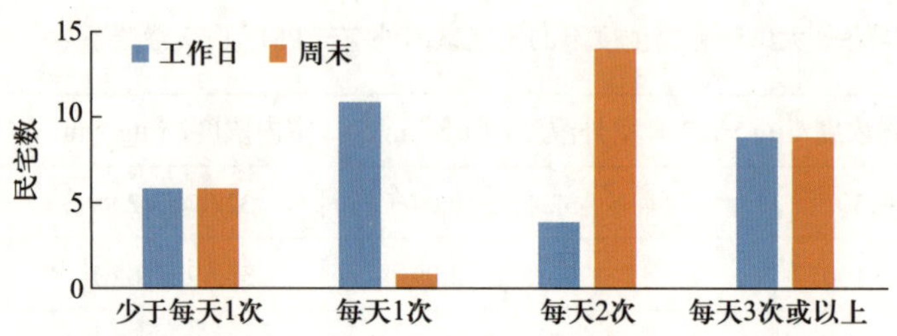

图4-10 烹饪频率分布

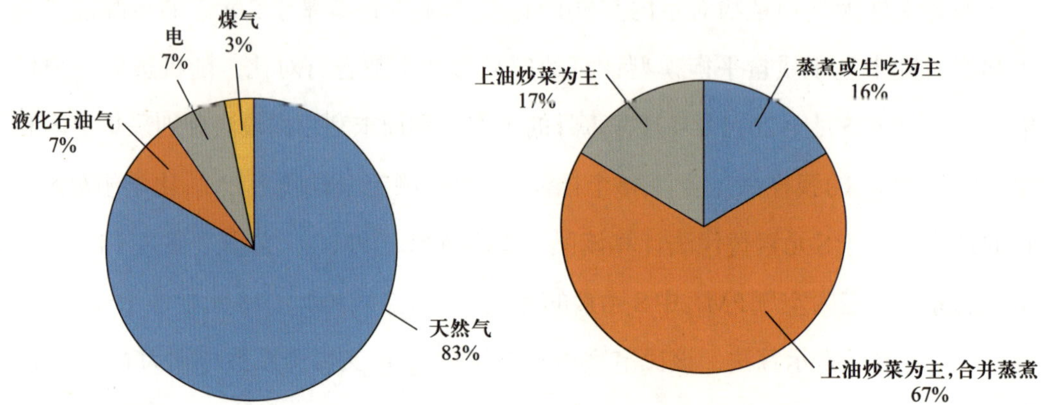

图4-11 烹饪燃料使用情况分布

图4-12 烹饪风格分布

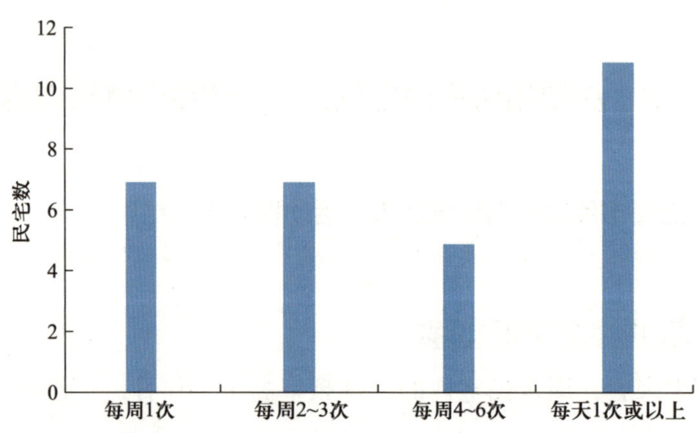

图4-13 清扫频率分布

（2）空调及采暖设备使用情况

30户民宅中只有1户使用中央空调，其余29户均安装分体式空调，每户安装1～5台不等，分别安装在卧室（63%）、客厅（29%）和书房（8%）。由图4-14可以发现，夏季和冬季空调使用频率较高，春季和秋季空调使用频率较低。春季93%的民宅和秋季78%的民宅每天几乎不使用空调，而在夏季38%的民宅和冬季18%的民宅几乎每天都在使用空调。

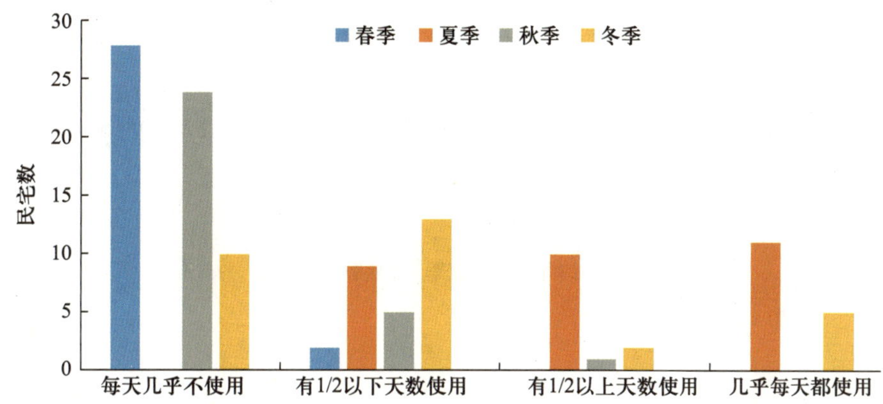

图4-14　不同季节的空调使用情况

（3）通风方式

在本研究中，30户民宅的建筑通风特点略有不同：22户民宅为南北通透型，可实现空气对流；8户民宅以朝南的窗户为主，单侧通风。所有民宅的厨房均有窗户，可以与外界相通，其中24户民宅为独立厨房，可以与其他空间分隔开。60%的民宅烹饪时总会开启窗户，27%的民宅接近或大于一半的烹饪时间开启，10%的民宅烹饪时少于一半的烹饪时间开启或几乎不开启窗户，30户民宅厨房内均安装抽油烟机且在烹饪时开启。室内人员主要活动的房间在客厅和卧室，通过调查发现，30户民宅自我感知的窗户密闭性均较好，紧贴关闭的门窗基本或完全感受不到吹风感（图4-15），且均未安装新风系统。不同季节开窗通风模式亦不相同，冬季与其他三个季节的开关窗模式差异较大，冬季白天和夜间窗户均经常关闭，而在春、夏、秋三季多为白天和夜间均经常开启窗户或白天经常开启、夜间关闭的模式（图4-16）。

（4）空气净化措施使用情况

30户民宅中有21户曾经使用过空气净化措施，主要净化措施为使用空气净化器和在空调过滤网上安装空气过滤膜。总共有8户民宅有空气净化器，开启和使用

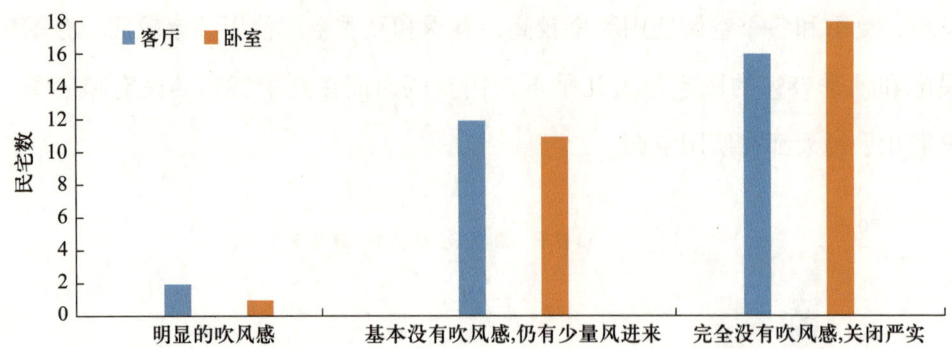

图 4-15 民宅门窗密闭性情况

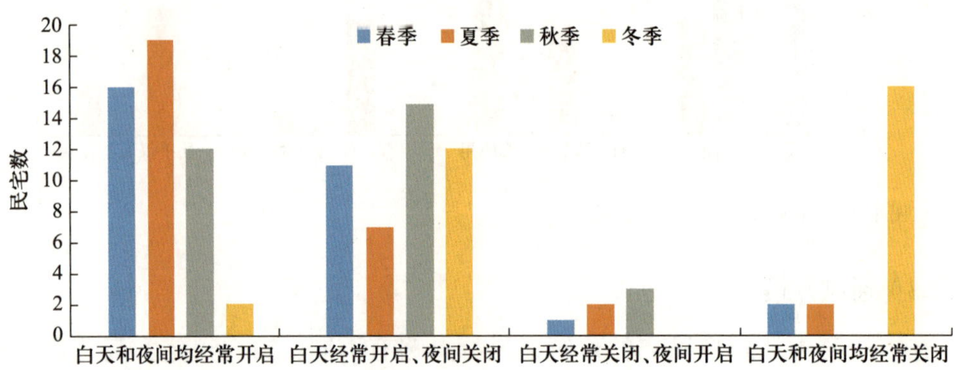

图 4-16 不同季节的开窗通风情况

模式包括以下几种：凭主观感觉感知户外空气污染严重时开启（60%）、根据当地大气监测部门发布空气污染警告开启（20%）、主观感知室内空气质量不好时开启（20%）。

（5）环境基本信息

本研究监测的一年时间内，上海市室外温度日平均值为-3℃ ~ 39℃，相对湿度日平均值为27% ~ 98%，属于亚热带季风气候，气候温和，雨量充沛。30户民宅室内温度日平均值为3℃ ~ 35℃，相对湿度为10% ~ 95%。根据上海市气象部门的数据，3—5月为春季，6—8月为夏季，9—11月为秋季，12月—次年2月为冬季。2015年4月—2016年4月监测期间，不同季节室内外温度和相对湿度情况见表4-14，室外温度和相对湿度均高于室内，夏秋季（6—11月）较冬春季（12月—次年5月）温度较高且相对湿度较大。

表4-14　监测期间不同季节的室内外温度和湿度情况

季节	温度（均数 ± 标准差）		相对湿度（均数 ± 标准差）	
	室内/℃	室外/℃	室内/℃	室外/℃
春季	17.6 ± 3.6	19.4 ± 13.2	65.6 ± 12.0	69.7 ± 11.7
夏季	26.4 ± 2.0	28.6 ± 11.1	73.6 ± 11.6	76.5 ± 9.8
秋季	22.1 ± 4.0	23.9 ± 12.8	67.7 ± 12.0	71.6 ± 10.2
冬季	13.4 ± 3.1	13.8 ± 14.0	60.1 ± 13.2	65.7 ± 11.9
日平均值	19.9 ± 6.0	21.7 ± 14.0	66.8 ± 13.3	71.1 ± 11.6

4.2.3.2　建立民宅室内空气$PM_{2.5}$浓度预测模型及入户验证

结合23期随访问卷，匹配了室内颗粒物日平均值的暴露数据，作为短期多次随访的重复测量资料，利用混合效应模型探究不同因素对室内空气$PM_{2.5}$浓度的影响。纳入变量包括连续变量和分类变量两种类型，对于连续变量（室内外空气$PM_{2.5}$浓度、相对温度、湿度、层高、建筑面积、建筑年份）和分类变量（是否开启空调、是否使用蚊香、是否吸烟、是否使用空气净化设备）可以直接纳入，对于有序分类变量（通风频率、季节）则进行哑变量处理。以通风频率为例，包括两个选项：白天通风夜间不通风、白天和夜间均通风，故设立2个哑变量（通风频率1和通风频率2）；再以季节变量为例，包括三个选项：夏季、秋季、冬季，故设立3个哑变量（季节1、季节2、季节3）。由图4-17可以看出，室外空气$PM_{2.5}$浓度增加、居住人数增多、使用蚊香、清扫频率增加、吸烟均能使室内空气$PM_{2.5}$浓度水平不同程度地升高。从通风频率来看，白天和夜间均通风模式较白天通风夜间不通风模式能使室内空气$PM_{2.5}$浓度降低；空气净化设备的使用、室内温度和湿度的升高也可以使室内空气$PM_{2.5}$浓度降低。本研究还发现，建筑的基本特征也与室内颗粒物浓度水平有关，层高越高、建筑面积越大、建筑年份越长，室内空气$PM_{2.5}$浓度越低。从气象因素来看，温度、相对湿度与室内空气$PM_{2.5}$浓度水平均呈负相关（表4-15）。

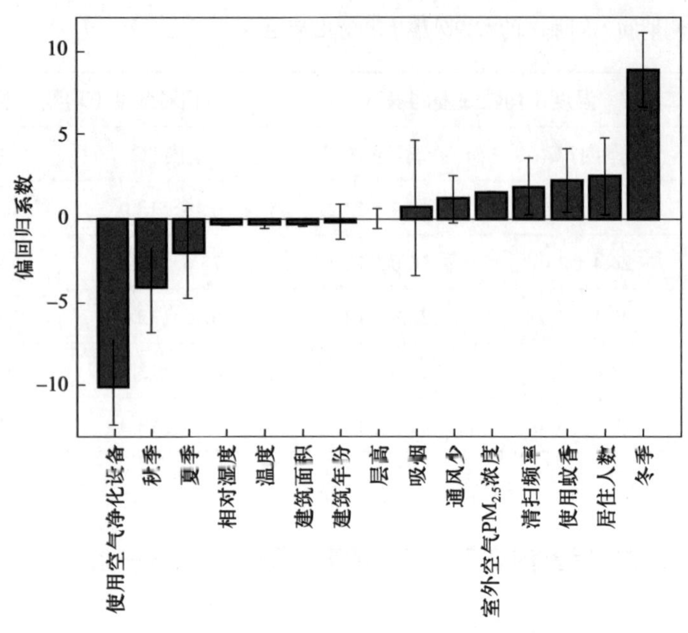

图4-17　不同因素对民宅室内空气$PM_{2.5}$浓度的影响

表4-15　全年室内空气$PM_{2.5}$浓度预测模型

预测变量	偏回归系数（SE）	p值
室外空气$PM_{2.5}$浓度	1.54（0.02）	< 0.05
白天通风夜间不通风	1.17（1.44）	0.42
白天和夜间均通风	−2.92（1.73）	0.08
居住人数	2.51（2.33）	0.28
使用蚊香	2.27（1.86）	0.22
清扫频率	1.88（1.66）	0.26
吸烟	0.67（4.02）	0.87
使用空气净化设备	−9.98（2.30）	< 0.05
温度	−0.37（0.20）	0.07
相对湿度	−0.40（0.06）	< 0.05
层高	0.03（0.60）	0.96
建筑面积	−0.30（0.13）	< 0.05
建筑年份	−0.19（1.04）	0.85

续表

预测变量	偏回归系数（SE）	p值
夏季	−2.02（2.73）	0.45
秋季	−4.09（2.73）	0.12
冬季	8.86（2.22）	< 0.05

4.2.4 烹饪对室内空气$PM_{2.5}$浓度的影响

计算某民宅全年各个时刻（0—24点）室内外空气$PM_{2.5}$浓度的小时平均值，如前文图1-2所示，一年中室内外浓度的时间趋势基本一致，但室外空气$PM_{2.5}$浓度明显高于室内浓度。全年平均早上7—8点和下午18—19点室内空气$PM_{2.5}$浓度出现峰值，明显高于其他时间点。结合随访问卷，发现该时段正是该民宅平时烹饪中或烹饪后的一段时间，提示烹饪可能是室内颗粒物的重要发生源。

4.2.5 通风对室内空气$PM_{2.5}$浓度的影响

根据随访问卷，某民宅的通风模式主要为自然通风，表现为冬季“白天和夜间均不通风”和春季“白天通风夜间不通风”。为了更准确地评价通风对室内空气$PM_{2.5}$的影响，2016年1月至2016年4月，工作人员在该民宅的门窗上均安装了磁开关记录仪，记录其开关门窗的频率。将一天划分为休息时段（0:00—6:00）和非休息时段（6:00—24:00）进行分层分析，其中休息时段住户处于睡眠状态，可排除烹饪、清扫、室内人员活动等室内源的干扰。由于室内源的存在，各月非休息时段的I/O值均高于休息时段。通过比较开关窗情况，发现休息时段和非休息时段，冬季（1月）开窗频率均明显低于春季（4月）（14.1%/28.5%，$p < 0.000\ 1$）。

通风也是室内外空气$PM_{2.5}$相关性的重要影响因素。结果显示，1月休息时段和非休息时段该民宅的I/O值均小于2月、3月、4月。随着春季气温升高，民宅开窗通风频率增加，室内外空气$PM_{2.5}$相关性增加，I/O值接近甚至大于1。1月和2月室外大气颗粒物污染虽然严重，但是由于天气寒冷门窗紧闭，室内外空气交换量较少，尤其在休息时段，室内基本没有污染源，I/O值较低。

4.2.6 空气净化设备的使用对室内空气$PM_{2.5}$浓度的影响

为了探究空气净化设备的使用对室内颗粒物浓度的影响，选择在无室内源的休息时段对该影响因素进行探究。图4-18为某民宅在休息时段关闭门窗且未使用空气净化设备情况下室内外空气$PM_{2.5}$浓度情况，室内外空气$PM_{2.5}$浓度的相关系数为0.88（$p < 0.001$），I/O值为0.65 ± 0.19，说明室外空气$PM_{2.5}$浓度高于室内，但建筑围护结构对室外空气$PM_{2.5}$的防护效应有限，并不能完全阻止室外颗粒物进入室内。然而，同样在休息时段（0:00—6:00）关闭门窗的情况下，民宅开启空气净化设备时，室内空气$PM_{2.5}$浓度较室外降低一半以上，室内外I/O值为0.37 ± 0.11，相关系数为0.46（$p < 0.01$）（图4-19）。

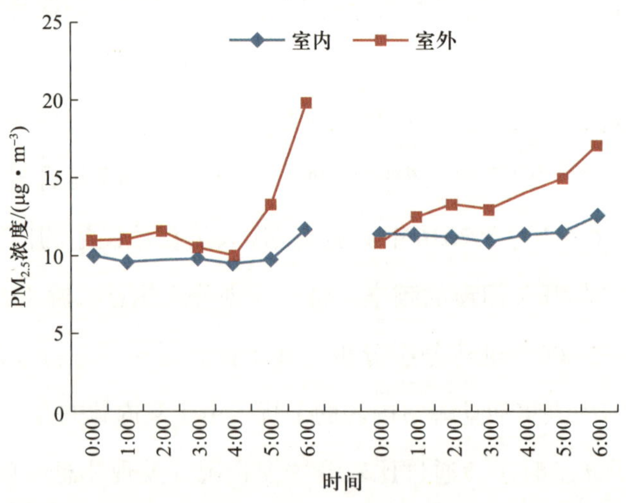

图4-18 某民宅在休息时段关闭门窗且未使用空气净化设备情况下室内外空气$PM_{2.5}$浓度情况

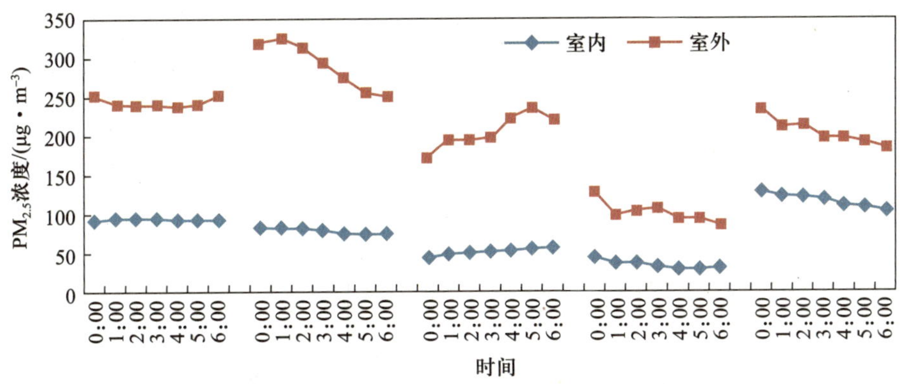

图4-19　某民宅在休息时段关闭门窗且使用空气净化设备情况下室内外空气$PM_{2.5}$浓度情况

4.3　典型场所室内外空气$PM_{2.5}$理化特性

4.3.1　典型场所室内外空气$PM_{2.5}$浓度

如表4-16和图4-20所示，在监测的一年中，该办公室、学生宿舍、民宅和幼儿园的室内$PM_{2.5}$平均浓度分别为42.3 μg/m^3、46.8 μg/m^3、49.7 μg/m^{3}和55.2 μg/m^3，室外浓度分别为57.6 μg/m^3、55.2 μg/m^3、62.4 μg/m^{3}和55.9 μg/m^3，这四个场所的室内外空气平均$PM_{2.5}$浓度分别为48.5 μg/m^{3}和57.8 μg/m^3。从季节来看，春、冬季显著高于夏、秋季（图4-20）。如表4-17所示，各典型场所全年平均$PM_{2.5}$I/O值为0.73～0.99，平均为0.83，最高是幼儿园，可能与其具有良好的通风条件有关。

表4-16　各典型场所室内外空气$PM_{2.5}$浓度平均值

典型场所	室内/（μg·m^{-3}）	室外/（μg·m^{-3}）
办公室	42.3	57.6
学生宿舍	46.8	55.2
民宅	49.7	62.4

续表

典型场所	室内/（μg·m^{-3}）	室外/（μg·m^{-3}）
幼儿园	55.2	55.9
平均	48.5	57.8

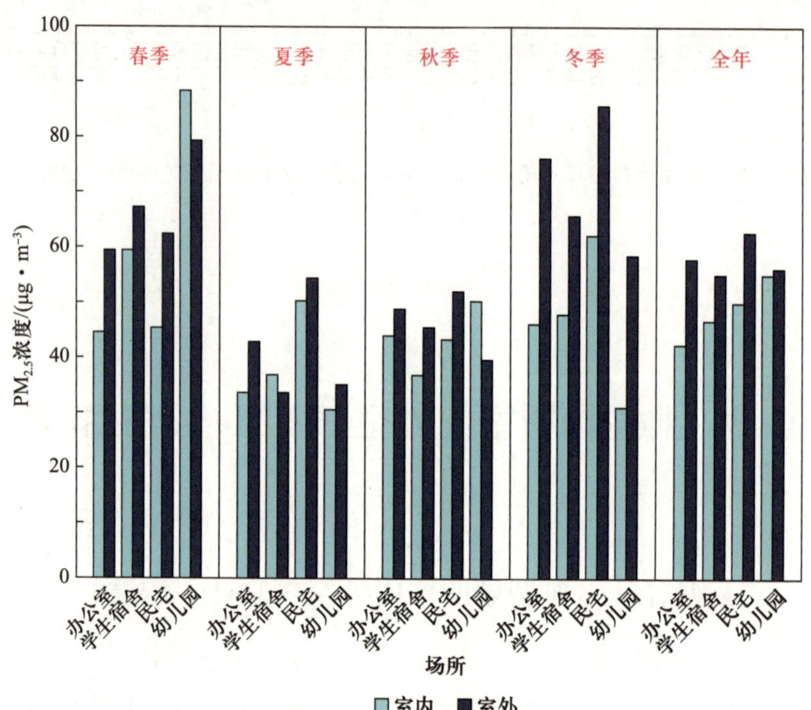

图4-20 各典型场所年平均室内外空气$PM_{2.5}$浓度（办公室、学生宿舍、民宅：2015.5—2016.4；幼儿园：2015.10—2016.9）

表4-17 各典型场所全年平均$PM_{2.5}$I/O值

地点	I/O值
办公室	0.73
学生宿舍	0.85
民宅	0.80
幼儿园	0.99
平均	0.83

4.3.2 典型场所室内外空气$PM_{2.5}$主要化学组成

上海市各典型场所年平均室内外空气$PM_{2.5}$各成分比例如图4-21所示，重金属元素、水溶性离子、有机碳（OC）、元素碳（EC）、多环芳烃（PAHs）和其他组分在室内分别约占18%、32%、38%、5%、0.1%和7%，在室外分别约占19%、37%、26%、4%、0.05%和14%。室内空气$PM_{2.5}$中最多的成分是OC，占比为36%～41%，而室外最多的成分是水溶性离子，占比为36%～38%，这说明室内的有机源相对更多，而室外的无机源相较更多。PAHs在$PM_{2.5}$中的含量极少，只有不到0.2%，但它们在室内的比例显著高于室外，说明PAHs的室内源更多。

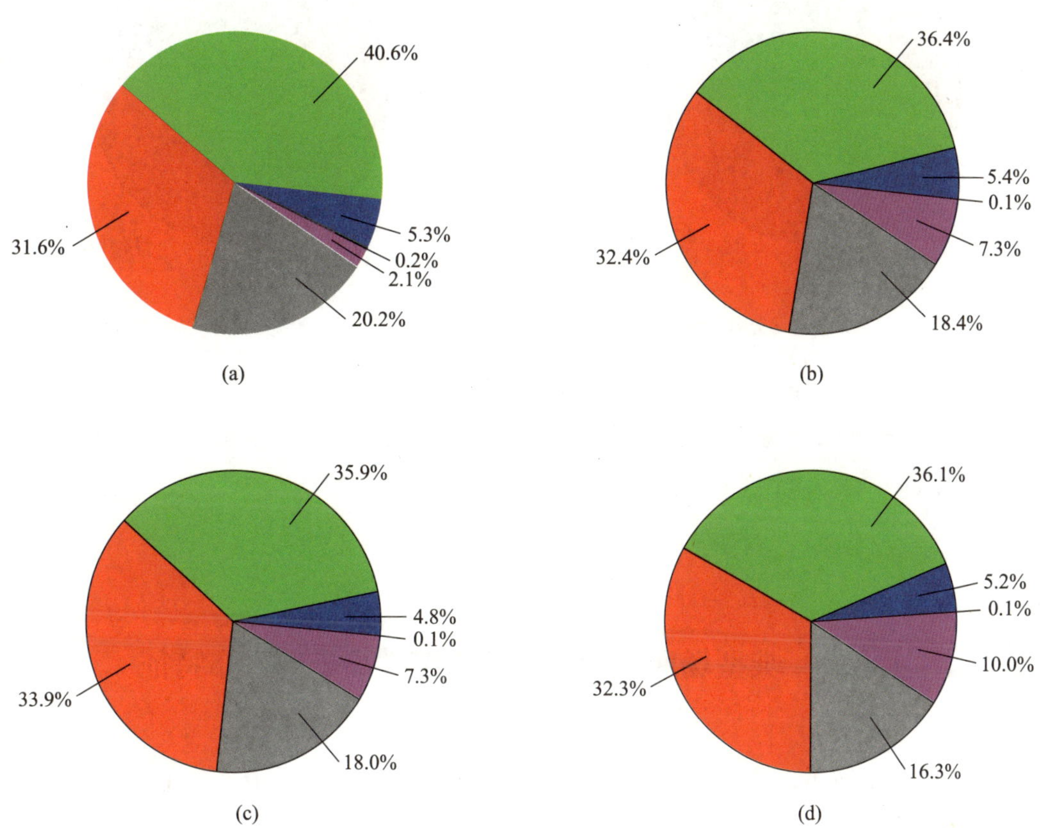

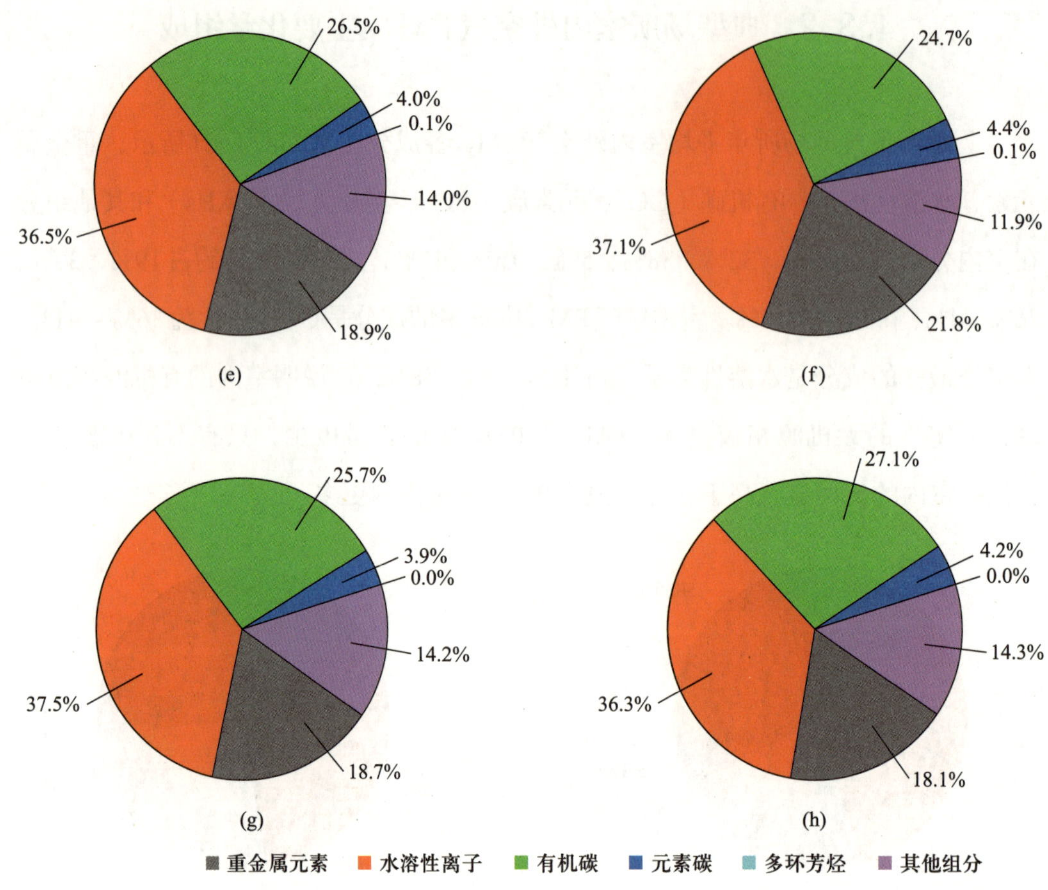

图4-21　上海市各典型场所年平均室内外空气$PM_{2.5}$各成分比例
(a) 办公室室内；(b) 学生宿舍室内；(c) 民宅室内；(d) 幼儿园室内；(e) 办公室室外；(f) 学生宿舍室外；(g) 民宅室外；(h) 幼儿园室外

4.3.3　典型场所室内外空气水溶性离子的分布特征

如图4-22所示，监测结果表明，室内外空气$PM_{2.5}$中含量最多的主要水溶性离子依次为SO_4^{2-}、NO_3^-、NH_4^+，三者的总含量占所有离子总含量的90%以上，其中SO_4^{2-}的比例接近50%。

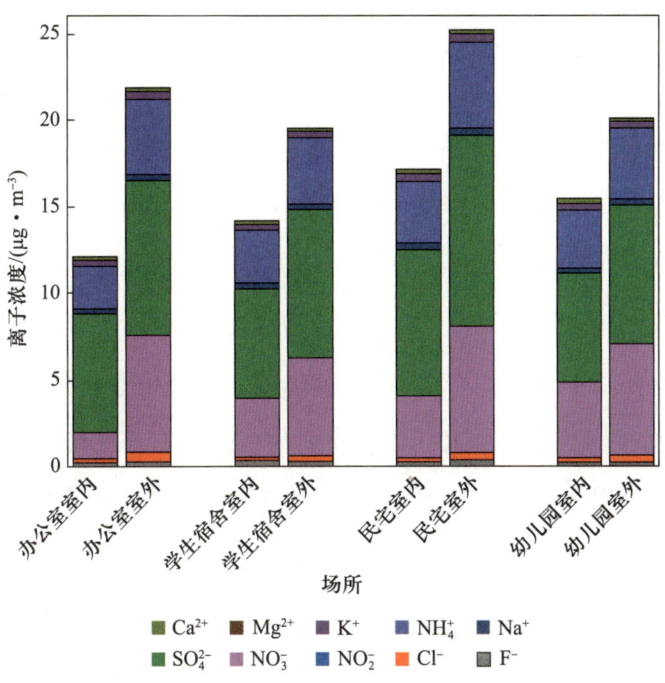

图 4-22　上海市各典型场所年平均室内外空气$PM_{2.5}$中水溶性离子浓度

通过计算I/O值，发现Cl^-、NO_3^-、SO_4^{2-}、NH_4^+的I/O值都在0.8以下，结合4.2节中得到的$PM_{2.5}$广义渗透系数0.8，可以判断这些水溶性离子基本来源于室外，但其他离子如NO_2^-、Na^+、Ca^{2+}、Mg^{2+}的I/O值大于1，说明有较强的室内源（图4-23）。

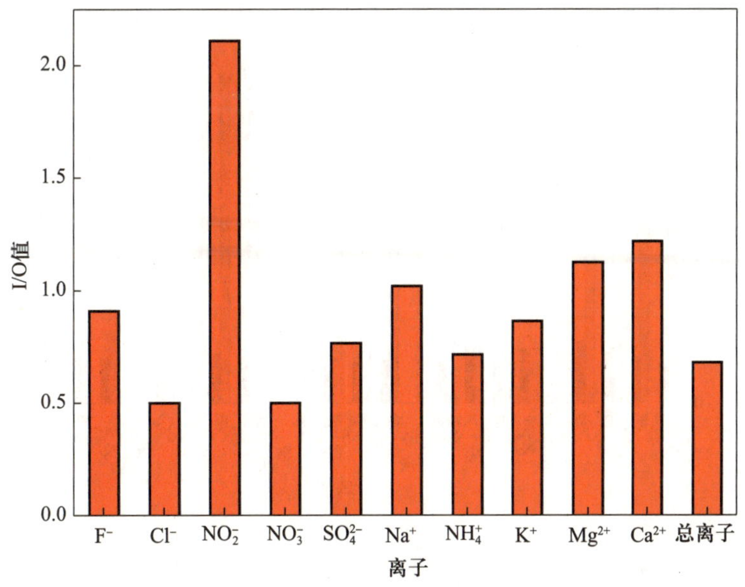

图 4-23　上海市各典型场所年平均室内外空气$PM_{2.5}$中水溶性离子的I/O值

4.3.4 典型场所室内外空气有机碳和元素碳的分布特征

监测结果表明，各典型场所室内外空气$PM_{2.5}$中OC年平均浓度分别为13.8 ~ 17.2 μg/m^{3}和12.6 ~ 15.4 μg/m^3，EC年平均浓度分别为2.0 ~ 2.3 μg/m^{3}和2.1 ~ 2.3 μg/m^3（图4-24）。从季节来看，不同季节OC和EC变化不大。OC与EC的比值能作为二次有机碳（SOC）是否存在的判据，办公室、学生宿舍、民宅和幼儿园这四种典型环境中，年平均室内空气$PM_{2.5}$的OC/EC值分别为7.4、6.7、7.4和7.2，年平均室外空气$PM_{2.5}$的OC/EC值分别为6.8、5.8、6.7和6.5（图4-25），OC含量占总碳的90%以上。研究认为二次有机碳存在的临界值为OC/EC=2，因此可以推断上海市大气$PM_{2.5}$中含有大量的二次有机碳。

通过计算I/O值，分析OC、EC的室内外相关关系，发现EC的I/O值接近1（图4-26），结合4.2节中得到的$PM_{2.5}$广义渗透系数0.8，可以判断EC主要来源于室外，但室内也有部分源；OC的I/O值约为1.1，说明一定有室内源。

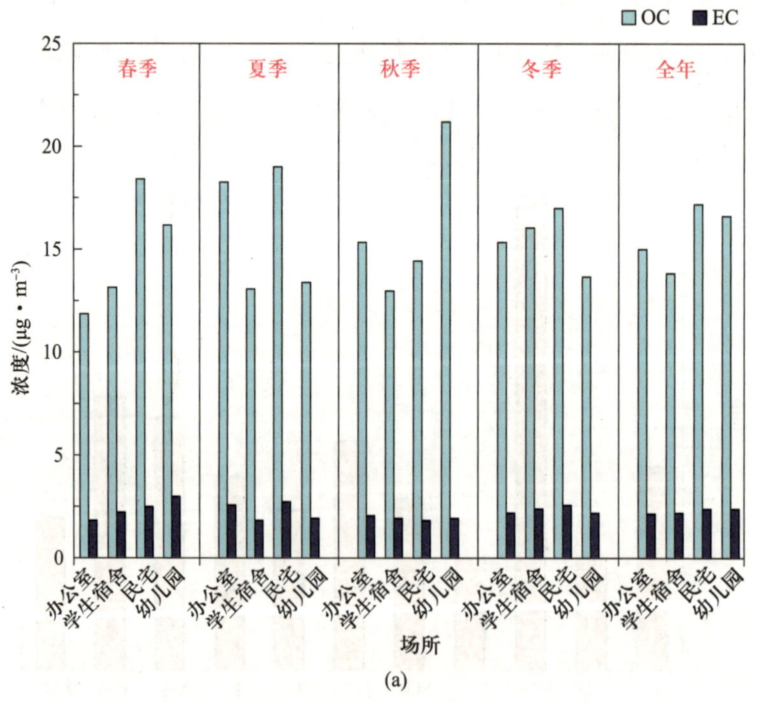

(a)

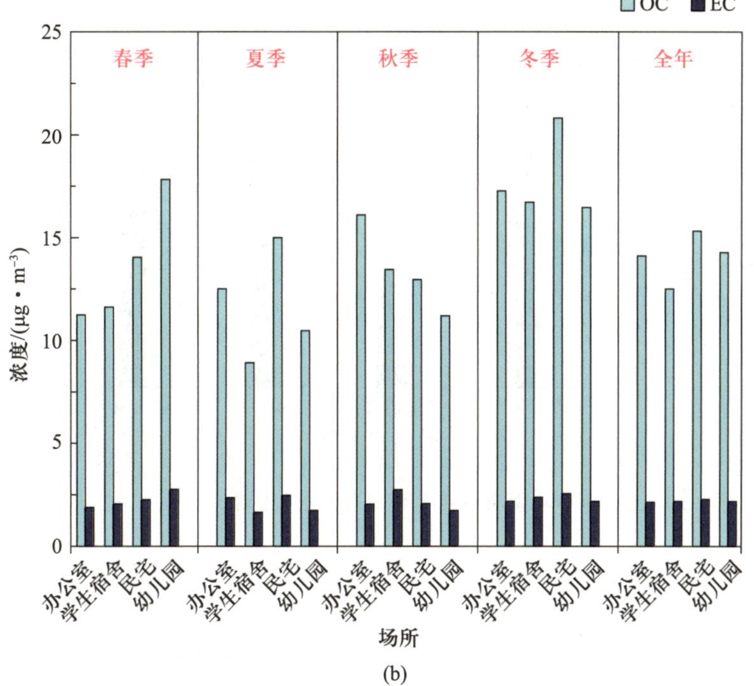

(b)

图 4-24　上海市各典型场所室内外空气$PM_{2.5}$中OC和EC浓度

（a）室内；（b）室外

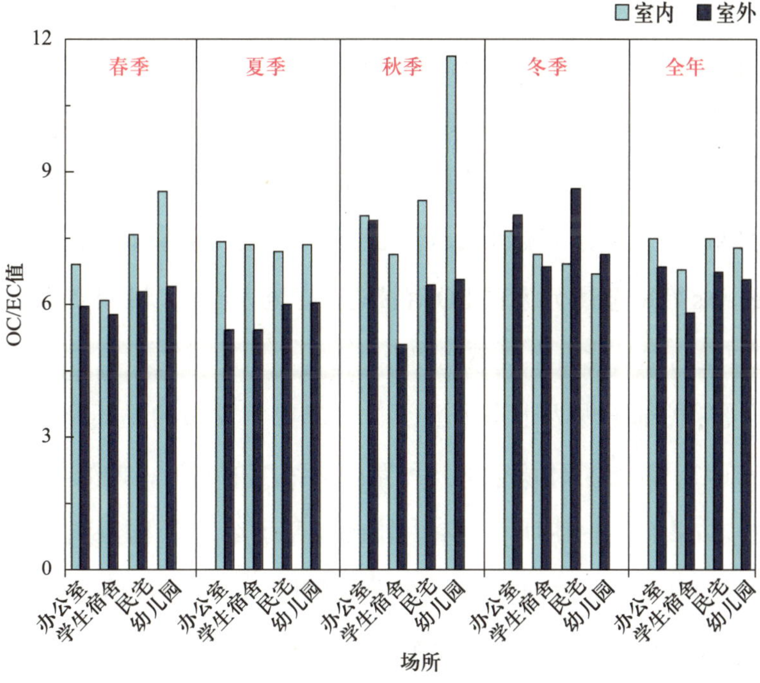

图 4-25　上海市各典型场所室内外空气$PM_{2.5}$中OC/EC值

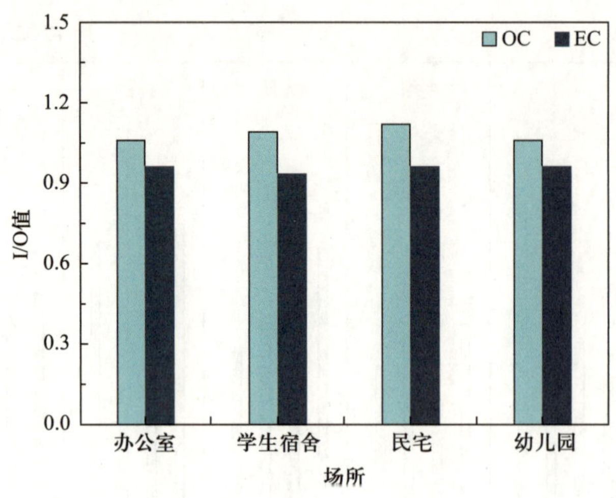

图4-26　上海市各典型场所年平均室内外空气$PM_{2.5}$中OC、EC的I/O值

4.3.5　典型场所室内外空气重金属元素的分布特征

如图4-27所示，监测结果表明，室内外空气$PM_{2.5}$中含量最多的六大金属元素依次为K、Fe、Ca、Na、Al、Zn，六者的总含量占所有元素总含量的25%以上。Zn在室外环境的主要来源是煤炭燃烧，说明煤炭燃烧在上海依然占很大比重。Al、Fe、Ca是地壳主要元素（Na等, 2005；Lim等, 2011），所以广泛存在于室内外环境颗粒物中。

如图4-28所示，大多数元素的I/O值都在0.8附近，如Si、Fe、Ca等，结合4.2节中得到的$PM_{2.5}$广义渗透系数0.8，可以判断大多数元素基本来源于室外，但Ba、Cr、Sc、Se、As等重金属元素的I/O值接近1甚至大于1，说明有较强的室内源。重金属的主要室内源是化石燃料燃烧和吸烟等。

国家环境保护部（现为生态环境部）在2012年发布的《环境空气质量标准》（GB 3095—2012）规定了环境空气几种重金属浓度的限值，此处与我们测得的浓度一一比较，结果如表4-18所示。室内外Pb年平均浓度均未超标；室内外As浓度分别超标0.7倍和0.6倍；室内外Cd浓度分别超标2.6倍和4.7倍。重金属不能被生物降解，反而能在食物链的生物放大作用下，成百上千倍地富集，最终进入人体。人体中的重金属能和蛋白质及酶等发生强烈的相互作用，导致它们失去活性，也可能在人体的某些器官中累积，造成慢性中毒，损害内脏功能，引发神经毒性，严重者足以致死。因此，颗粒物中有毒重金属严重超标的问题需要引起重视。

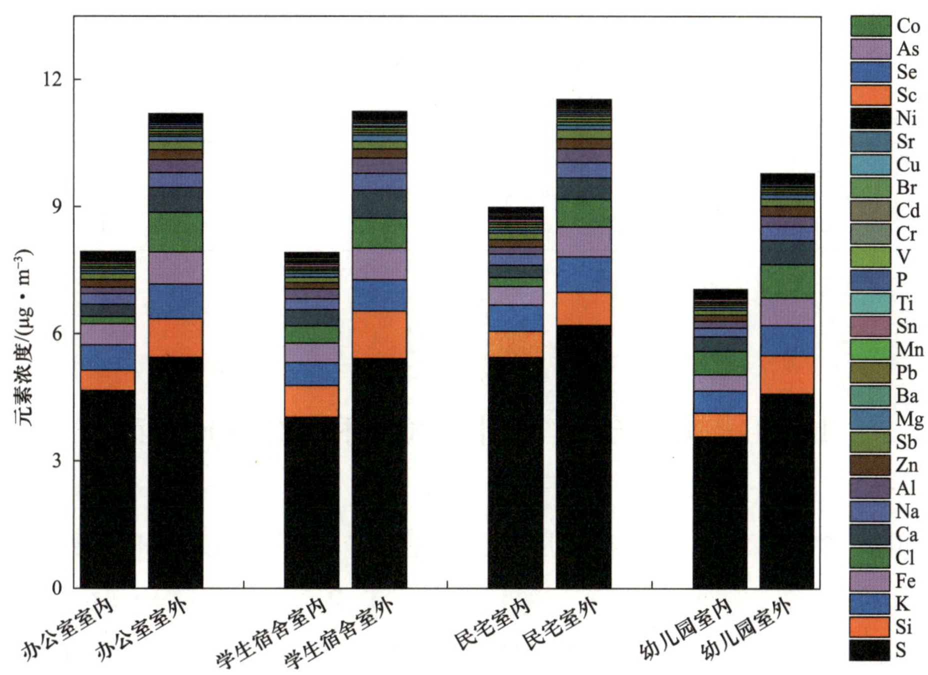

图 4-27　上海市各典型场所年平均室内外空气$PM_{2.5}$中的元素浓度

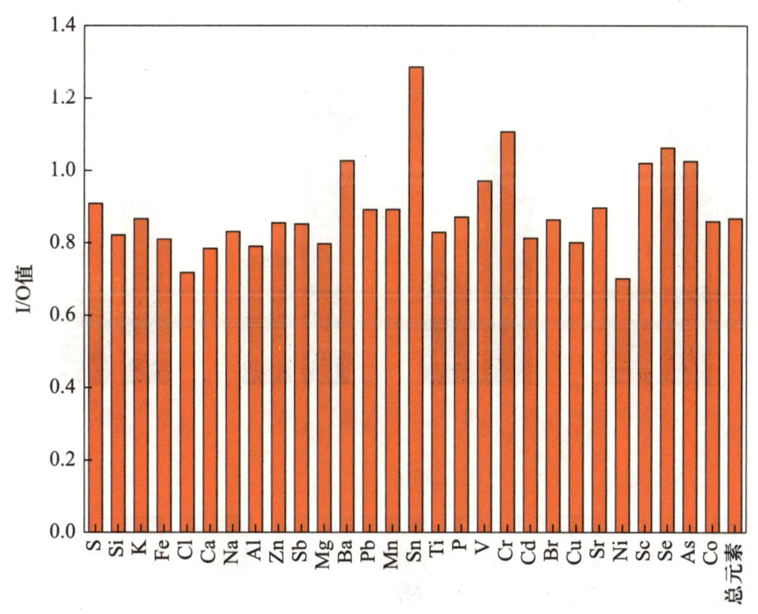

图 4-28　上海市各典型场所年平均室内外空气$PM_{2.5}$中的元素I/O值

表4-18 上海市各典型场所年平均室内外空气$PM_{2.5}$中重金属元素的浓度与I/O值

重金属	办公室/（ng·m^{-3}）		学生宿舍/（ng·m^{-3}）		民宅/（ng·m^{-3}）		幼儿园/（ng·m^{-3}）		平均/（ng·m^{-3}）		限值	超标倍数		I/O值
	室内	室外	室内	室外	室内	室外	室内	室外	室内	室外		室内	室外	
Pb	46.6	64.1	42.3	63.2	72.9	71.5	43.1	62.4	51.2	65.3	500.0	—	—	0.8
As	10.0	8.4	10.4	8.9	10.5	11.6	10.3	10.3	10.3	9.8	6.0	0.7	0.6	1.1
Cd	16.1	25.0	18.9	26.4	21.4	31.5	15.1	31.1	17.9	28.5	5.0	2.6	4.7	0.6

4.3.6 典型场所室内外空气多环芳烃的分布特征

如图4-29所示，监测结果表明，室内外空气$PM_{2.5}$中含量最多的几种PAHs依

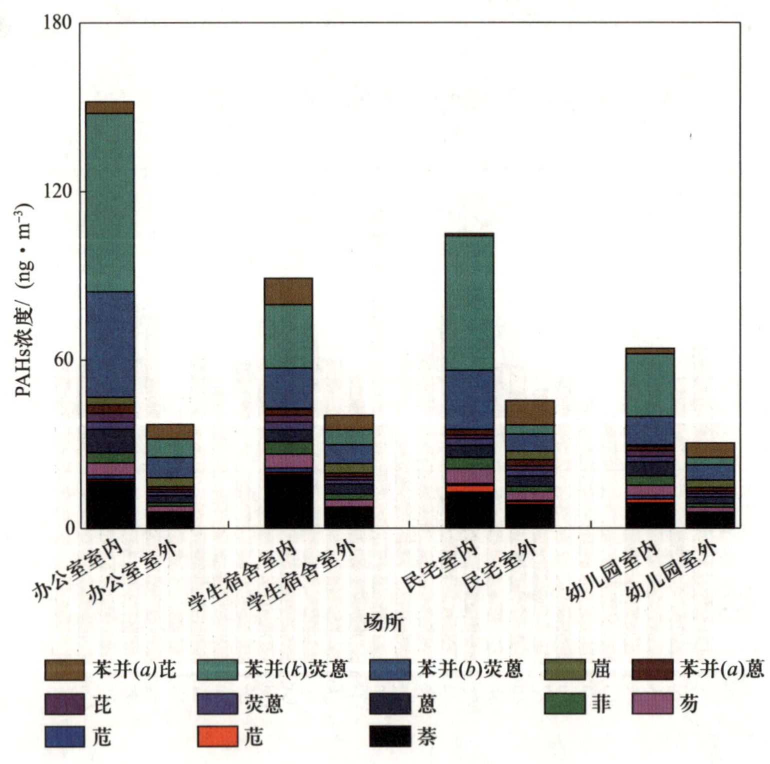

图4-29 上海市各典型场所年平均室内外空气$PM_{2.5}$中PAHs浓度

次为苯并（*k*）荧蒽、苯并（*b*）荧蒽、萘、蒽，四者的总含量占PAHs总含量的50% ~ 80%。室内PAHs浓度均显著高于室外，除民宅室内外，其他场所苯并（*a*）芘浓度均超过环境限值1 ng/m^3，其中最高为学生宿舍室内，超标8.4倍。

通过计算I/O值，发现除苯并（*a*）芘、茚并（1,2,3−*c*,*d*）芘、䓛、苯并（*g*,*h*,*i*）苝外，绝大多数PAHs的I/O值都大于1，说明有较强的室内源（图4−30）。PAHs的主要来源是燃烧，说明这些场所均有较频繁的燃烧行为。

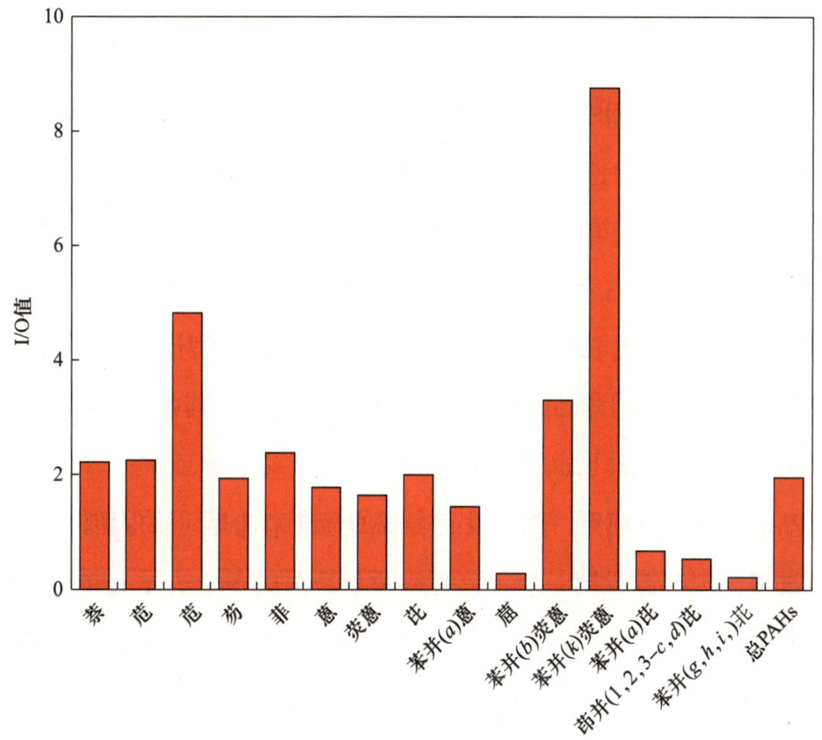

图4−30　上海市各典型场所年平均室内外空气$PM_{2.5}$中PAHs的I/O值

4.4 典型场所室内外空气$PM_{2.5}$来源解析

4.4.1 室外空气$PM_{2.5}$来源解析

4.4.1.1 PMF模型数据输入与运行

美国EPA PMF 5.0模型的数值输入诊断及运行性能优化包括以下方面：

（1）在输入化学组分时，数据应包含典型的源标志物，同时需要输入检测数据的不确定度。在本研究中，采用测定浓度的10%作为分析不确定度。

（2）美国EPA PMF 5.0模型中可以分别设定化学物种的类别：物种设定的类别有“强”“弱”和“差”三类。物种设定类别的依据为其信噪比。由于本研究中物种的不确定度均为浓度的10%，所以物种分类不能依据模型计算的信噪比，而是依据物种浓度低于检出限的样品的比例判断物种的重要性。其中将Na、Mg、Si、Ti、V、Cr、Ni、Sn、Se、Sr、Cd、Ba设为“弱”。

（3）PMF是描述性模型，因此没有客观的标准来选择应该保留的最优因子数。若因子数过多，则会造成把一个源分解成两个甚至更多个实际上并不存在的污染源。若因子数设定得过多或过少，则都会造成解析出物理意义不易解释的因子成分谱。在本项目中，尝试选取3 ~ 10个因子，并进行了多次优化计算，最终确定7个因子能合理解释其污染源类别，且此时解析结果稳定、大部分残差值分布在-3~3。

4.4.1.2 因子判定

运行结束后，得到室外空气$PM_{2.5}$因子的廓线/贡献图如图4-31所示。对因子的判定如下：

因子1中含有的K、Cl、OC、EC较多，可认定因子1为生物质燃烧源。

因子2中优势物种为Cu、Zn、Pb、EC，Zn和Cu为机动车润滑油的主要添加剂，

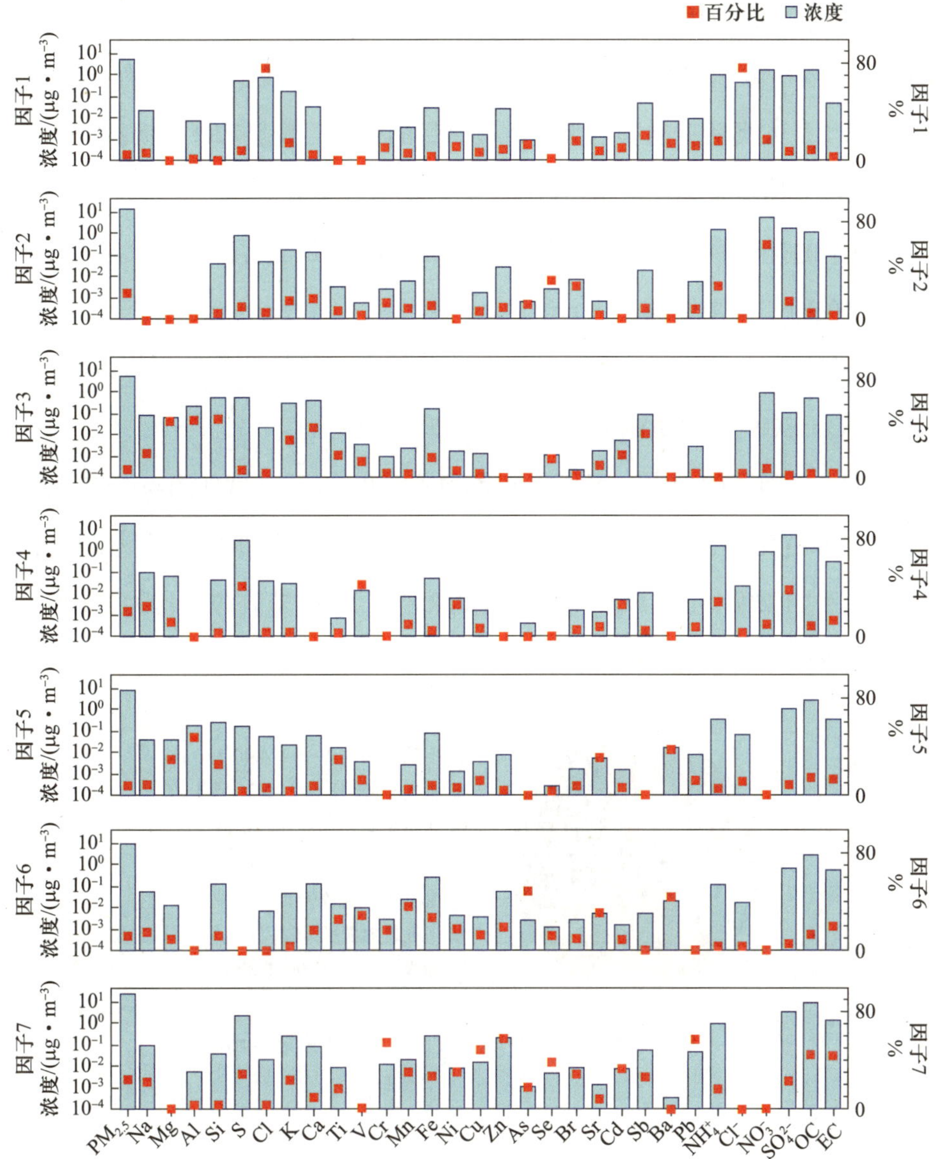

图4-31　室外空气$PM_{2.5}$因子廓线/贡献图

Pb可由机动车磨损产生，另外机动车尾气中含有大量的EC，这些物种都可作为机动车的示踪物，因此可认定因子2为机动车源。

因子3中含有较多的Na、Mg、Al、Si、Ca等元素，这些地壳元素与水泥、石灰建筑材料相关，因此可认定因子3为建筑尘源。

因子4中优势物种为NH_4^+、NO_3^-、SO_4^{2-}，主要由NH_3、NO_x和SO_2二次转化而来，

可认定因子4为二次转化源。

因子5中含有较多的Mg、Al、Si、Ca等元素，同时对EC、OC也有一定的贡献，这可能与扬尘受人类活动的影响大，大量腐烂的植物、垃圾和燃烧源排放出的高浓度EC、OC进入扬尘有关，可认定因子5为土壤风沙尘源。

因子6中的优势物种为Mn、Ti、Cu、Zn、As、Fe等元素，可认定因子6为与金属加工相关的工业排放源。

因子7中含有大量的Cl^-、NO_3^-、OC、EC，Cl^-一般被认为是燃煤的特征组分，加上其对OC、EC的显著贡献，可认定因子7为燃煤源。

根据对上述因子的判定，可以得到各种源对$PM_{2.5}$的贡献如图4-32所示。其中生物质燃烧源占比为5.6%，机动车源占比为21.5%，建筑尘源占比为5.6%，二次转化源占比为21.2%，土壤风沙尘源占比为8.8%，工业排放源占比为12.5%，燃煤源占比为24.8%。

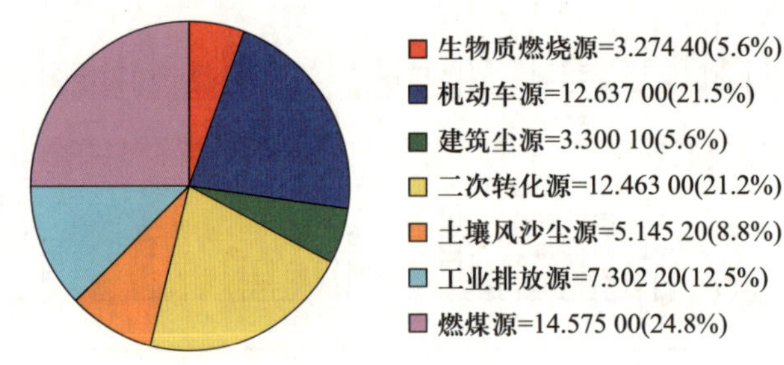

图4-32 上海市典型场所室外空气$PM_{2.5}$各种污染源占比图

4.4.2 室内空气$PM_{2.5}$来源解析

4.4.2.1 PMF模型数据输入与运行

美国EPA PMF 5.0模型的数值输入诊断及运行性能优化包括以下方面：

（1）在本研究中，采用测定浓度的10%作为分析不确定度。

（2）依据物种浓度低于检出限的样品的比例判断各物种的重要性。其中将Na、

Cl、V、Cr、Se、Sr、Cl^-设为“弱”。

（3）在本研究中，尝试选取3～10个因子，并进行了多次优化计算，最终确定7个因子能合理解释其污染源类别，且此时解析结果稳定、大部分残差值分布在-3～3。

4.4.2.2 因子判定

运行结束后，得到室内空气$PM_{2.5}$因子的廓线/贡献图如图4-33所示。对因子的判定如下：

因子1中优势物种为NH_4^+、NO_3^-、SO_4^{2-}，主要由NH_3、NO_x和SO_2二次转化而来，可认定因子1为二次转化源。

因子2中优势物种为Cr、Cu、Zn、Pb、EC，Zn和Cu为机动车润滑油的主要添加剂，Pb可由机动车磨损产生，另外机动车尾气中含有大量的EC，这些物种都可作为机动车的示踪物，因此可认定因子2为机动车源。

因子3中含有较多的Mg、Al、Si、Ca等元素，这些元素为与水泥、石灰建筑材料相关的地壳元素，因此可认定因子3为建筑尘源。

因子4中优势物种为Mn、Ti、Cu、Zn、As、Fe等元素，可认定因子4为与金属加工相关的工业排放源。

因子5中含有较多的Na、Mg、Al、Si、Ca等元素，同时对EC、OC也有一定的贡献，这可能与扬尘受人类活动的影响大，大量腐烂的植物、垃圾和燃烧源排放出的高浓度EC、OC进入扬尘有关，可认定因子5为土壤风沙尘源。

因子6中含有大量的Cl^-、NO_3^-、OC、EC，Cl^-一般被认为是燃煤的特征组分，加上其对OC、EC的显著贡献，可认定因子6为燃煤源。

因子7中含有的K、Cl^-、OC、EC较多，可认定因子7为生物质燃烧源。

根据对上述因子的判定，可以得到各种源对室内空气$PM_{2.5}$的贡献如图4-34所示。其中二次转化源占比为17.6%，机动车源占比为15.0%，建筑尘源占比为8.6%，工业排放源占比为11.9%，土壤风沙尘源占比为22.5%，燃煤源占比为17.3%，生物质燃烧源占比为7.1%。

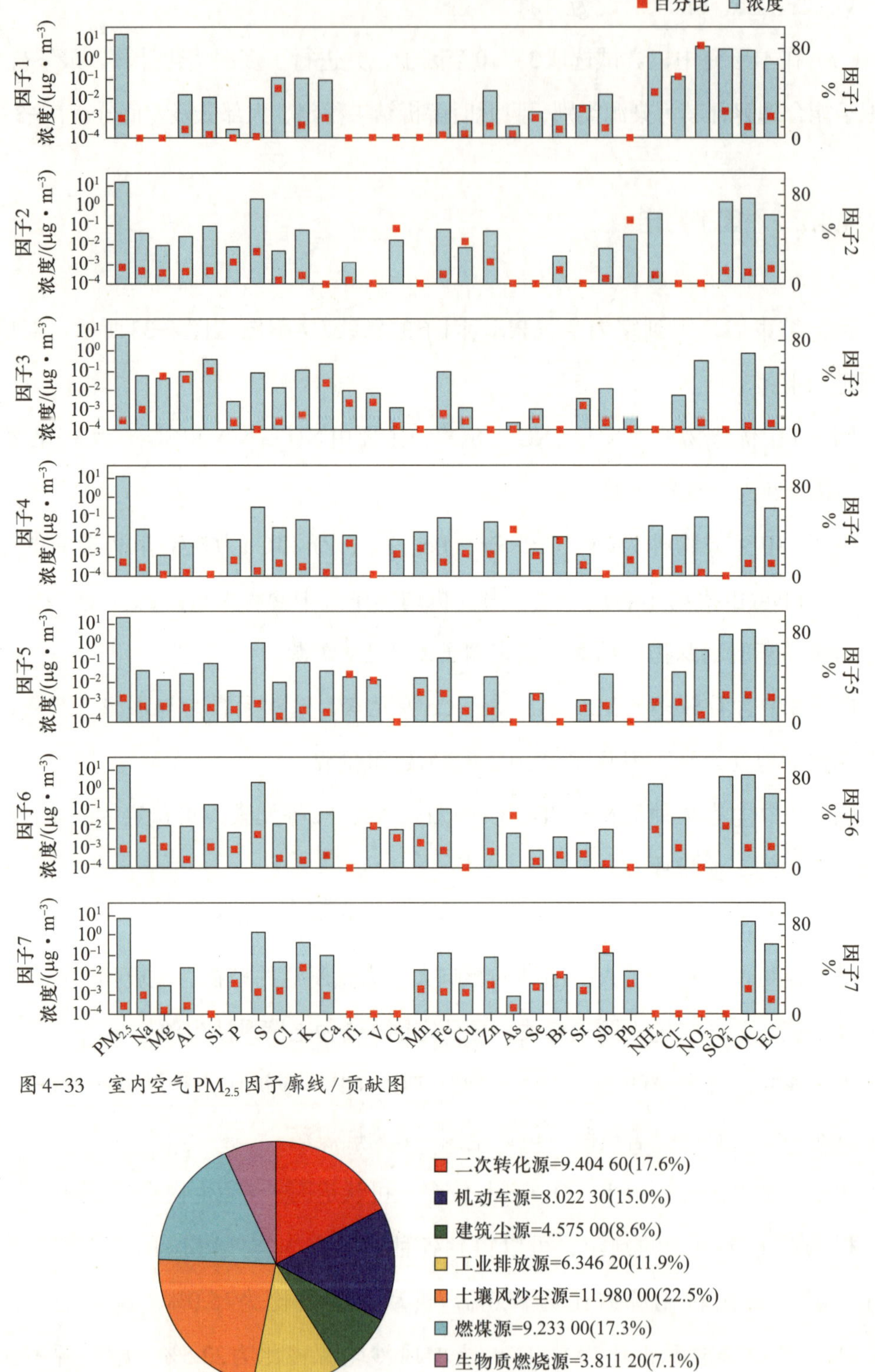

图 4-33 室内空气 $PM_{2.5}$ 因子廓线/贡献图

图 4-34 上海市典型场所各种源对室内空气 $PM_{2.5}$ 的贡献图

第五章　广州市典型场所室内外空气$PM_{2.5}$污染特征

本章对广州市典型场所（办公室、民宅）室内外空气进行了$PM_{2.5}$浓度实时监测和$PM_{2.5}$膜采样研究，确定了典型场所室内外空气$PM_{2.5}$浓度污染特征，分析了典型场所室内外空气$PM_{2.5}$理化特性，研究了水溶性离子、有机碳和元素碳、重金属元素、多环芳烃的分布特征。

5.1　研究方法

5.1.1　广州市典型场所室内外空气$PM_{2.5}$浓度监测研究

开展现场监测和调查的广州市是广东省省会城市，地处中国南部、广东省中南部、珠江三角洲中北缘，是西江、北江、东江三江汇合处，濒临中国南海。广州市位于南亚热带沿海地区，北回归线从该市中南部穿过。广州市属于亚热带季风气候，以温暖多雨、光热充足、夏季长、霜期短为特征，年平均气温为21.9℃，是中国年平均温差最小的大城市之一。7月是广州市一年中最热的月份，月平均气温达28.7℃。1月是广州市一年中最冷的月份，月平均气温为13.5℃。平均相对湿度为77%，年降雨量约为1 736 mm。根据广州市城市功能区划的情况，在广州市典型的商住（商业住宅）区、高新产业园区和工业区三个区域选择典型的室内场所开展现场监测工作。

（1）商住区

天河区总面积为96.33 km^2，常住人口达224万，是广州市人口最密集的地区之一，被誉为“华南第一商圈”。天河区以商业和居住功能为主，坐拥广州国际金融城、天河智慧城、天河中央商务区和天河路商圈四大平台。天河区还是广州市新的交通枢纽，拥有多个大型汽车客运站，如天河汽车客运站、东圃汽车客运站和天河大厦汽车客运站等。各种交通资源高度富集，广州市火车东站建在该区内，快速公交线、地铁一号线、三号线、四号线、五号线贯穿天河中心，在该区设有体育西路、体育中心、广州东站、林和西及珠江新城站等站点，轨道交通发达。

天河区位于广州市区东部、广州市新城市中心区，东南面是现代化企业聚集的黄埔区，南面是水陆交通便捷的海珠区。为综合代表广州市的总体情况，作为新城市中心的天河区具有典型的新广州特征，城市功能完备，故选取天河区来作为广州市城区的商住区研究区域。

（2）高新产业园区

广州科学城是一个位于广州市黄埔区的现代化科学园区，位于白云山生态保护区边缘，东接原萝岗区，北邻白云区，南望珠江，西靠广州新城市中心珠江新城，地处广州知识密集区，拟规划面积为144.65 km^2，起步区为4 km^2。它是广州市东部发展战略的中心区域，广州市发展高新技术产业的示范基地。广州科学城是广州市乃至广东省发展高新技术产业的重要基地，是高新技术产业的孵化基地和摇篮，其重点产业发展方向是计算机及软件、电子商务、物流、生物医药、光电子、新材料、环境保护设备等。

（3）工业区

新塘镇，隶属于广州市增城区，位于珠江三角洲东江下游北岸，西邻广州市黄埔区，东邻仙村镇，南与东莞市隔江相望，北接永宁街，是广州市增城区南部的工商业重镇，面积为85.09 km^2。2010年，新塘镇亿元企业有97家，形成了汽车及其零配件、摩托车及其零配件、牛仔服装三大支柱产业。

5.1.2 广州市典型场所室内外空气$PM_{2.5}$膜采样研究

本研究的主要研究对象为广州市的典型办公场所。根据办公室的布局特点（隔间型或者开敞式）、人群活动影响（多人或者单人活动）、办公室内颗粒物释放源（打印设备、吸烟等）、通风设备（空调通风、自然通风）的不同来选取以下典型的研究场所：① 单人办公室；② 多人办公室；③ 文印办公室；④ 吸烟办公室；⑤ 无明显室内源影响的办公室。另外，选取具有固定活动人群、有正常烹饪行为的多居室民宅作为典型民宅研究场所。

根据以上典型场所选取原则，在商住区、高新产业园区和工业区分别选取5间典型办公室和1户民宅完成细颗粒物的样品采集。采集时间分为夏季和秋冬季，依据气象数据而言，广州的夏季为每年的5月至9月，秋冬季为每年的10月至次年3月。

2015—2016年，每隔一月选取一周连续七天在室内场所、室外对照点同步采集样品，连续采样24 h为一个样品。为降低外部环境因素的影响，理想对比不同室内环境的差异性，在各功能区选取一栋办公楼进行调查研究，该区典型办公场所均位于同一幢选定办公楼，与民宅点位相距不超过1 km。室外对照点则设在该办公楼楼顶（>15 m）室外平台上，周围2 km^2内无明显局地污染排放，视野开阔、无高层建筑物遮挡。

采样过程依据《室内环境空气质量监测技术规范》（HJ/T 167—2004）进行。室内采样点均位于研究场所中心位置，与门窗距离1 m以上，与墙壁距离0.5 m以上，距离地面约1.5 m，是模拟人本身的呼吸高度采样。采样期间同时记录温度、相对湿度、风速等气象条件。室内采样点的具体情况如图5-1所示。

室内采样仪器为小流量采样器（Allin-5，Buck，USA，4.0 L/min），配置$PM_{2.5}$切割头（MSP，USA）。室外采用配置$PM_{2.5}$切割头的中流量采样器（TH-150C，武汉天虹公司，100 L/min），采样点的基本信息如表5-1所示。每个室内采样点采用两台仪器进行平行采样。

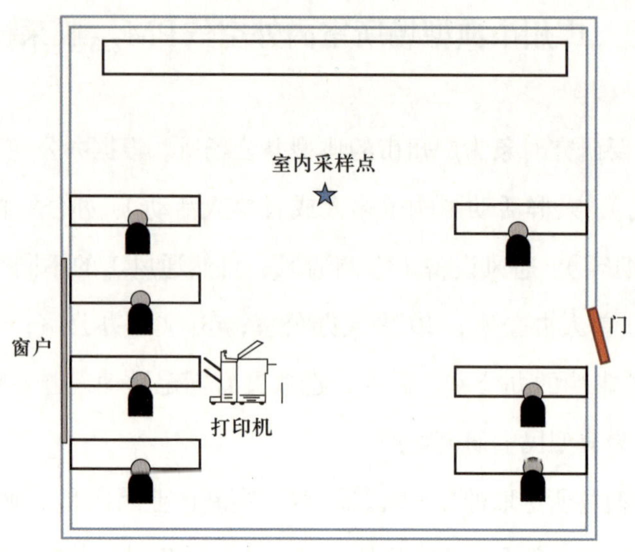

图5-1　室内采样点的具体情况（以多人采样点为例）

表5-1　典型室内外采样点基本信息

名称	功能区	颗粒物源	活动人数/人	通风情况
Y单人办公室	商住区	无	1	1台挂式分体空调
Y多人办公室		1台打印机	6	中央空调
Y文印办公室		3台打印机	3	1台挂式分体空调，两台排气扇
Y吸烟办公室		吸烟	2	1台挂式分体空调
Y净化办公室		无	1	中央空调、空气净化系统
Y民宅		烹饪	3	1台挂式分体空调
D单人办公室	高新产业园区	无	1	中央空调
D多人办公室		无	7	
D文印办公室		3台打印机	2	
D无窗办公室		无	1	中央空调、新风系统
D民宅		吸烟	2	1台挂式分体空调、开窗
X单人办公室	工业区	无	1	1台挂式分体空调
X多人办公室		无	8	1台挂式分体空调
X双人办公室		1台打印机	2	1台柜体空调

续表

名称	功能区	颗粒物源	活动人数/人	通风情况
X文印办公室		3台打印机	0	1台柜体空调
X无窗办公室		无	0	1台挂式分体空调、关窗
X民宅		烹饪	2	1台挂式分体空调

5.2　典型场所室内外空气$PM_{2.5}$污染特征

在2015年夏季采样期间，天气晴朗，略有飘云，室外日平均气温为（26.5 ± 1.6）℃，相对湿度为（60.3 ± 9.6）%，风速为（3.1 ± 0.7）m/s，无主导风向。在2015年秋冬季至2016年秋冬季采样期间，日平均气温为12 ~ 25℃，平均风速为3.6 m/s，无主导风向。

夏季（5月至9月）和秋冬季（10月至次年3月）的典型场所采样点$PM_{2.5}$浓度的监测结果如表5-2所示。

表5-2　典型场所采样点$PM_{2.5}$浓度　　单位：$\mu g \cdot m^{-3}$

采样点	夏季	秋冬季	全年
多人办公室	41 ± 19	55 ± 33	52 ± 22
单人办公室	44 ± 21	65 ± 38	47 ± 35
吸烟办公室	75 ± 37	87 ± 38	79 ± 38
文印办公室	84 ± 40	93 ± 34	86 ± 37
无窗办公室	26 ± 10	—	26 ± 10
民宅	55 ± 21	85 ± 28	75 ± 26
室外	38 ± 22	54 ± 25	46 ± 23

夏季和秋冬季室外环境$PM_{2.5}$的浓度分别为（38±22）μg/m³和（54±25）μg/m³。与以往广州城区的监测结果相比，均显示略高的水平。经统计分析可知，$PM_{2.5}$平均浓度变化具有较为明显的季节变化规律，秋冬季室外$PM_{2.5}$浓度明显高于夏季，t检验所得p值小于0.001。秋冬季的平均水平明显超过《环境空气质量标准》（GB 3095—2012）中的年平均限值（35 μg/m³）。这与前人的研究结论一致（陈瑜，2010），主要原因是广州市位于南亚热带，属于南亚热带典型的季风气候，冬夏季风交替是广州季风气候的一个突出特征。冬季出现不利于污染物扩散天气的概率较大，因此冬季浓度较高，而夏季受暖湿气流影响，太阳辐射较强、地表温度较高、空气对流强，不易形成逆温天气，$PM_{2.5}$得以有效扩散。另外降水较多，强对流天气出现的概率较大，也有利于污染物的扩散，使得$PM_{2.5}$浓度较低。与国内其他城市对比，此次监测结果显示广州市室外$PM_{2.5}$浓度与香港及北京（在夏季奥运会期间）的监测结果相当，而低于天津和济南等城市。

如表5-3所示，高新产业园区和工业区的室外环境$PM_{2.5}$浓度的平均水平与2015年发布的《广东省气候公报》中提及的2014年广州市大气$PM_{2.5}$年平均水平（42.4 μg/m³）相当。而交通最为繁忙的商住区则显示略高的$PM_{2.5}$年平均浓度，这说明交通运输、密集人群活动等是广州市大气环境$PM_{2.5}$的主要贡献源。

表5-3　各采样点$PM_{2.5}$浓度　　单位：μg·m⁻³

商住区		高新产业园区		工业区	
Y单人办公室	49±11	D单人办公室	39±12	X单人办公室	27±19
Y多人办公室	55±15	D多人办公室	44±29	X多人办公室	41±14
Y文印办公室	72±45	D文印办公室	50±15	X文印办公室	52±18
Y吸烟办公室	79±19	—	—	X双人办公室	45±20
Y净化办公室	32±3	D无窗办公室	22±15	X无窗办公室	40±17
Y办公室平均	57±19	D办公室平均	39±18	X办公室平均	41±17
Y民宅	69±33	D民宅	53±16	X民宅	54±22
Y室外	59±16	D室外	46±12	X室外	47±17

现阶段，我国《室内空气质量标准》（GB/T 18883—2002）尚未对$PM_{2.5}$做出具体要求。参照《环境空气质量标准》（GB 3095—2012）规定，$PM_{2.5}$二级年平均浓度限值为35 μg/m³，因此除了无明显人为干扰的商住区净化办公室、高新产业园区的无窗办公室及工业区的单人办公室以外，其他室内环境都明显超出标准限值；与世界卫生组织（WHO）$PM_{2.5}$日平均浓度的推荐值25 μg/m³相比，除了个别办公室外，其他室内环境$PM_{2.5}$浓度均超标，是推荐值的1.03 ~ 3.15倍。

此外，与之前报道的监测数据相比，本研究的总体室内空气$PM_{2.5}$浓度水平明显高于大部分发达国家的城市室内空气（表5-5），包括美国、德国、比利时、韩国等，但总体低于我国其他城市的室内环境监测结果，例如，济南、天津和香港（表5-4）。具体说来，对于普通办公室（不包括文印办公室和吸烟办公室），此研究所得的$PM_{2.5}$平均水平与之前韩国（Lim等，2011）和我国香港（Ho等，2004）类似的研究中所得的浓度水平相当。然而，在民宅方面，室内空气$PM_{2.5}$平均水平则明显高于国外相关报道的结果（表5-5）。

表5-4　国内典型场所室内外空气$PM_{2.5}$浓度水平

地区	采样点	采样时段	$PM_{2.5}$浓度/（μg · m^{-3}）		参考文献
			室内	室外	
广州	小学教室	2013.4—2013.5	53.56 ± 19.40	—	林宗伟等，2013
广州	小学教室	2010.3—2010.4	63.2 ± 20.1	76.7 ± 35.9	柯钊跃等，2011
广州	民宅	2003.6—2003.7	47.4 ± 17.7	40.1 ± 9.5	赖森潮等，2006
广州	民宅	2004.7—2004.8	67.7 ± 23.6	74.5 ± 27.1	黄虹等，2006
		2004.11—2005.1	109.9 ± 48.3	123.7 ± 55.5	
广州	医院	2004.8—2004.9	99.06	97.86	Wang等，2006
香港	大学教室	2002.9—2003.2	39.6 ± 25.8	89.5 ± 61.4	Ho等，2004
香港	办公室	—	45.2 ± 12.4	91.4 ± 32.7	
香港	民宅	—	97.9 ± 6.9	108.3 ± 2.0	
香港	民宅	1999.10—2000.3	45.0	47.0	Chao等，2002

续表

地区	采样点	采样时段	$PM_{2.5}$浓度/（μg·m^{-3}）		参考文献
			室内	室外	
济南	办公室	冬季	143.8±80.2	301.3±70.4	Meng等，2016
济南	餐厅	—	123.7±63.2	160.2±70.4	
济南	超市	—	102.3±20.3	237.0±46.0	
天津	民宅	2011.6	120.0±48.9	98.6±33.3	王钊等，2013
		2011.11	164.9±125.7	140.0±87.7	
某市	民宅	采暖前	146.80±70.92	173.20±110.01	张永等，2010
		采暖期	99.8±85.22	76.90±57.01	
北京	民宅	2008.10	58.5	74.1	程鸿等，2009
北京	禁烟办公室	—	37.3	—	崔小波等，2009
北京	抽烟办公室	—	252.1	—	
广州	室外	2008.7	—	53.7±23.2	陶俊等，2009
广州	室外	2010.11	—	86.6±33.9	

表5-5　国外典型场所室内外空气$PM_{2.5}$浓度水平

国家和地区	采样点	采样时段/能源/燃料	$PM_{2.5}$浓度/（μg·m^{-3}）		参考文献
			室内	室外	
韩国	办公室	2008	47.6±16.5	37.7±17.2	Lim等，2011
比利时安特卫普	—	2008.2	24.8±17.6	43.4±11.4	Buczyńska等，2014
	—	高污染期	43.7±7.2	77.02±20.1	
	—	低污染期	5.4±2.9	26.7±8.1	
	民宅	2001—2002	36	36	Stranger等，2009
德国慕尼黑	教室	2005.10—2005.11	19.3～105.9	5.1～67.4	Fromme等，2008
德国	医院	2001—2002	6.9	9.2	Cyrys等，2004
美国坦帕	民宅	2002.10—2002.11	9.3±4.8	11.3±3.9	Olson等，2007
美国西雅图	民宅	2000.9—2001.5	10.25	12.69	Timothy等，2004
美国柯契拉谷	民宅	2000	15.45	15.02	Geller等，2002

续表

国家和地区	采样点	采样时段/能源/燃料	$PM_{2.5}$浓度/（μg·m^{-3}）		参考文献
			室内	室外	
希腊雅典	民宅	1999—2000	31±17	37±27	Hänninen等，2004
瑞士巴塞尔	民宅	1999—2000	26±26	19±12	
芬兰赫尔辛基	民宅	1999—2000	13±16	10±7	
捷克布拉格	民宅	1999—2000	36±30	27±10	
智利圣地亚哥	民宅	电取暖	42.1±18.5	55.9±27.2	Ruiz等，2010
	民宅	燃料：天然气	49.5±19.9	—	
	民宅	燃料：液化石油气	61.3±24.6	—	
	民宅	燃料：煤油	86.3±24.5	—	

所选办公室的细颗粒物浓度水平在夏、冬季均呈现这样的排序：民宅≈吸烟办公室≈文印办公室＞多人办公室＞单人办公室＞无窗办公室。这说明，除了受到不可避免的室外空气的影响外，吸烟和文印这两类室内源的影响及人群活动频率差异，也是办公室细颗粒物污染的主要影响因素。

通常用室内与室外颗粒物浓度之比（I/O值）来描述室内外颗粒物浓度的差。一般来说，I/O值＞1，室内颗粒物主要是由室内污染源引起的；I/O值≤1，则表示颗粒物主要来源于室外污染源，通过门窗及其他建筑缝隙渗透入室内。从图5-2可知，除工业区外，具有文印、吸烟行为的办公室的细颗粒物浓度明显高于同一幢办公楼的其他办公室及室外（t检验，$p<0.05$），表明这两类行为对办公室内的细颗粒物贡献较大。总体而言，室外环境细颗粒物浓度较低，但商住区的室内细颗粒物污染却明显高于其他两个功能区，这可能与所选的办公楼使用年限较长、中央通风设备陈旧且疏于清洗、室内堆积物较多有关。研究表明，在无明显室内源的情况下，由于室内环境相对封闭，细颗粒物污染不易扩散，而出现室内细颗粒物浓度高于室外的情况，并把此类情况比作“吸附剂”现象。

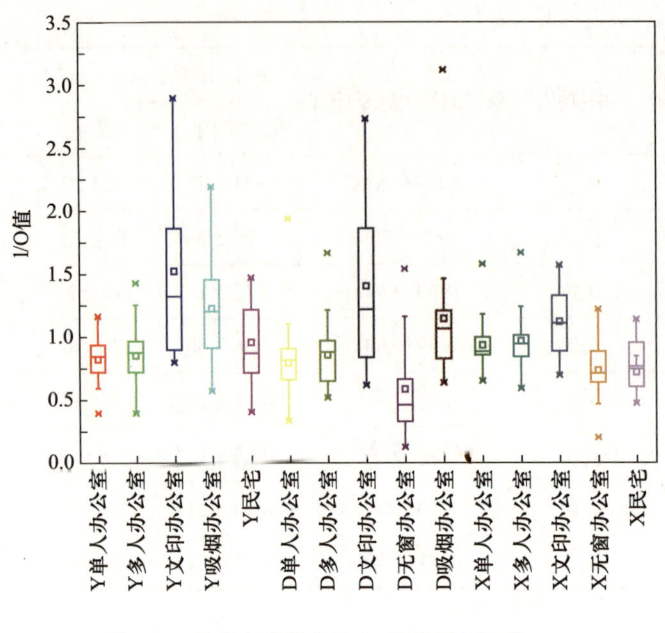

图 5-2　各室内采样点$PM_{2.5}$浓度的I/O值

5.3　典型场所室内外空气$PM_{2.5}$理化特性

5.3.1　典型场所室内外空气水溶性离子的分布特征

5.3.1.1　不同季节室外空气水溶性离子特征

夏季和冬季室外空气$PM_{2.5}$中七种主要水溶性离子的平均浓度分别为5.98 μg/m³和65.8 μg/m³，占$PM_{2.5}$的质量分数分别为8.3%和40.9%。如表5-6和图5-3所示，除Na^+和Cl^-外，夏季各水溶性离子的浓度水平均远低于以往广州市及其他城市的报道。而冬季，除Na^+、K^+及SO_4^{2-}外，其他水溶性离子的浓度水平均高于以往广州市及其他城市的报道。

表5-6　夏、冬季室内外空气$PM_{2.5}$中主要水溶性离子的平均浓度及占比

季节	场所	Na^+/（μg·m^{-3}）	NH_4^+/（μg·m^{-3}）	K^+/（μg·m^{-3}）	Ca^{2+}/（μg·m^{-3}）	Cl^-/（μg·m^{-3}）	NO_3^-/（μg·m^{-3}）	SO_4^{2-}/（μg·m^{-3}）	总和/（μg·m^{-3}）	占比/%
夏季	多人办公室	0.366	0.97	0.262	—	0.180	1.01	4.18	6.97	16.2
	单人办公室	0.156	1.02	0.108	0.013	0.091	0.32	1.52	3.23	9.5
	文印办公室	0.630	1.10	0.370	0.027	0.230	0.78	5.20	8.33	7.5
	吸烟办公室	0.944	0.97	0.411	—	0.827	1.69	5.32	10.16	10.0
	无窗办公室	0.095	0.56	0.043	0.018	0.214	0.10	0.23	1.26	5.6
	民宅	0.760	1.38	0.494	—	0.503	1.56	5.93	10.63	18.4
	室外	0.424	1.45	0.231	0.045	0.643	0.82	2.36	5.98	8.3
冬季	多人办公室	0.354	8.65	1.18	0.535	0.599	12.16	21.55	45.0	40.7
	单人办公室	0.256	5.72	0.90	0.218	0.355	6.35	18.23	32.0	30.0
	文印办公室	0.445	8.35	1.20	0.671	0.385	10.87	23.05	45.0	35.4
	吸烟办公室	0.458	8.77	1.31	0.492	0.971	14.62	20.45	47.1	37.8
	无窗办公室	0.171	1.69	0.38	0.267	0.182	3.19	8.43	14.3	24.8
	民宅	0.391	7.98	1.13	0.363	1.044	12.71	18.84	42.4	30.6
	室外	0.509	12.56	1.52	1.326	1.365	20.75	27.77	65.8	40.9

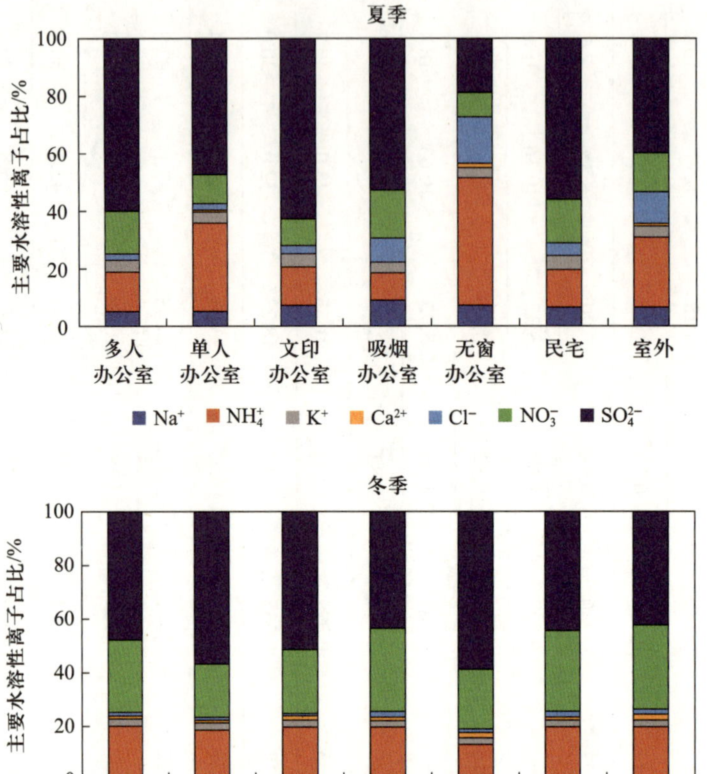

图5-3　夏、冬季室内外空气$PM_{2.5}$中主要水溶性离子占比

之前已介绍，在冬季采样期间广州市出现了雾霾天气。雾霾现象主要是由于大气细颗粒物对大气可见光的散射与吸收，从而导致肉眼感知的大气能见度显著下降（杨复沫等，2013）。冬季室外环境中SO_4^{2-}、NO_3^-和NH_4^+占总水溶性离子的百分比显著提高，显示二次吸湿性组分在雾霾形成过程中的重要作用（李淑贤等，2011；张帆等，2013）。

另外在水溶性离子的分配比例上，夏、冬季浓度水平表现略有差异，夏季为$SO_4^{2-} > NH_4^+ > NO_3^- > Cl^- > Na^+ > K^+ > Ca^{2+}$，冬季为$SO_4^{2-} > NO_3^- > NH_4^+ > K^+ > Cl^- > Ca^{2+} > Na^+$。$SO_4^{2-}$均为水溶性离子中浓度最高的组分，夏、冬季占比分别达到39.5%和42.2%，其次是NO_3^-和NH_4^+。这三种离子主要来自SO_2、NO_x、NH_3的二次转化，说明区域内大气二次污染严重，特别是冬季。夏季NO_3^-和NH_4^+浓度较低，主要是由于夏季温度较高，细颗粒物中的NO_3^-和NH_4^+容易挥发，这与之前的报道是一致的（陶俊等，2010）。

在大气环境中，SO_4^{2-}主要来源于SO_2与氧化剂的均相和非均相反应，高比例的SO_4^{2-}存在说明该区域内工业燃煤是大气细颗粒物中SO_4^{2-}主要的污染来源。而NO_3^-则可能更多来源于汽车尾气排放的NO_x的二次转化。人们常用$[NO_3^-]/[SO_4^{2-}]$值来指示大气中的硫和氮主要来自固定污染源或移动污染源，若$[NO_3^-]/[SO_4^{2-}]$值较低（<1），则说明固定污染源（含硫煤燃烧）占主要贡献；若$[NO_3^-]/[SO_4^{2-}]$值较高（>1），则说明移动污染源（如机动车尾气）占主要贡献（Arimoto等，1996；Yao等，2002）。从本次监测结果来看，广州市城区的污染以化工燃烧污染为主。

另外，有研究指出，当$[Cl^-]/[Na^+]$值和$[Mg^{2+}]/[Na^+]$值大于或等于海水的相应值（分别为1.165和0.227）时，可用Na^+作为海盐的示踪离子。冬季的结果显示，研究区域的大气环境Na^+主要来源于海盐迁移，但夏季$[Cl^-]/[Na^+]$值略低于判别值，说明夏季的海盐迁移过程出现了氯亏损。

Mg^{2+}是矿物气溶胶的示踪元素，已知土壤中$[Mg^{2+}]/[Na^+]$值为0.72。冬季白天和晚上的监测值均为0.227～0.72，说明气溶胶中的Mg^{2+}是海盐和土壤扬尘的共同结果。

基于以上结果，对于监测期间的室外环境，其细颗粒物污染主要来源于周边化石燃料燃烧、海洋泡沫迁移及土壤扬尘。

5.3.1.2　不同季节室内空气水溶性离子特征

对于不同的室内研究场所，其主要的七种水溶性离子的总平均浓度水平表现为冬季远高于夏季，这主要是研究区域的室内环境冬季受室外影响加大及水溶性离子在冬季吸附于细颗粒物的稳定性增大的共同结果。从各水溶性离子的浓度来看，冬季各室内环境均比室外环境略低一些，但在夏季，吸烟办公室、文印办公室和民宅三个场所的各水溶性离子的平均浓度均高于室外，这意味着这些室内环境存在较明显的$PM_{2.5}$释放源，如图5-4所示。

与其他室内环境的结果相比较，本研究在冬季各场所的水溶性离子浓度表现出比济南（Dong等，2013）和西安（Hassanvand等，2014）均略低的水平，夏季则远低于这两个报道。但与其他国外城市的室内环境相比，本研究的监测结果总体上表现明显的高水平。

在冬季，除无窗办公室外，其他室内环境的七种水溶性离子与$PM_{2.5}$的质量比值达到30% ~ 40%。同时，从图5-4可知，冬季不同室内环境的主要水溶性离子的分配比例基本一致，均以SO_4^{2-}、NO_3^-和NH_4^+为主要贡献因子，其余离子的占比之和低于7%，与室外环境是一致的。这与无机离子的特性有关，之前有报道指出，海盐类离子（如Na^+、Cl^-）及地壳元素（Mg、Ca和K）更偏向分布在粗粒子中（Hassanvand等，2014）。但是，SO_4^{2-}、NO_3^-和NH_4^+这三种离子的高占比，意味着研究场所主要受到了人为污染的威胁。

此外，夏、冬季所有监测场所的水溶性离子构成也显示了明显的差异性。冬季由于受室外环境影响较大，室内环境显示了与室外环境的一致性，但由于夏季不同室内环境的相对隔离状态，室内活动的差异性可能导致其水溶性离子的构成差异。

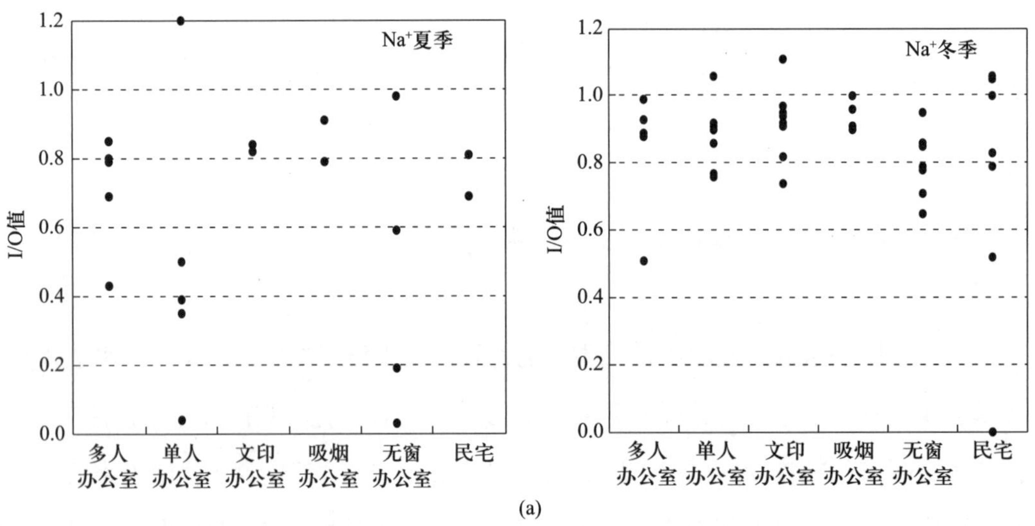

(a)

K⁺夏季
K⁺冬季
I/O值
多人办公室
单人办公室
文印办公室
吸烟办公室
无窗办公室
民宅

(b)

Ca²⁺夏季
Ca²⁺冬季
I/O值
多人办公室
单人办公室
文印办公室
吸烟办公室
无窗办公室
民宅

(c)

NH₄⁺夏季
NH₄⁺冬季
I/O值
多人办公室
单人办公室
文印办公室
吸烟办公室
无窗办公室
民宅

(d)

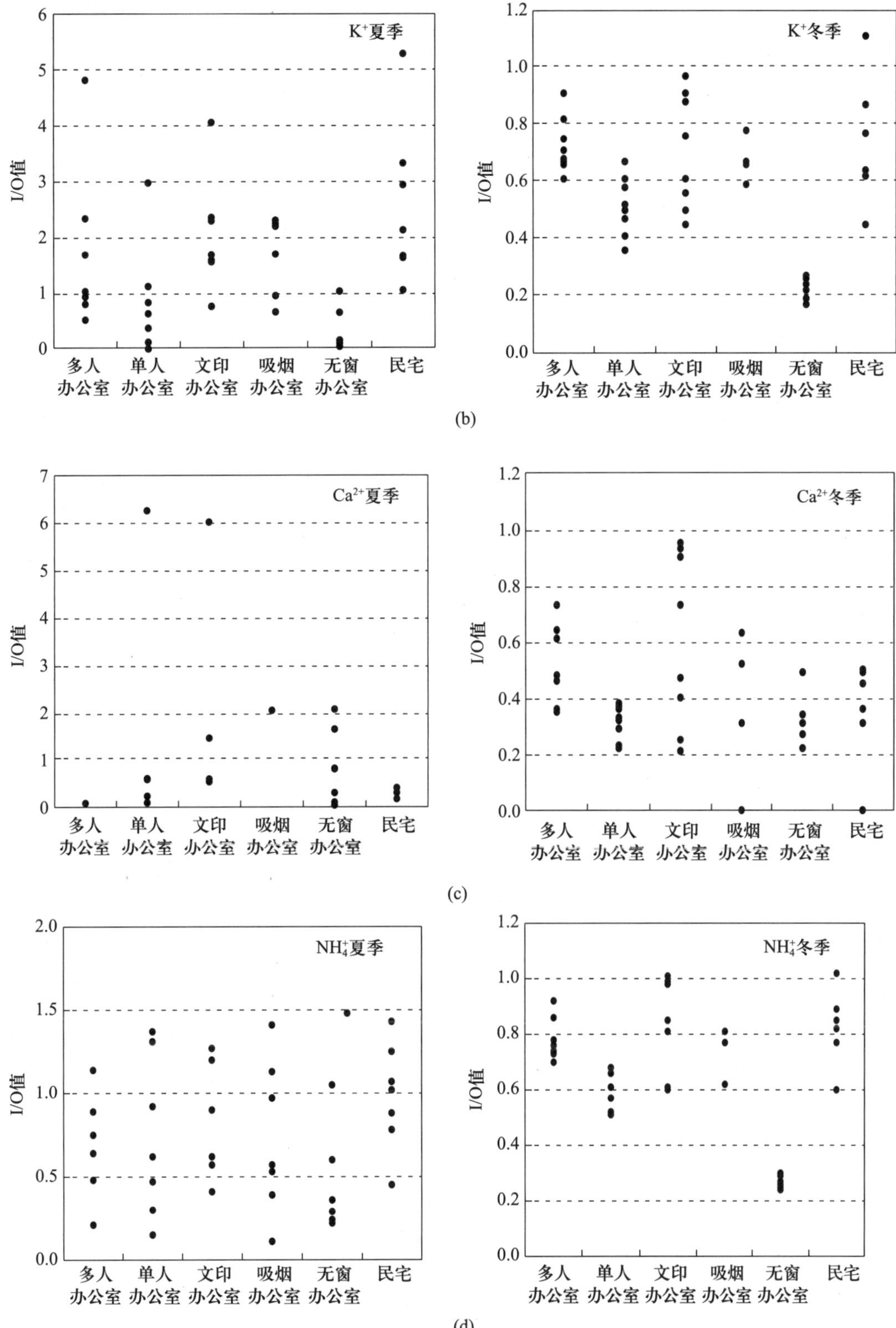

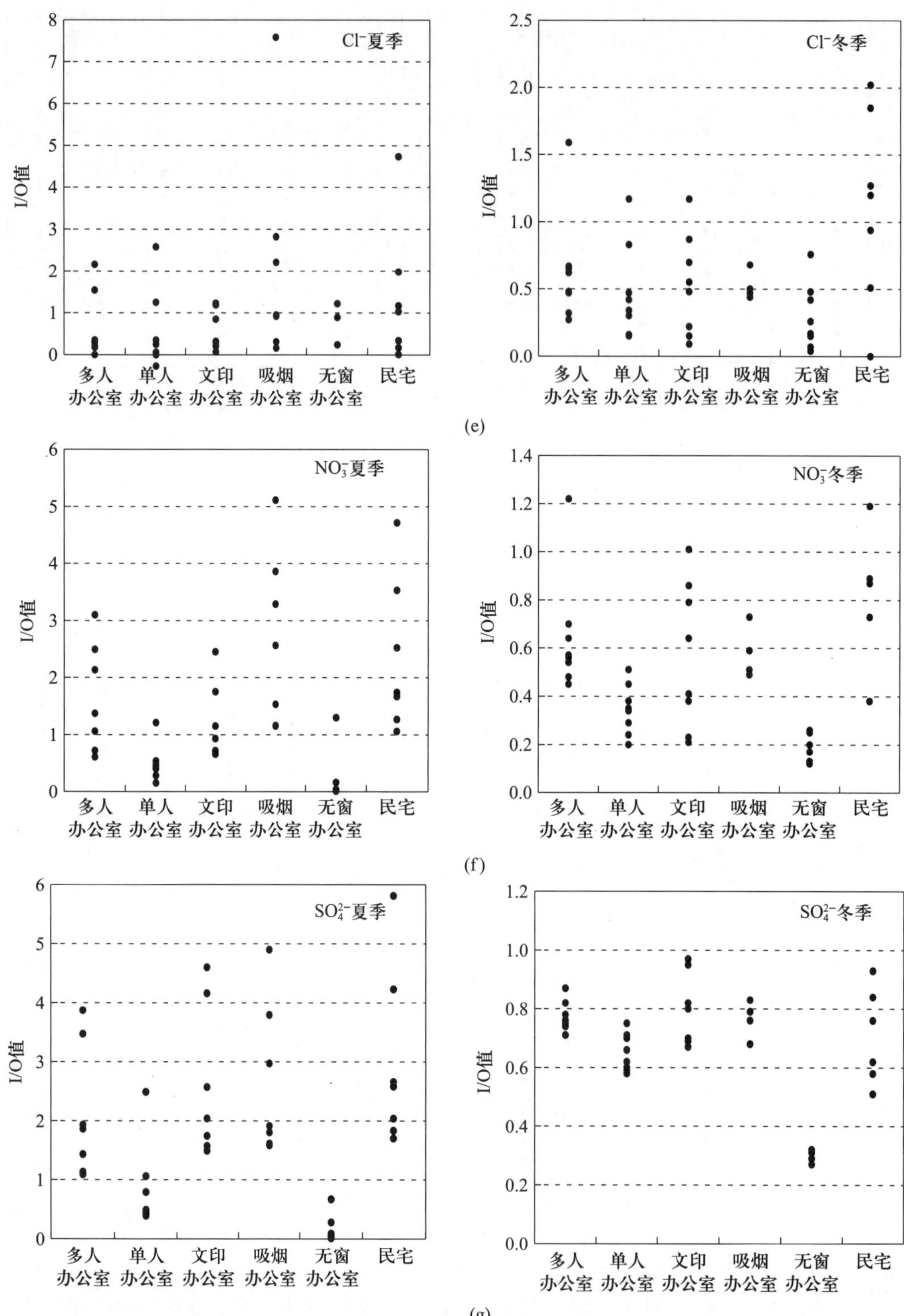

图5-4　夏、冬季不同室内环境水溶性离子的I/O值

5.3.1.3 不同类型室内空气水溶性离子特征

在总浓度水平上，无论是夏季还是冬季，多人办公室、吸烟办公室和文印办公室都显示了相当的浓度水平，略高于单人办公室，而且明显高于无窗办公室。这说明，除了室外环境渗透，室内释放源及人群活动也是水溶性离子的重要影响因素。而无窗办公室的过滤装置不但可以有效地隔离室内的细颗粒物污染，还能有效去除主要的水溶性离子。

单人办公室和无窗办公室表现出比其他办公室和室外环境更高的SO_4^{2-}占比及略低的NO_3^-和NH_4^+占比。但相反，这两种类型的办公室在夏季则表现出比其他办公室和室外环境更高的NO_3^-和NH_4^+占比及略低的SO_4^{2-}占比。

吸烟和烹饪是重要的室内颗粒物释放源。这种类型源一般会对室内环境释放一些如K和Cl等的无机元素。在本研究中，这一现象也在受室外影响较小的夏季得到证实：吸烟办公室和民宅两个场所的K^+和Cl^-浓度明显高于其他场所。

5.3.2 典型场所室内外空气有机碳和元素碳的分布特征

5.3.2.1 室外大气环境碳污染情况

与$PM_{2.5}$浓度和水溶性离子一样，冬季室内外环境的有机碳（OC）和元素碳（EC）都明显高于夏季。夏季室外环境空气中OC和EC的总和只占总$PM_{2.5}$的9.0%，说明此次夏季监测期间的碳污染并不严重。

与其他国家和地区的大气环境相比，本次监测的夏季OC、EC浓度均低于上海、香港等国内城市及许多发达国家的城市。但冬季的监测结果则表现出远高于这些国家和地区的浓度，意味着广州冬季的碳污染比较严重。

5.3.2.2 不同室内环境的有机碳和元素碳分布特征

对于夏季，虽然所有场所的碳污染并不明显，但是从表5-7可知，室内场所的OC和EC浓度均高于室外环境，揭示这些室内环境均存在OC、EC的潜在源。而对于冬季，由于受室外环境影响较大，除无窗办公室外，其余办公室环境均表现出与室外相当的碳污染水平。OC是化石燃料直接燃烧产生的一次污染物和经过大气化学反应过程生成的二次污染物形成的气溶胶，而室内烹饪和吸烟行为都是OC的重要释放源（黄虹等，2005）。民宅的高OC值（30.16 $\mu g \cdot m^{-3}$和19.84 $\mu g \cdot m^{-3}$）揭示了该场所存在二次污染反应。除了日常烹饪以外，该民宅还存在中医艾灸的活动，是OC释放的另一个潜在源。另外，吸烟办公室两季也呈现同样高的OC浓度。

另外，从OC和EC对$PM_{2.5}$的质量贡献来看（表5-8），除夏季室外和文印办公室以外，所有场所的质量贡献值均为20%～40%。有的研究者指出，空气污染越重的地区，OC和EC对$PM_{2.5}$的质量贡献比例越大。但反过来，此说法并不成立。例如，在本研究中无窗办公室的$PM_{2.5}$污染处于低水平，但OC、EC对$PM_{2.5}$的质量贡献值与吸烟办公室相当。此外，冬季民宅的碳贡献值达到48.9%，加上之前所提的高$PM_{2.5}$浓度水平，显示了该场所在冬季存在严重的碳污染情况，需要引起重视。

所有监测场所均表现出明显的季节差异，冬季高于夏季，进一步说明了冬季监测场所不容乐观的环境质量。

粒子中OC/EC值大于2常被用来识别二次有机碳（SOC）的存在。如表5-7所示，广州市室外环境夏、冬季OC/EC值均略大于2，低于之前广州的报道值（3.0）（黄虹等，2005），且两季差异不大，表明广州市$PM_{2.5}$中二次有机碳对OC的贡献较为明显。本研究发现，冬季除了文印办公室和吸烟办公室以外，其余室内环境的OC/EC值均大于2，且明显高于室外平均值，说明这些室内场所二次有机碳污染比室外要严重一些。文印办公室和吸烟办公室具有明显的$PM_{2.5}$室内释放源，OC/EC值却小于2，这主要是EC值较高的缘故，说明这两个场所形成的$PM_{2.5}$污染以一次污染为主。

EC的释放源只体现在个别室内环境中，其他报道也证实EC主要来源于室外环境（Cao等，2005；Na等，2005；Diapouli等，2011；Cao等，2012）。夏季单人办公室和无窗办公室与其他室内环境相比，人为干扰小，受室外环境干扰也是最小的，从而EC排放有限。而冬季的民宅显示了较高的OC/EC值，则是OC值偏大的缘故。吸烟办公室并未出现较高的OC/EC值，说明吸烟行为不但对OC有较高的贡献值，还是EC的重要释放源。

表5-7　夏、冬季不同室内外场所的OC、EC浓度　单位：μg・m^{-3}

场所	夏季			冬季		
	OC	EC	OC/EC	OC	EC	OC/EC
多人办公室	17.34	4.13	4.20	38.14	3.41	11.18
单人办公室	14.11	4.33	3.26	22.6	9.71	2.32
文印办公室	17.02	3.52	4.84	22.9	12.4	1.83
吸烟办公室	16.00	4.11	3.89	26.4	14.7	1.79
无窗办公室	10.98	3.42	3.21	15.1	4.36	3.47
民宅	19.84	4.53	4.38	30.16	3.17	9.51
室外	4.41	2.02	2.18	25.3	11.77	2.15

表5-8　夏、冬季不同室内外场所的OC和EC对$PM_{2.5}$的质量贡献　单位：%

场所	夏季			冬季		
	OC	EC	OC+EC	OC	EC	OC+EC
多人办公室	19.62	8.40	28.0	21.0	7.94	28.9
单人办公室	16.84	3.96	20.8	21.2	9.11	30.3
文印办公室	8.95	6.79	15.7	18.0	9.82	27.9
吸烟办公室	13.53	8.53	22.1	21.2	11.81	33.0
无窗办公室	25.68	6.04	31.7	26.1	7.55	33.7
民宅	18.18	7.22	25.4	40.2	8.72	48.9
室外	6.15	2.82	9.0	15.7	7.31	23.0

5.3.2.3 有机碳和元素碳的室内外相关关系分析

从图5-5可知，多人办公室、文印办公室、吸烟办公室及民宅在夏季表现出明显的OC及EC室内来源，揭示了这些场所存在一次气溶胶和二次气溶胶污染；冬

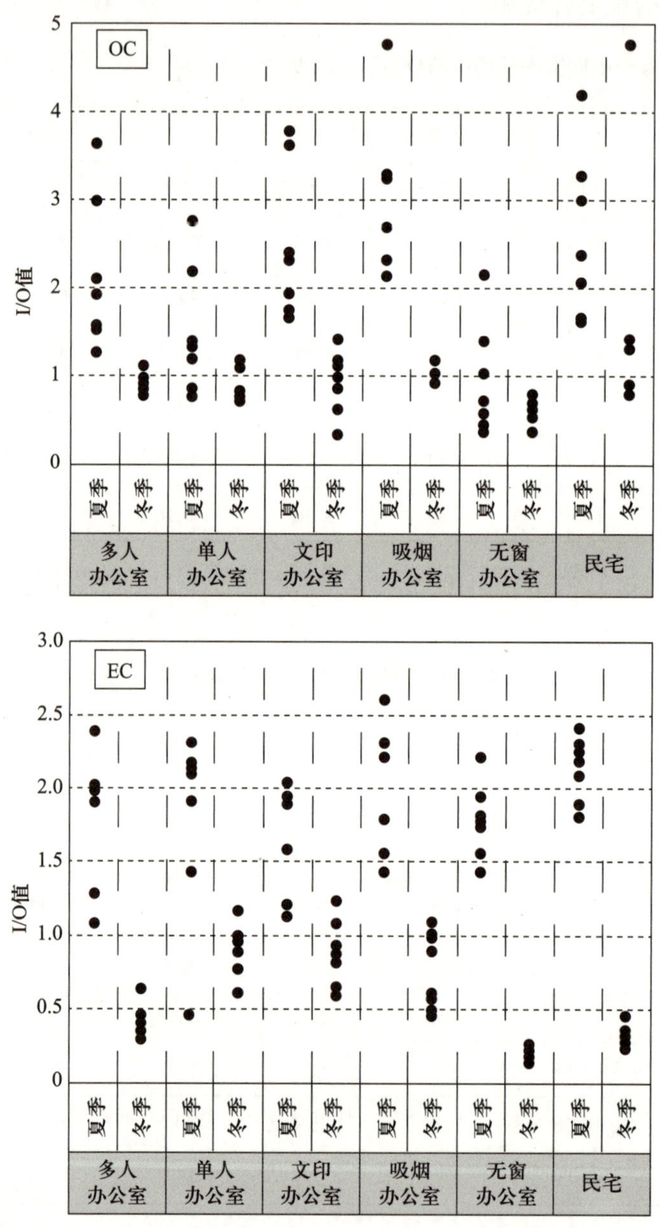

图5-5 各室内场所的OC、EC的I/O值

季，由于受到室外的显著影响，所有场所的I/O值均明显下降至1.0以下或在1.0左右浮动。根据夏季的相对封闭的环境条件，可以推断出，多人办公室和文印办公室的文印过程是释放OC、EC的主要来源。

为进一步辨别OC、EC的室内外来源的影响，我们对OC、EC的室内外相关关系进行了分析。从表5-9可知，只有冬季的多人办公室和吸烟办公室的OC与室外的OC显著相关（$R^2 > 0.6$），说明在受室外影响的冬季室内，这两个场所的OC主要来源于室外，室内来源影响较小。相对而言，其他场所释放的OC则主要来源于室内环境（如民宅及文印办公室）或人为干扰影响了室外环境的OC渗透（无窗办公室和单人办公室）。夏季所有场所的OC与室外环境相关性均不明显，主要是关窗行为阻断了颗粒物从室外环境向室内环境的渗透。另外，由表5-10可知，夏季所有场所的EC与室外环境相关性同样不明显。而冬季则相反，所有场所的EC均与室外环境的EC产生明显相关性，这也证实了前面所提的EC主要来源于室外环境的结论，冬季自然通风加强了室外环境对室内环境的直接影响。

表5-9　OC室内外相关关系（线性回归）

场所	夏季		冬季	
	R^2	回归曲线	R^2	回归曲线
多人办公室	0.008	$y = 0.0693x + 16.186$	0.87	$y = 0.6483x + 6.8082$
单人办公室	0.24	$y = -0.0626x + 4.5015$	0.49	$y = 0.5714x + 8.1164$
文印办公室	0.39	$y = 0.5639x + 15.796$	0.04	$y = 0.2549x + 16.421$
吸烟办公室	0.39	$y = 0.455x + 13.489$	0.99	$y = 0.7217x + 7.5884$
无窗办公室	0.02	$y = -0.0626x + 4.5015$	0.20	$y = 0.2538x + 8.7233$
民宅	0.16	$y = 0.8616x + 14.691$	0.001	$y = 0.2685x + 49.346$

表5-10　EC室内外相关关系（线性回归）

场所	夏季		冬季	
	R^2	回归曲线	R^2	回归曲线
多人办公室	0.001	$y = 0.061x + 6.9413$	0.74	$y = 0.4647x + 3.3239$

续表

场所	夏季		冬季	
	R^2	回归曲线	R^2	回归曲线
单人办公室	0.18	$y = 0.2482x + 1.2626$	0.71	$y = 1.0646x - 1.8272$
文印办公室	0.07	$y = 0.5909x + 12.994$	0.78	$y = 1.0299x - 0.5666$
吸烟办公室	0.50	$y = 1.3335x + 6.4992$	0.67	$y = 0.8042x + 3.468$
无窗办公室	0.04	$y = -0.0848x + 1.6449$	0.64	$y = 0.3399x + 0.3597$
民宅	0.004	$y = 0.099x + 7.7894$	0.63	$y = 0.5994x + 5.0413$

5.3.3 典型场所室内外空气重金属元素的分布特征

5.3.3.1 室外空气重金属元素污染水平

从图5-6可知，夏季各重金属元素浓度水平远低于冬季，说明雾霾严重的冬季采样期间各种重金属元素均明显升高。但各金属的浓度大小顺序并没有表现出季节差异，基本一致，夏季表现为Fe > Zn > V > Mn > As > Cr > Pb（由于Tl、Se、Cd、Sb元素检出限低于60%，在此不做讨论）；冬季表现为Fe > Zn > Al > V > Pb > As > Mn > Cr。Fe、Mn均属于地壳元素（Na等，2005；Lim等，2011），所以广泛存在于室外环境颗粒物中。Zn、Cu、Pb均是城市土壤的指示元素，其中Zn在室外环境的主要来源是煤炭燃烧，V则是燃料燃烧时的指示性元素。

我国在2012年发布的《环境空气质量标准》（GB 3095—2012）提出了部分重金属污染物的浓度限值（Pb年平均浓度限值为0.5 μg/m^3，季平均浓度限值为1 μg/m^3）及参考浓度限值（Cd年平均浓度限值为0.005 μg/m^3，As年平均浓度限值为0.006 μg/m^3）。本研究以此为基准来判别监测期间广州市城区的重金属污染水平。Pb季平均浓度为0.07 μg/m^3，冬季日平均浓度达到0.11 μg/m^3，略高于夏季。夏季Cd含量低于检出限但冬季有样品被检出，日平均浓度为0.003 μg/m^3。As在夏季和冬季的室外浓度分别为0.006 μg/m^{3}和0.004 μg/m^3，均低于广州市2003年（0.03 μg/m^3）、2007年（0.019 μg/m^3）$PM_{2.5}$中As元素的浓度。单从国家严控的这三种重金属来看，冬季污染物浓度均比夏季高但并未高于《环境空气质量标准》所规定的浓度限值，个别元素浓度有逐年降低的趋势。

5.3.3.2 室内空气重金属元素污染水平

在各个室内场所，无论夏季还是冬季，Cd均是含量最低的元素（平均浓度为0.001 ~ 0.02 μg/m^3），其次是Mn和As，均为地壳元素，说明原始土壤所形成的浮尘并未对室内空气重金属污染有显著贡献。

5.3.3.3 不同室内空气重金属元素的污染特征

从图5-6可知，室外Fe浓度明显高于各个室内场所，可以作为室外环境来源的标记物。而一些室内场所的某些元素在夏季（较长时间关窗）则出现与室外环境及无窗办公室的差异（Kim等，2011），如As、Pb、V、Zn，表明室内存在这些元素的重要贡献源。其中，吸烟办公室的As、Pb、V、Zn浓度均明显高于其他室内场所和室外大气，这与之前研究报道的烟草中的主要重金属组成一致（Ekren等，2012），它们也是吸烟烟雾的主要重金属成分（Pirela等，2015）。

而文印办公室和民宅的重金属污染均以Zn为主。多人办公室的重金属污染特征与文印办公室非常相似，其存在相同的$PM_{2.5}$释放源——打印设备，说明打印设备是Zn的主要来源。Pirela等（Pirela等，2015）的研究发现，文印颗粒物中含有多种重金属元素，包括Zn、Ti、Ce及Ni等，这与本研究的监测结果是相符合的。

冬季室内场所的其他重金属元素均主要来自室外环境贡献。值得注意的是，冬季所有室内场所的所有重金属元素浓度均明显高于夏季的监测结果，说明冬季恶劣的室外环境质量对室内的影响是显著的。

从图5-6，我们还可以发现，无论在夏季还是冬季，有显著室内外源的重金属元素的浓度水平均能在无窗办公室被明显降低，表明其室内场所属于无特征重金属元素释放源的最佳环境，而且其过滤系统能有效地阻隔外界的污染。另外，单人办公室的所有重金属浓度也表现出明显的低水平，说明人群活动是室内重金属污染的重要影响因素。

从图5-6可知，与其他化学成分一致，各室内场所重金属元素在夏季的I/O值均高于冬季；Fe、Al这两种地壳元素的I/O值均小于1.0，显示其主要来源于室外环境；V、Pb及Mn在夏季多人办公室、文印办公室、吸烟办公室和民宅门窗常关的情况下观测到大于1.0的I/O值，说明在这些室内场所存在这些元素明显的来源；As和Zn相似，在夏、冬季I/O值均为1.0左右，说明这些元素的存在主要受活动人群的影响。

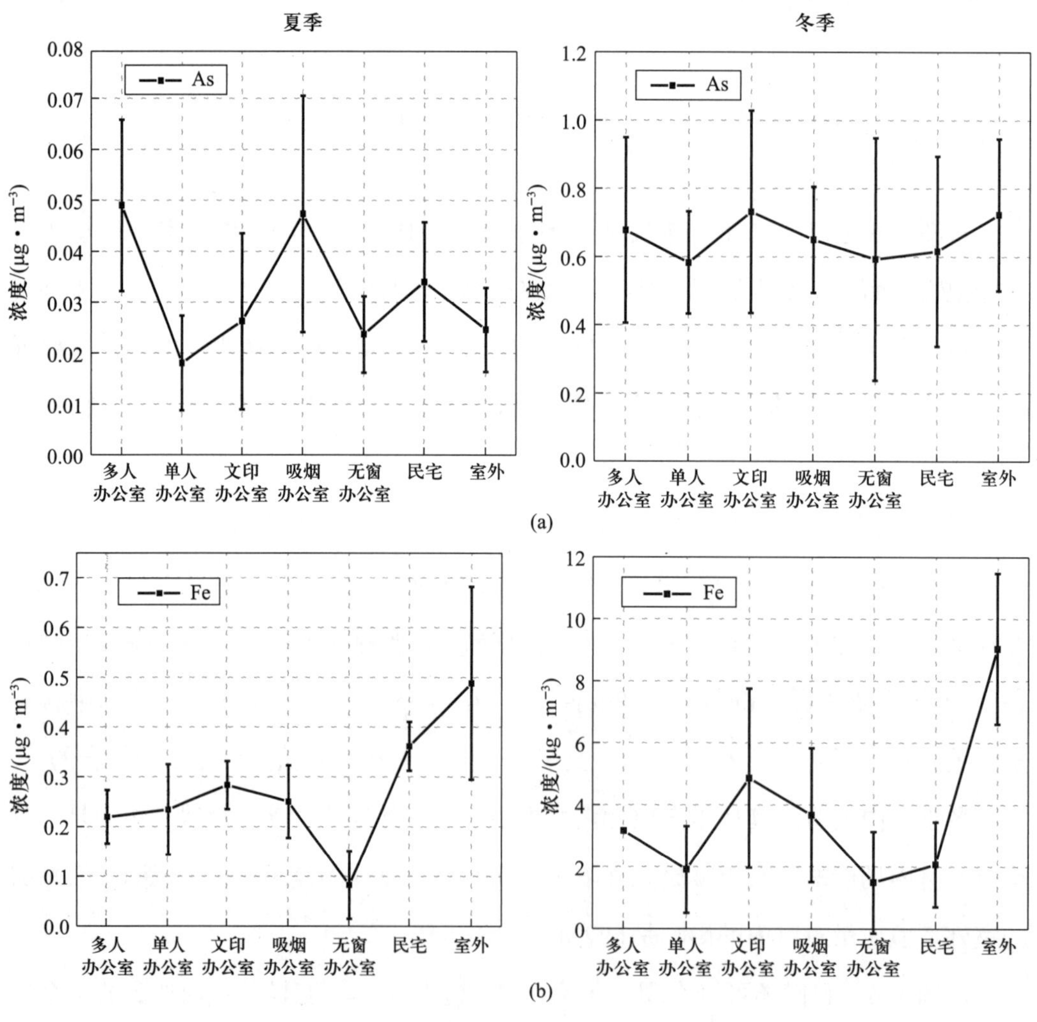

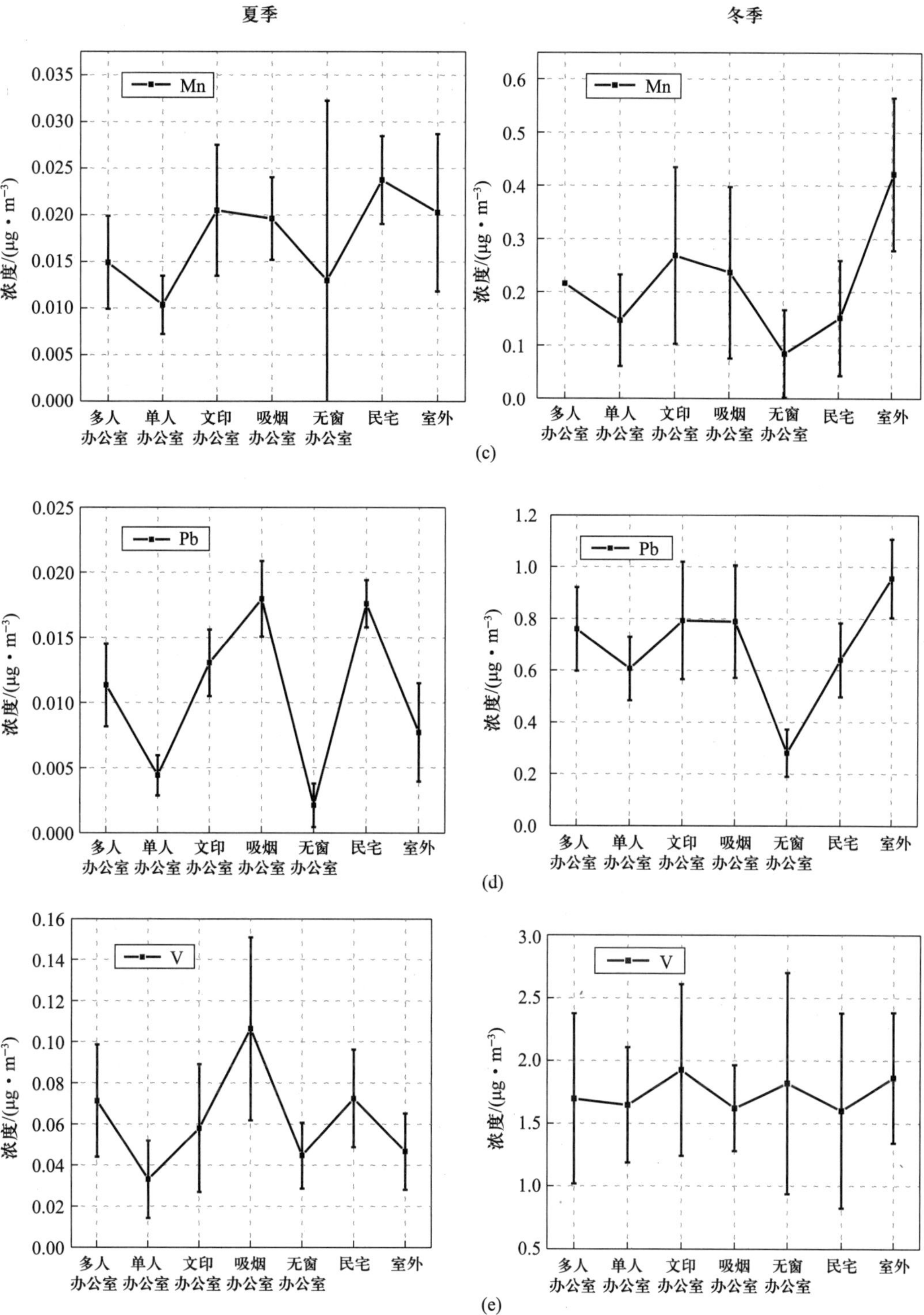

夏季
冬季
Mn
Pb
V
浓度/(μg·m⁻³)
多人办公室
单人办公室
文印办公室
吸烟办公室
无窗办公室
民宅
室外
(c)
(d)
(e)

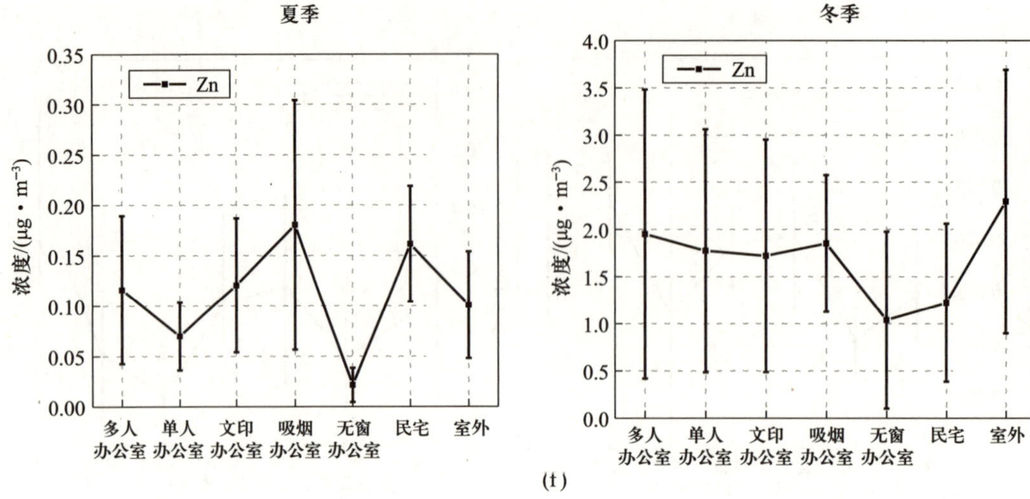

图5-6　室内外空气重金属的分布特征

5.3.4　典型场所室内外空气多环芳烃的分布特征

5.3.4.1　典型场所室内外空气多环芳烃的浓度

对采样滤膜进行PAHs浓度分析，结果如图5-7所示。各采样点的PAHs浓度整体上较低，其平均浓度由高到低依次为：文印办公室（3.82 ng/m^3）> 多人办公室（2.93 ng/m^3）> 民宅（2.61 ng/m^3）> 吸烟办公室（2.17 ng/m^3）> 单人办公室（1.61 ng/m^3）> 室外（1.47 ng/m^3）> 无窗办公室（1.04 ng/m^3），这与马社霞等（马社霞等，2013）在海南五指山市背景点监测到的浓度（1.773～4.612 ng/m^3）相近。在本研究中，文印办公室、多人办公室、民宅的PAHs浓度较高，分别是室外PAHs浓度的2.6、2.0和1.7倍。首先，文印办公室面积不大，但4台机器在工作时间内基本上都处于使用状态，打印、复印时会产生易挥发、易吸附于$PM_{2.5}$上的烃类物质，且通风条件差，长期处于这种环境中对工作人员的身体危害较大。而多人办公室与之同在一个楼层，很容易受到污染物的扩散渗透影响。其次，民宅采样点在烹饪时会持续开启抽油烟机，但厨房面积小、污染物不能立刻扩散，天然气在燃烧时也会产生有机物，所以PAHs浓度比室外高。另外，香烟在燃烧时不仅迅速增大环境空气中的$PM_{2.5}$浓度，而且燃烧烟雾也会释放多种多环芳烃，如芘、荧蒽、䓛、苯并蒽、二苯并蒽、苯并芘等。

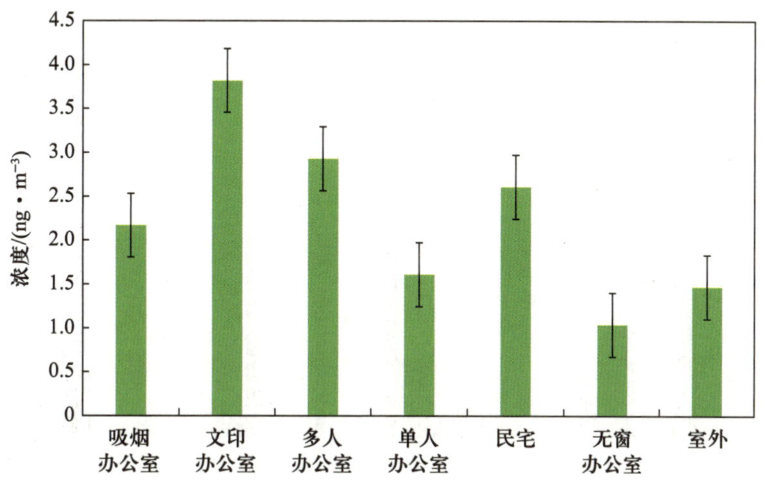

图 5-7　多环芳烃的浓度

16种PAHs的检测结果如图5-8所示，其中苊（Ace）、苊（Acy）、二苯并（*a*, *h*）蒽（DBA）单体均未检出，菲（Phe）、蒽（Ant）、苯并（*a*）蒽（Ba A）少量检出，文印办公室检出率最高，为81.3%。在本研究中，吸烟办公室、多人办公室、民宅的苯并（*a*）芘（Ba P）在十月份浓度有显著升高，苯并（*a*）芘（Ba P）是广泛存在于环境中的致癌、致突变物质，空气中的苯并（*a*）芘（Ba P）是燃烧过程的副产物，一般吸附在汽车尾气、香烟烟雾和燃料燃烧、焦化等过程产生的废气中。在本研究中，民宅使用天然气烹饪、打印设备运行时会产生多种沸点低且易挥发的烃类物质。另外，监测到的典型室内外空气中多环芳烃浓度仅占$PM_{2.5}$浓度的0.001 5% ~ 0.008 4%。

5.3.4.2　典型场所室内外空气多环芳烃组成特征

依据多环芳烃单体的分子结构，可将其分为低环（二、三环）、中环（四环）与高环（五、六环）多环芳烃三类。分析采样点环境空气中PAHs的组成特点，结果如图5-9所示。可以看出，除吸烟办公室外，其余采样点的低环多环芳烃所占比例均为同组最高，且测得萘在二环中的比例最高，之前的研究指出萘是无组织排放

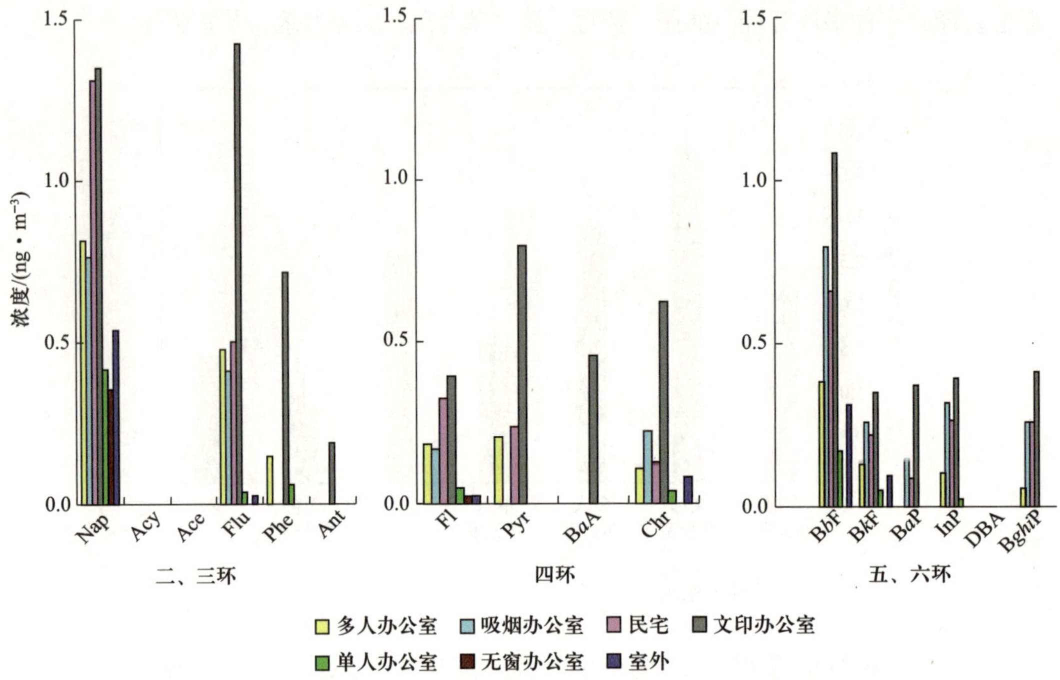

图5-8　多环芳烃单体的浓度

源中含量较高的组成部分。在吸烟办公室中高环多环芳烃所占比例最大，这与多环芳烃单体的存在形态有关，气溶胶中多吸附低环多环芳烃，而高环多环芳烃易吸附在大气颗粒物中，香烟烟雾中的多环芳烃含量以中、高环居多。

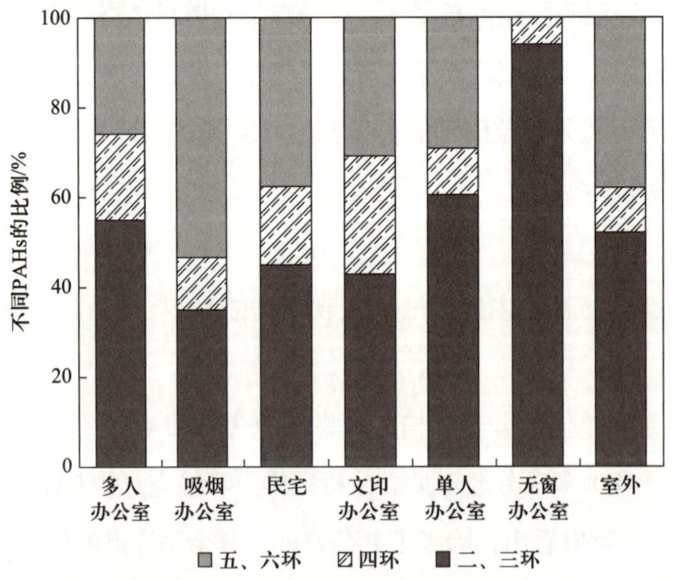

图5-9　典型室内外空气中多环芳烃的组成特征

第六章　典型地区典型场所室内外空气 $PM_{2.5}$ 污染特征分析和对比

本章将分析和对比北京市、上海市、广州市三座典型城市具有代表性的办公室、民宅、学生宿舍、幼儿园，得出室内外空气 $PM_{2.5}$ 污染的时空分布规律。同时还对三个不同地区的 $PM_{2.5}$ 化学特性进行分析和对比，总结 $PM_{2.5}$ 化学组成、水溶性离子、有机碳和元素碳及重金属元素的分布特征。

6.1　$PM_{2.5}$ 时空分布规律分析和对比

6.1.1　$PM_{2.5}$ 浓度实时监测结果比较

在北京地区重点考察了学生宿舍室内外空气 $PM_{2.5}$ 的时空分布特征。从2015年春季开始，针对选取的4间郊区宿舍、8间市区宿舍（分布情况见表3-1）和2个室外监测点开展了学生宿舍室内外空气 $PM_{2.5}$ 浓度的实时监测。图3-1给出了学生宿舍室内外空气 $PM_{2.5}$ 浓度实时监测结果及 $PM_{2.5}$ 月平均浓度的变化。

在上海地区重点考察了民宅室内外空气 $PM_{2.5}$ 的时空分布特征。在9个国控监测点周围选取了30户民宅，从2015年4月开始，开展了为期1年的民宅室内外空气 $PM_{2.5}$ 浓度的实时监测。表4-4和图4-5给出了民宅室内外空气 $PM_{2.5}$ 浓度季节分布及$PM_{2.5}$日平均浓度的变化。

$PM_{2.5}$实时监测结果表明，无论是北京地区的学生宿舍还是上海地区的民宅，在绝大多数情况下，室内空气$PM_{2.5}$浓度低于室外，室内外空气$PM_{2.5}$浓度随时间变化的趋势基本一致（图3-1和图4-6），但室内空气$PM_{2.5}$浓度的变化较室外具有一定的滞后性。可以看出，室内空气$PM_{2.5}$主要来源于室外，室内空气$PM_{2.5}$浓度较低而响应滞后主要是由于室外空气$PM_{2.5}$向室内渗透时会因建筑围护结构的拦截而损失，以及渗透本身需要一定的时间。除受室外传输的影响外，室内空气$PM_{2.5}$浓度还受室内污染源（如吸烟、打印、清扫、烹饪、人员走动等）的影响，室内污染源导致室内空气$PM_{2.5}$浓度出现区别于室外的短暂峰值。

从图3-1（c）和图4-7可以看出，室内外空气$PM_{2.5}$浓度随月份变化的趋势基本一致，上海地区表现为夏季浓度最低，冬季最高，春、秋季呈现过渡状态（图4-6和表4-4）；北京地区夏季（6、7月份）的浓度显著低于春季（4、5月份）[图3-1（c）]。夏季大气扩散条件好、无须供暖（北京地区），冬季大气扩散条件差、燃煤供暖排放大量$PM_{2.5}$和$PM_{2.5}$前体物（北京地区）是导致室外空气$PM_{2.5}$浓度夏季低、冬季高的主要原因。此外，夏季室内外空气$PM_{2.5}$浓度的差异较冬、春季低[图3-1（c）、图4-6和表4-4]，这可能与北京和上海地区夏季开窗通风换气的频率更高有关。

对比2015年4月至7月北京和上海地区同期开展监测的结果［图3-1（c）和图4-7］可以看出，虽然两地室内外空气$PM_{2.5}$浓度随月份变化的规律基本一致，但是北京地区$PM_{2.5}$浓度显著高于上海地区。

在$PM_{2.5}$空间分布特征方面，北京地区的监测结果表明，城区学生宿舍室内空气$PM_{2.5}$浓度普遍高于郊区学生宿舍（图3-2），临街学生宿舍室内空气$PM_{2.5}$浓度普遍高于不临街的学生宿舍（图3-3）；上海地区的监测结果表明，中心城区（浦西）较东南地区（浦东）污染严重（表4-8），10层以上的高楼层民宅室内外空气$PM_{2.5}$浓度略低于1—3层的低楼层民宅（图4-7）。两地的实时监测结果都表明，室外环境状况对室内有显著影响，城区、临街、低楼层等距污染源较近的室内空间更易遭受室外污染的侵袭。

6.1.2 $PM_{2.5}$膜采样检测结果比较

研究人员在北京、上海、广州分别选取了办公室、学生宿舍、民宅、幼儿园等典型场所各1间（户、所），利用$PM_{2.5}$采样器手动采集了典型场所室内外的$PM_{2.5}$样品，基于称量法确定了$PM_{2.5}$的浓度。表6-1列出了典型场所室内外空气$PM_{2.5}$不同季节及采样期间平均浓度。

表6-1 典型场所室内外空气$PM_{2.5}$不同季节及采样期间平均浓度

城市	采样点位		$PM_{2.5}$浓度/（$\mu g \cdot m^{-3}$）				
			春季	夏季	秋季	冬季	采样期间
北京①	办公室		56.6	43.4	45.3	89.8	55.4
	学生宿舍		54.7	40.1	57.3	71.0	52.8
	民宅		32.3	23.8	24.9	46.2	35.5
	室外		67.6	44.2	57.6	85.5	65.8
上海②	办公室	室内	44.7	33.9	44.1	46.5	42.3
		室外	59.3	43.0	48.8	76.3	57.6
	学生宿舍	室内	59.2	37.3	37.1	47.9	46.8
		室外	67.0	33.8	45.1	65.4	55.2
	民宅	室内	45.4	50.1	43.2	62.4	49.7
		室外	62.0	54.3	51.8	85.5	62.4
	幼儿园	室内	88.0	30.4	50.4	31.0	55.3
		室外	79.1	34.8	39.5	58.3	55.9
广州③	多人办公室		—	41	—	55	52
	单人办公室		—	44	—	65	47
	吸烟办公室		—	75	—	87	79
	文印办公室		—	84	—	93	86
	无窗办公室		—	26	—	—	26
	民宅		—	55	—	85	75
	室外		—	38	—	56	46

① 北京地区采样时间：2014年12月至2017年2月，其中3—5月、6—8月、9—11月、12月—次年2月分别划分为春、夏、秋和冬季；

② 上海地区采样时间：办公室、学生宿舍、民宅为2015年5月至2016年4月，幼儿园为2015年10月至2016年9月，其中3—5月、6—8月、9—11月、12月—次年2月分别划分为春、夏、秋和冬季；

③ 广州地区采样时间：2015年5月至2016年3月，其中5—9月划分为夏季，10月—次年3月划分为冬季。

从膜采样检测结果可以看出，除广州地区的无窗办公室（全年运行有空气过滤功能的中央空调）外，在采样检测期间所有场所及室外空气$PM_{2.5}$的平均浓度均超过了《环境空气质量标准》（GB 3095—2012）规定的$PM_{2.5}$年平均浓度限值（35 μg/m^3），这表明室内外空气中$PM_{2.5}$污染形势不容乐观。对比不同季节的$PM_{2.5}$浓度可以看出，典型场所室内外空气$PM_{2.5}$浓度都呈现冬、春季高于夏、秋季的规律，与$PM_{2.5}$实时监测结果相一致，表明冬、春季室内外空气$PM_{2.5}$污染问题突出，值得人们重点关注。

在采样期间，室外空气$PM_{2.5}$平均浓度呈现北京（65.8 μg/m^3）> 上海（55.2 ~ 62.4 μg/m^3）> 广州（46 μg/m^3）的规律，但典型场所室内空气$PM_{2.5}$平均浓度排序与室外不一致，如民宅室内空气$PM_{2.5}$平均浓度呈现广州（75 μg/m^3）> 上海（49.7 μg/m^3）> 北京（35.5 μg/m^3）的规律，这与室内外空气$PM_{2.5}$浓度存在差异，室内空气$PM_{2.5}$污染状况同时受室内外污染源、通风状况及空气净化设施使用情况等因素影响。在通常情况下，由于室外渗透的损失及室内空气净化设施的使用，室内空气$PM_{2.5}$浓度低于室外，但当室内存在明显的污染源（如吸烟、打印）时，室内空气$PM_{2.5}$浓度显著高于室外。

在场所差异方面，采样期间$PM_{2.5}$平均浓度北京地区呈现办公室 > 学生宿舍 > 民宅的规律，上海地区呈现幼儿园 > 民宅 > 学生宿舍 > 办公室的规律，广州地区呈现文印办公室 > 吸烟办公室 > 民宅 > 多人办公室 > 单人办公室 > 无窗办公室的规律。相同地区不同场所$PM_{2.5}$污染水平的差异主要由室内污染源、人群活动频率、通风和净化及室外污染状况（上海地区）等方面的差异导致，不同地区呈现不同的场所差异，反映出各地区建筑特征、人群活动模式及室内通风和净化状况等存在差异。

6.2 $PM_{2.5}$化学特性分析和对比

本小节针对三地都进行$PM_{2.5}$采样与成分分析的民宅和办公室（广州地区为多人办公室），详细分析和对比了不同场所室内外空气$PM_{2.5}$的化学特性，为解析$PM_{2.5}$的来源及评价$PM_{2.5}$暴露的健康风险奠定基础。

6.2.1 $PM_{2.5}$主要化学组成比较

图6-1给出了三地民宅和办公室室内外空气$PM_{2.5}$全年及夏季和冬季平均化学组成，图中“其他”代表未鉴别的成分，“其他”为负值表示分析获得的OC、EC、离子和金属元素浓度之和高于滤膜称量得到的$PM_{2.5}$浓度，这主要是由分析测量误差造成的。图6-1表明，室内外空气$PM_{2.5}$都主要由二次离子（SNA）和有机碳（OC）组成，其次是金属元素和元素碳（EC）。

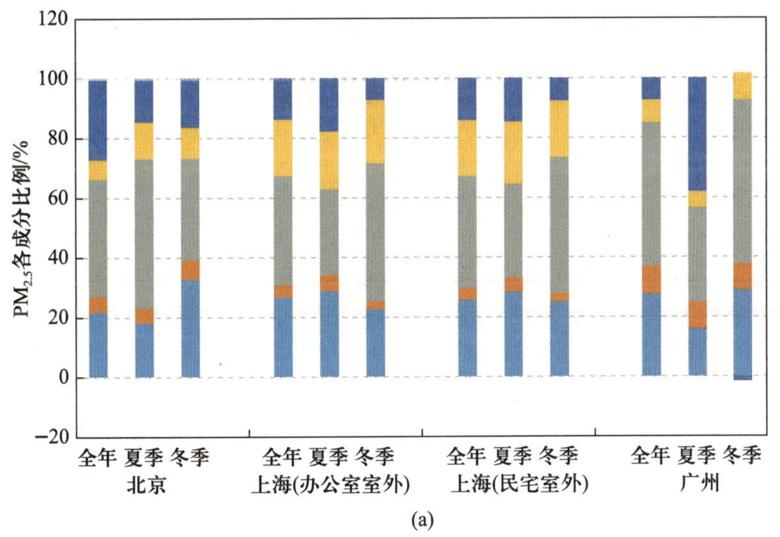

(a)

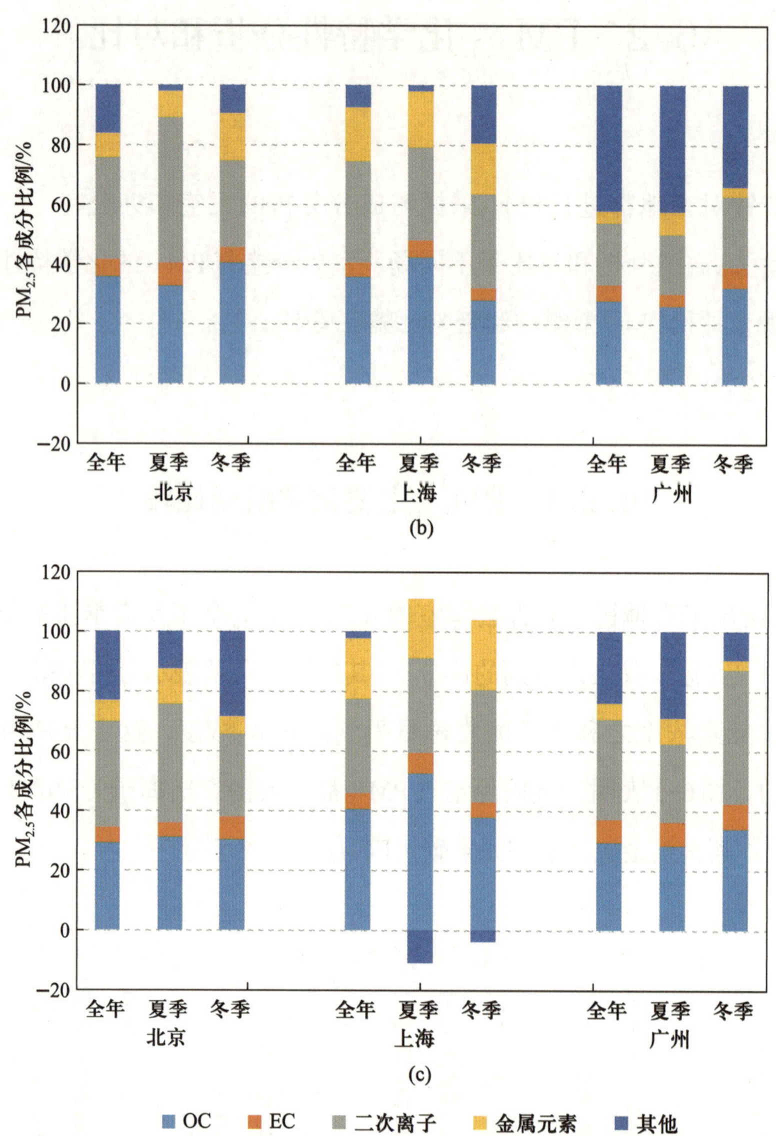

图6-1 民宅和办公室室内外空气$PM_{2.5}$全年及夏季和冬季平均化学组成

（a）室外；（b）民宅室内；（c）办公室室内

6.2.1.1 室外空气$PM_{2.5}$化学组成比较

（1）年平均化学组成比较

从图6-1（a）可以看出，室外空气$PM_{2.5}$中二次离子占比最高，年平均占比为36.6%（上海）~ 47.9%（广州）；其次是OC，年平均占比为21.6%（北京）~ 27.6%（广州）；金属元素年平均占比为6.5%（北京）~ 18.9%（上海）；EC年平均占比为3.9%（上海）~ 9.4%（广州）。

就三地比较而言，广州地区室外空气$PM_{2.5}$中二次离子、OC和EC的占比高于北京和上海地区；上海地区金属元素占比高于北京和广州地区。

（2）夏、冬季化学组成比较

对比三地夏、冬季室外空气$PM_{2.5}$组成特征［图6-1（a）］可以看出，北京地区冬季OC和EC占比高于夏季，表明北京地区冬季排放了更多的含碳物质，可能与冬季供暖燃煤消耗增加有关；上海地区冬季离子占比显著高于夏季，表明上海地区冬季形成了更多的二次离子，可能与冬季二次离子较稳定有关；广州地区冬季二次离子、OC及金属元素的占比都高于夏季，表明广州地区冬季形成了更多的二次离子，以及排放了更多的有机物和金属元素，这与冬季各污染物排放量增加、气态污染物易于向颗粒物转化有关。

6.2.1.2 民宅室内空气$PM_{2.5}$化学组成比较

（1）年平均化学组成比较

从图6-1（b）可以看出，民宅室内空气$PM_{2.5}$中OC占比最高，OC年平均占比为27.9%（广州）~ 36.0%（北京）；其次是二次离子，年平均占比为20.6%（广州）~ 34.1%（北京）；金属元素年平均占比为4.0%（广州）~ 18.0%（上海）；EC年平均占比为4.8%（上海）~ 5.7%（北京）。

就三地比较而言，北京和上海地区民宅室内空气$PM_{2.5}$中二次离子及OC的占比相当并显著高于广州地区；三地EC占比相近；上海地区金属元素占比高于北京和广州地区。

与三地室外空气$PM_{2.5}$组成特征［图6-1（a）］对比后可以发现，三地民宅室内空气$PM_{2.5}$中二次离子占比较室外均有所降低而OC占比均有所升高，这可能与二次离子主要来源于室外而民宅室内存在OC的排放源有关。

（2）夏、冬季化学组成比较

对比三地夏、冬季民宅室内空气$PM_{2.5}$组成特征［图6-1（b）］可以看出，北京地区冬季OC和金属元素占比高于夏季，表明北京地区民宅室内冬季有机物和金属元素的污染较夏季严重；上海地区冬季二次离子占比略高于夏季，表明上海地区民宅室内冬季二次离子的污染较夏季严重；广州地区冬季二次离子和OC、EC的占比高于夏季，表明广州地区民宅室内冬季二次离子和碳污染较夏季严重。总的来说，民宅室内空气$PM_{2.5}$化学组成的季节变化规律与室外基本一致，表明民宅室内环境受室外影响较大。

6.2.1.3 办公室室内空气$PM_{2.5}$化学组成比较

（1）年平均化学组成比较

从图6-1（c）可以看出，办公室室内空气$PM_{2.5}$中二次离子和OC占比较高，二次离子年平均占比为31.6%（上海）~ 35.4%（北京），OC年平均占比为29.3%（北京）~ 40.6%（上海）；其次是金属元素，年平均占比为5.5%（广州）~ 20.2%（上海）；EC年平均占比为5.2%（北京）~ 7.7%（广州）。

就三地比较而言，北京和广州地区办公室室内空气$PM_{2.5}$年平均化学组成较为接近，上海地区二次离子和EC占比与北京和广州地区相差不大，但OC和金属元素占比显著高于北京和广州地区。

与三地室外空气$PM_{2.5}$组成特征［图6-1（a）］对比后可以发现，三地办公室室内空气$PM_{2.5}$中二次离子占比较室外均有所降低，而OC占比均有所升高，可能与二次离子主要来源于室外而办公室室内存在OC的排放源有关。

（2）夏、冬季化学组成比较

对比三地夏、冬季办公室室内空气$PM_{2.5}$组成特征［图6-1（c）］可以看出，北京地区冬季EC占比高于夏季，表明北京地区办公室室内冬季EC污染较夏季严重；上海地区冬季二次离子和金属元素占比高于夏季，表明上海地区办公室室内冬季二次离子和金属元素的污染较夏季严重；广州地区冬季二次离子和OC、EC的占比高于夏季，表明广州地区办公室室内冬季二次离子和碳污染较夏季严重。总的来说，办公室室内空气$PM_{2.5}$化学组成的季节变化规律与室外基本一致，表明办公室室内环境受室外影响较大。

6.2.1.4　室内外空气$PM_{2.5}$化学组成特征总结

根据图6-1的结果总结出民宅和办公室室内外空气$PM_{2.5}$化学组成的地区和季节分布特征，如表6-2和表6-3所示。

表6-2　民宅和办公室室内外空气$PM_{2.5}$化学组成的地区分布特征

场所	二次离子占比	OC占比	EC占比	金属元素占比
室外	广州 > 北京 > 上海 36.6% ~ 47.9%	广州 > 上海 > 北京 21.6% ~ 27.6%	广州 > 北京 > 上海 3.9% ~ 9.4%	上海 > 广州 > 北京 6.5% ~ 18.9%
民宅	北京≈上海 > 广州 20.6% ~ 34.1%	北京≈上海 > 广州 27.9% ~ 36.0%	北京 > 广州 > 上海 4.8% ~ 5.7%	上海 > 北京 > 广州 4.0% ~ 18.0%
办公室	北京 > 广州 > 上海 31.6% ~ 35.4%	上海 > 广州≈北京 29.3% ~ 40.6%	广州 > 上海≈北京 5.2% ~ 7.7%	上海 > 北京 > 广州 5.5% ~ 20.2%

表6-3　民宅和办公室室内外空气$PM_{2.5}$化学组成的季节分布特征

城市	场所	二次离子占比	OC占比	EC占比	金属元素占比
北京	室外	夏季 > 冬季	冬季 > 夏季	冬季 > 夏季	夏季 > 冬季
	民宅	夏季 > 冬季	冬季 > 夏季	夏季 > 冬季	冬季 > 夏季
	办公室	夏季 > 冬季	夏季 > 冬季	冬季 > 夏季	夏季 > 冬季
上海	室外	冬季 > 夏季	夏季 > 冬季	夏季 > 冬季	夏季≈冬季
	民宅	冬季≈夏季	夏季 > 冬季	夏季 > 冬季	夏季≈冬季
	办公室	冬季 > 夏季	夏季 > 冬季	夏季 > 冬季	冬季 > 夏季
广州	室外	冬季 > 夏季	冬季 > 夏季	夏季 > 冬季	冬季 > 夏季
	民宅	冬季 > 夏季	冬季 > 夏季	冬季 > 夏季	夏季 > 冬季
	办公室	冬季 > 夏季	冬季 > 夏季	冬季 > 夏季	夏季 > 冬季

由表6-2可以看出，北京地区室内外空气$PM_{2.5}$中二次离子年平均占比高于上海和广州地区（民宅和办公室）或介于上海和广州之间（室外），表明北京地区二次离子对室内外空气$PM_{2.5}$的贡献较上海和广州地区突出；上海地区室内外空气$PM_{2.5}$中OC年平均占比高于北京和广州地区（办公室）或介于北京和广州之间（室外和民宅），金属元素年平均占比高于北京和广州地区，表明上海地区有机物和金属元素对室内外空气$PM_{2.5}$的贡献较北京和广州地区突出；广州地区室内外空气$PM_{2.5}$中EC年平均占比高于北京和上海地区（室外和办公室）或介于北京和上海之间（民宅），表明广州地区EC对室内外空气$PM_{2.5}$的贡献较北京和上海地区突出。

与室外相比，三地民宅和办公室室内空气$PM_{2.5}$中二次离子年平均占比降低而OC年平均占比升高，可能与二次离子主要来源于室外而室内存在OC的排放源有关。

由表6-3可以看出，就室外而言，北京地区OC和EC、上海地区二次离子、广州地区二次离子、OC和金属元素冬季的占比高于夏季，表明冬季排放了或者形成了更多对应的污染物。民宅和办公室室内空气$PM_{2.5}$化学组成的季节变化规律与室外基本一致，但也存在个别与室外相反的情况。

6.2.2 $PM_{2.5}$中水溶性离子分布特征比较

6.2.2.1 室内外水溶性离子分布特征

图6-2给出了三地民宅和办公室室内外空气$PM_{2.5}$中水溶性离子浓度。

（1）室外水溶性离子分布特征

从图6-2（a）可以看出，三地室外NH_4^+年平均浓度为3.7 μg/m³（广州）~ 7.1 μg/m³（北京），SO_4^{2-}年平均浓度三地差异不大，都在10 μg/m³左右，NO_3^-年平均浓度为4.4 μg/m³（广州）~ 10.0 μg/m³（北京）。北京地区室外水溶性离子（NH_4^++SO_4^{2-}+NO_3^-）

年平均浓度最高（27.4 μg/m^3）而广州地区最低（18.2 μg/m^3），上海地区（20.0 μg/m^3、23.3 μg/m^3）在北京和广州地区之间。三种水溶性离子中SO_4^{2-}浓度最高，北京、上海和广州地区室外SO_4^{2-}占水溶性离子的比例分别达37.6%、44.5%（47.6%）和55.5%。NH_4^+、SO_4^{2-}、NO_3^-分别由NH_3、SO_2和NO_x转化而来，因此以上结果表明，总体上，北京地区NH_3和NO_x污染较上海和广州地区严重且环境条件有利于NH_3和NO_x向铵盐和硝酸盐类转化，但三地SO_2转化成硫酸盐的水平无显著差异。

对比三地夏、冬季室外水溶性离子污染特征［图6-2（a）］可以看出，除北京地区夏季SO_4^{2-}浓度（10.9 μg/m^3）略高于冬季（10.2 μg/m^3）外，室外水溶性离子浓度都呈现冬季显著高于夏季的规律，表明三地室外冬季SNA污染较夏季严重，这与冬季污染物不易扩散，NH_3、SO_2、NO_x等气态污染物易于向SNA转化且SNA由于冬季气温低而较为稳定有关。

（2）民宅室内水溶性离子分布特征

从图6-2（b）可以看出，三地民宅室内NH_4^+年平均浓度为0.5 μg/m^3（广州）~ 3.5 μg/m^3（上海），SO_4^{2-}年平均浓度为6.6 μg/m^3（北京）~ 8.5 μg/m^3（上海），NO_3^-年平均浓度为2.3 μg/m^3（北京）~ 3.5 μg/m^3（上海）。上海地区民宅室内水溶性离子年平均浓度（15.5 μg/m^3）显著高于北京（11.8 μg/m^3）和广州地区（11.0 μg/m^3）。三种水溶性离子中SO_4^{2-}浓度最高，北京、上海和广州地区民宅室内SO_4^{2-}占水溶性离子的比例分别达55.9%、54.8%和72.7%。三地民宅室内水溶性离子浓度皆低于室外浓度，但室内SO_4^{2-}所占比例皆高于室外，可能与室外$PM_{2.5}$在向室内渗透的过程中，SO_4^{2-}较为稳定而NH_4^+和NO_3^-（如NH_4NO_3）易于分解成气态污染物有关。以上结果表明，与室外相比，民宅室内SNA污染有所减轻，硫酸盐在SNA中的占比有所增加；上海地区民宅室内SNA污染较北京和广州地区严重。

对比三地夏、冬季民宅室内水溶性离子污染特征［图6-2（b）］可以看出，北京地区民宅室内NH_4^+浓度呈现夏季高于冬季的规律，上海和广州地区呈现冬季高于夏季的规律；北京和上海地区民宅室内SO_4^{2-}浓度呈现夏季高于冬季的规律，广州地区呈现冬季高于夏季的规律；三地民宅室内NO_3^-浓度都呈现冬季高于夏季的规律。除北京地区民宅室内NH_4^+浓度和上海地区民宅室内SO_4^{2-}浓度夏、冬季分布规律与室外相反外，其余与室外保持一致。按三种水溶性离子的总浓度评估，北京地区民宅室内夏季SNA污染比冬季略严重，上海和广州地区冬季比夏季严重。

（3）办公室室内水溶性离子分布特征

从图6-2（c）可以看出，三地办公室室内NH_4^+年平均浓度为2.2 μg/m³（广州）~ 5.9 μg/m³（北京），SO_4^{2-}年平均浓度为6.8 μg/m³（上海）~ 9.4 μg/m³（北京），NO_3^-年平均浓度为1.6 μg/m³（上海）~ 5.1 μg/m³（北京）。北京地区办公室室内水溶性离子年平均浓度最高，为20.4 μg/m³；其次是广州地区，为12.2 μg/m³；上海地区最低，为10.9 μg/m³。在三种水溶性离子中，SO_4^{2-}浓度最高，北京、上海和广州地区办公室室内SO_4^{2-}占水溶性离子的比例分别达46.1%、62.4%和59.8%。三地办公室室内水溶性离子浓度皆低于室外浓度，但室内SO_4^{2-}所占比例皆高于室外。以上结果表明，与室外相比，办公室室内SNA污染有所减轻，硫酸盐在SNA中的占比有所增加；北京地区办公室室内SNA污染较上海和广州地区严重。

对比三地夏、冬季办公室室内水溶性离子污染特征［图6-2（c）］可以看出，三地办公室室内水溶性离子浓度都呈现冬季显著高于夏季的规律，表明三地办公室室内冬季SNA污染较夏季严重，这与室外冬季SNA污染比夏季严重有关。

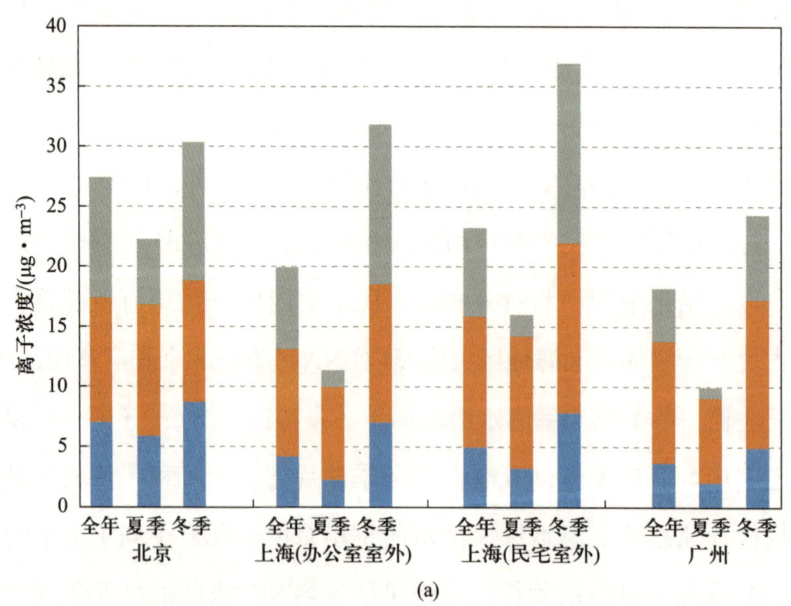

(a)

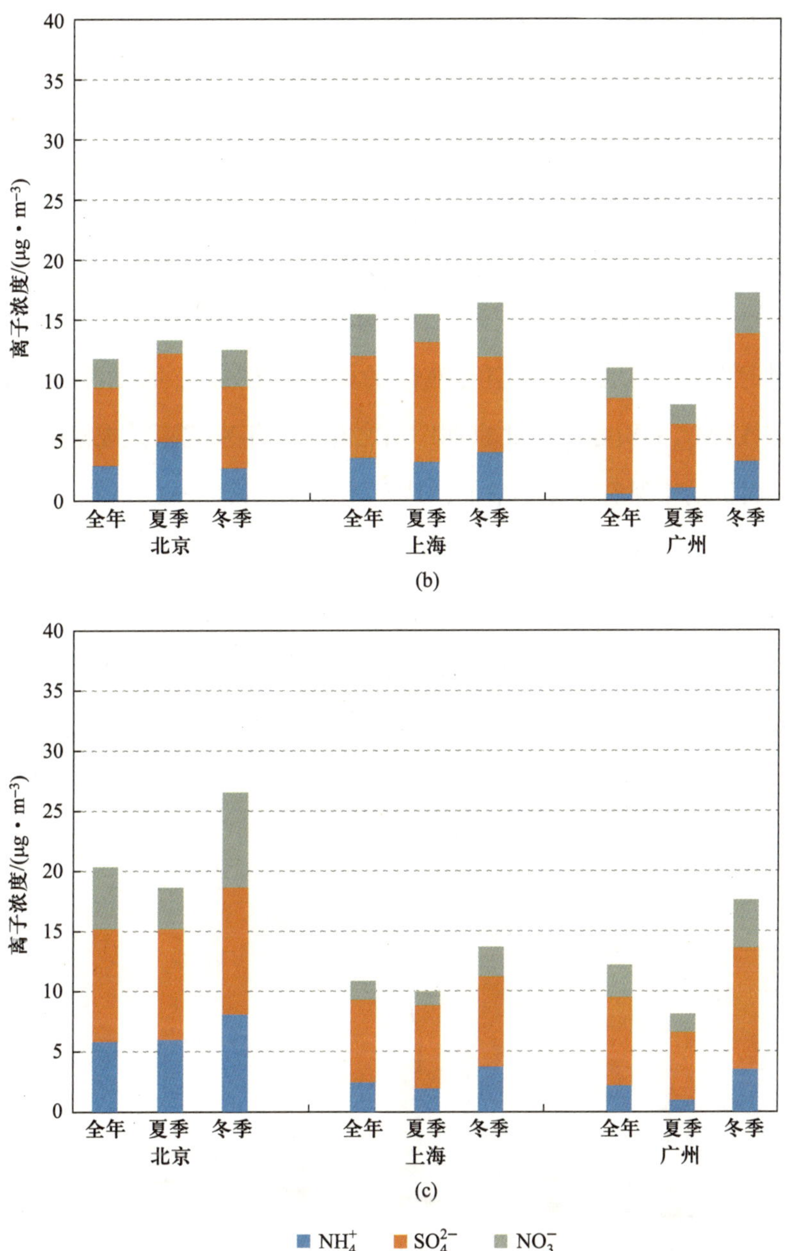

图6-2　民宅和办公室室内外空气$PM_{2.5}$中水溶性离子浓度

（a）室外；（b）民宅室内；（c）办公室室内

（4）室内外NO_3^-/SO_4^{2-}值分布特征

为了定性分析移动源和固定源对$PM_{2.5}$的相对贡献，研究人员计算了三地民宅和办公室室内外空气$PM_{2.5}$中NO_3^-与SO_4^{2-}的比值，结果如图6-3所示，其中室外1代表北京和广州地区的室外监测点及上海地区的办公室室外监测点，室外2代表上海地区民宅室外的监测点。可以看出，室外NO_3^-/SO_4^{2-}年平均值呈现北京（0.97）＞上海（0.76、0.66）＞广州（0.44）的规律，表明移动源对北京地区室外空气$PM_{2.5}$的贡献较大，而固定源对广州地区室外空气$PM_{2.5}$的贡献更加突出，移动源和固定源对上海地区室外空气$PM_{2.5}$的贡献介于北京和广州之间。近年来北京大规模削减燃煤，SO_2减排显著，而机动车保有量逐年增加，从而导致移动源对$PM_{2.5}$的贡献相对增加。除排放源的影响外，广州地区平均温度、相对湿度较高，有利于SO_4^{2-}的形成和NH_4NO_3的分解，这可能是导致广州地区NO_3^-/SO_4^{2-}值较低的原因之一。实际上，夏季温度、相对湿度高于冬季也是导致夏季NO_3^-/SO_4^{2-}值显著低于冬季（图6-3）的主要原因。

从图6-3还可以看出，三地民宅和办公室室内NO_3^-/SO_4^{2-}值普遍低于室外，可能

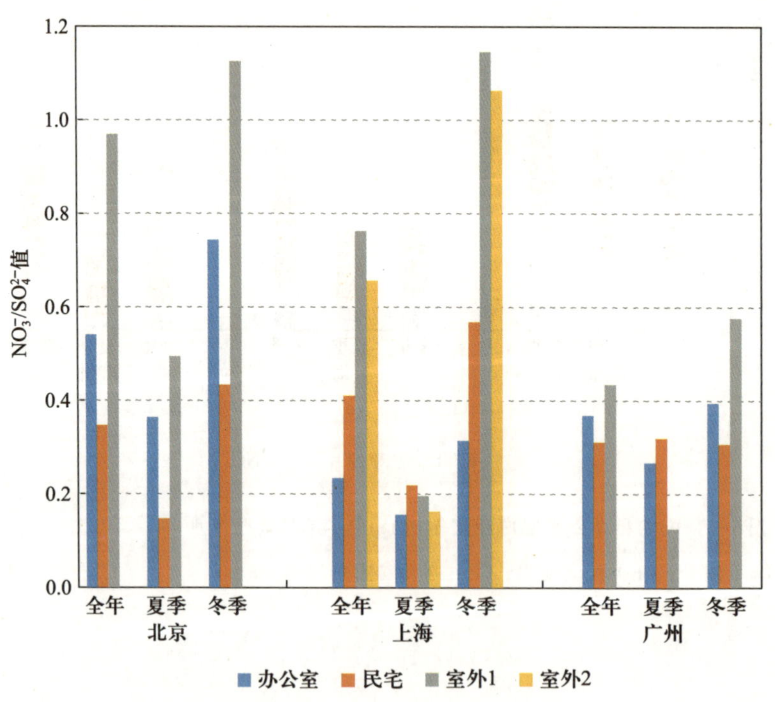

图6-3　民宅和办公室室内外空气$PM_{2.5}$中NO_3^-/SO_4^{2-}值

与室外空气$PM_{2.5}$在向室内渗透的过程中，SO_4^{2-}较为稳定而NH_4NO_3易于分解成气态污染物有关。上海地区民宅及广州地区民宅和办公室夏季室内NO_3^-/SO_4^{2-}值高于室外，可能与夏季使用空调导致室内温度显著低于室外，室内NH_4NO_3的分解较室外弱有关。

（5）室内外水溶性离子分布特征总结

研究人员根据图6-2和图6-3的结果总结出民宅和办公室室内外空气$PM_{2.5}$中水溶性离子浓度及NO_3^-/SO_4^{2-}值的地区和季节分布特征，分别如表6-4和表6-5所示。

表6-4　民宅和办公室室内外空气$PM_{2.5}$中水溶性离子浓度及NO_3^-/SO_4^{2-}值的地区分布特征

场所	NH_4^+浓度	SO_4^{2-}浓度	NO_3^-浓度	总离子浓度	NO_3^-/SO_4^{2-}值
室外	北京＞上海＞广州	北京≈上海≈广州	北京＞上海＞广州	北京＞上海＞广州	北京＞上海＞广州
民宅	上海＞北京＞广州	上海＞广州＞北京	上海＞广州＞北京	上海＞北京＞广州	上海＞北京＞广州
办公室	北京＞上海＞广州	北京＞广州＞上海	北京＞广州＞上海	北京＞广州＞上海	北京＞广州＞上海

表6-5　民宅和办公室室内外空气$PM_{2.5}$中水溶性离子浓度及NO_3^-/SO_4^{2-}值的季节分布特征

城市	场所	NH_4^+浓度	SO_4^{2-}浓度	NO_3^-浓度	总离子浓度	NO_3^-/SO_4^{2-}值
北京	室外	冬季＞夏季	夏季＞冬季	冬季＞夏季	冬季＞夏季	冬季＞夏季
	民宅	夏季＞冬季	夏季＞冬季	冬季＞夏季	夏季＞冬季	冬季＞夏季
	办公室	冬季＞夏季	冬季＞夏季	冬季＞夏季	冬季＞夏季	冬季＞夏季
上海	室外	冬季＞夏季	冬季＞夏季	冬季＞夏季	冬季＞夏季	冬季＞夏季
	民宅	冬季＞夏季	夏季＞冬季	冬季＞夏季	冬季＞夏季	冬季＞夏季
	办公室	冬季＞夏季	冬季＞夏季	冬季＞夏季	冬季＞夏季	冬季＞夏季
广州	室外	冬季＞夏季	冬季＞夏季	冬季＞夏季	冬季＞夏季	冬季＞夏季
	民宅	冬季＞夏季	冬季＞夏季	冬季＞夏季	冬季＞夏季	冬季≈夏季
	办公室	冬季＞夏季	冬季＞夏季	冬季＞夏季	冬季＞夏季	冬季＞夏季

从表6-4可以看出，室外SNA污染及移动源的贡献总体上呈现北京、上海、广州依次递减的趋势；民宅室内SNA污染及移动源的贡献总体上呈现上海、北京、广州依次递减的趋势；办公室室内SNA污染及移动源的贡献总体上呈现北京、广州、上海依次递减的趋势。由此可见，北京地区民宅和办公室室内外SNA污染相对较重，移动源对$PM_{2.5}$的贡献也更为突出；广州地区民宅和办公室室内外SNA污染相对较轻，移动源对$PM_{2.5}$的贡献也更小。

从表6-5可以看出，三地民宅和办公室室内外冬季SNA污染普遍较夏季严重。另外，夏季温度、相对湿度高于冬季，有利于SO_4^{2-}的形成和NH_4NO_3的分解，导致夏季NO_3^-/SO_4^{2-}值显著低于冬季。

6.2.2.2 室内外水溶性离子相关关系

图6-4给出了三地民宅和办公室室内外空气$PM_{2.5}$中水溶性离子的I/O值。可以看出，三地民宅和办公室各水溶性离子的I/O年平均值多数都小于1，表明三地民宅和办公室室内水溶性离子主要来源于室外。上海地区民宅及广州地区民宅和办公室夏季NO_3^-的I/O值大于1（广州地区大于1.5），夏季的I/O值是冬季的3～4倍，这一方面可能与夏季使用空调导致室内温度显著低于室外，室内NH_4NO_3的分解较室外弱有关；另一方面，所述场所夏季可能存在较强的NO_3^-散发源。

对比三地民宅水溶性离子的I/O年平均值［图6-4（a）］可以看出，NH_4^+的I/O值呈现上海＞北京＞广州的规律，SO_4^{2-}和NO_3^-的I/O值则呈现广州＞上海＞北京的规律，SO_4^{2-}的I/O值高于NH_4^+和NO_3^-。考虑$PM_{2.5}$中的硫酸盐较为稳定，从SO_4^{2-}的I/O年平均值可以看出民宅的渗透性整体上呈现广州、上海、北京递减的趋势。广州地区平均气温较高，民宅开窗通风频率也较高，因此渗透性最好；北京地区由于夏季使用空调，冬季采暖，民宅开窗通风频率较低，因此渗透性最差；上海地区冬季不集中供暖，民宅开窗通风的频率及渗透性都高于北京地区。

对比三地办公室水溶性离子的I/O年平均值［图6-4（b）］可以看出，NH_4^+的I/O值呈现北京＞广州＞上海的规律，SO_4^{2-}的I/O值呈现北京＞上海＞广州的规律，

NO_3^-的I/O值则呈现广州 > 北京 > 上海的规律，SO_4^{2-}的I/O值高于NH_4^+和NO_3^-。从SO_4^{2-}的I/O年平均值可以看出办公室的渗透性整体上呈现北京、上海、广州递减的趋势，与民宅有所不同。

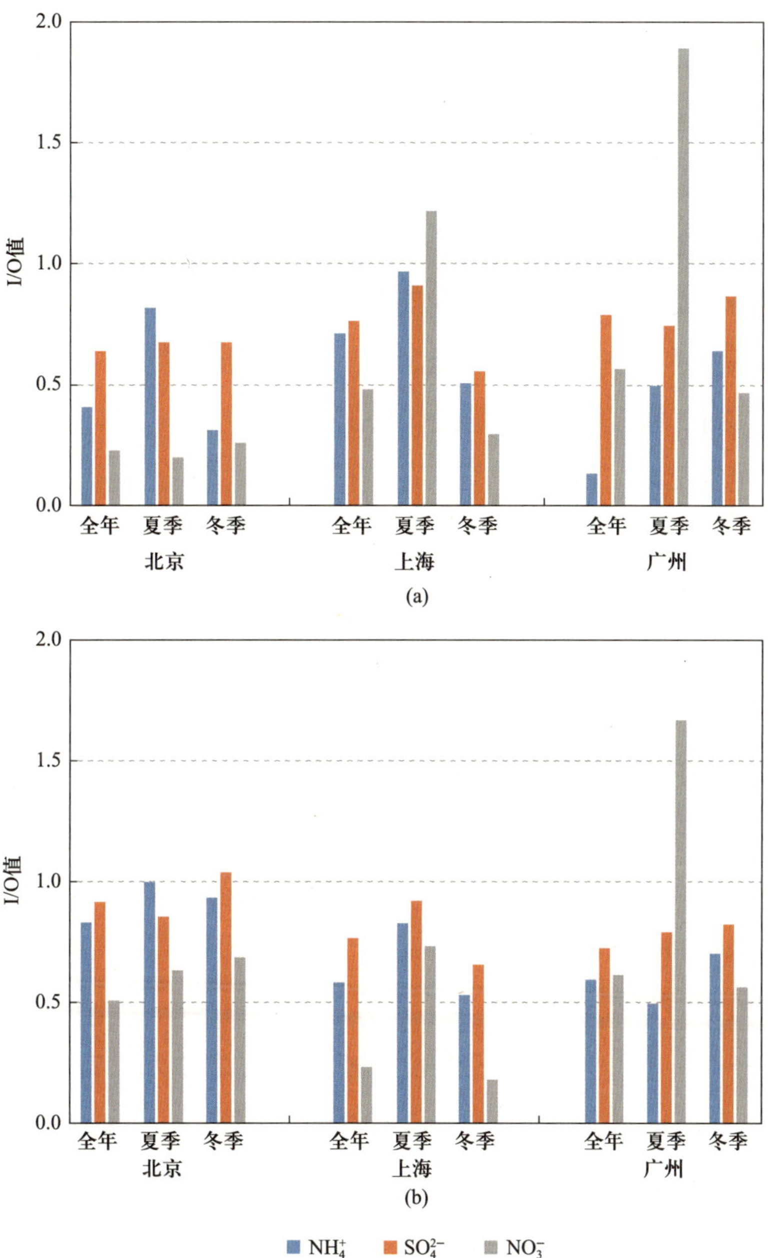

图6-4 民宅和办公室室内外空气$PM_{2.5}$中水溶性离子的I/O值

（a）民宅；（b）办公室

此外，从图6-4中对比夏、冬季水溶性离子的I/O值可以发现，北京地区民宅和办公室NH_4^+的I/O值呈现夏季 > 冬季的规律，SO_4^{2-}和NO_3^-的I/O值呈现冬季 > 夏季的规律；上海地区民宅和办公室三种水溶性离子的I/O值皆呈现夏季 > 冬季的规律；广州地区民宅和办公室NH_4^+和SO_4^{2-}的I/O值呈现冬季 > 夏季的规律，NO_3^-的I/O值呈现夏季 > 冬季的规律。从SO_4^{2-}的I/O值的季节变化规律可以推测，北京和广州地区民宅和办公室冬季的渗透性高于夏季，而上海则是夏季的渗透性高于冬季，这表明北京和广州地区民宅和办公室冬季开窗通风的频率高于夏季，上海地区夏季开窗通风的频率高于冬季，与实际情况较为一致。

值得注意的是，北京地区NH_4^+和广州地区NO_3^-的I/O值的季节变化规律与SO_4^{2-}相反，表现为夏季 > 冬季。如前所述，这一方面可能与夏季使用空调导致室内温度显著低于室外，室内NH_4NO_3的分解较室外弱有关；另一方面，夏季室内可能存在相应离子的散发源。

6.2.3 $PM_{2.5}$中有机碳和元素碳分布特征比较

6.2.3.1 室内外有机碳和元素碳分布特征

图6-5给出了三地民宅和办公室室内外空气$PM_{2.5}$中OC、EC全年、夏季和冬季平均浓度及OC/EC值。

（1）室外OC和EC分布特征

从图6-5（a）可以看出，三地室外OC年平均浓度为12.7 μg/m^3（广州）~ 15.4 μg/m^3（上海），EC年平均浓度为2.1 μg/m^3（上海）~ 4.3 μg/m^3（广州），OC/EC年平均值为3.0（广州）~ 6.7（上海）。上海地区室外OC浓度最高而EC浓度最低，因此OC/EC值最高；广州地区室外OC浓度最低而EC浓度最高，因此OC/EC值最低；北京地区室外OC、EC浓度及OC/EC值都介于上海和广州之间。以上结果表明，整体而言，上海地区室外OC污染较为严重且SOC污染突出，广州地区室外EC污染较北京和上海严重。

对比三地夏、冬季室外碳污染特征［图6-5（a）］可以看出，除上海地区夏、冬季室外EC浓度基本相同外，OC、EC浓度及OC/EC值都呈现冬季远高于夏季的规律，表明三地室外冬季碳污染较为严重，SOC污染也更为突出，这与冬季污染物不易扩散，$PM_{2.5}$污染较为严重有关。

（2）民宅室内OC和EC分布特征

从图6-5（b）可以看出，三地民宅室内OC年平均浓度为12.8 μg/m^3（北京）~ 20.9 μg/m^3（广州），EC年平均浓度为2.0 μg/m^3（北京）~ 4.0 μg/m^3（广州），OC/EC年平均值为5.2（广州）~ 7.5（上海）。北京地区民宅室内OC、EC浓度最低但OC/EC值介于广州和上海之间；上海地区民宅室内OC、EC浓度介于北京和广州之间但OC/EC值最高；广州地区民宅室内OC、EC浓度最高但OC/EC值最低。以上结果表明，整体而言，北京地区民宅室内碳污染相对较轻而广州地区较为严重，上海地区民宅室内SOC污染较突出。

对比三地夏、冬季民宅室内碳污染特征［图6-5（b）］可以看出，北京地区民宅室内OC、EC浓度及OC/EC值都呈现冬季远高于夏季的规律，与室外规律一致；上海地区民宅室内OC、EC浓度及OC/EC值都呈现冬季略低于夏季的规律，与室外情况相反；广州地区民宅室内OC、EC浓度呈现冬季远高于夏季的规律，与室外规律一致，但冬季OC/EC值低于夏季，与室外情况相反。

（3）办公室室内OC和EC分布特征

从图6-5（c）可以看出，三地办公室室内OC年平均浓度为14.9 μg/m^3（上海）~ 16.2 μg/m^3（北京），EC年平均浓度为2.0 μg/m^3（上海）~ 4.0 μg/m^3（广州），OC/EC年平均值为3.8（广州）~ 7.4（上海）。北京地区办公室室内OC浓度最高，而EC浓度和OC/EC值介于上海和广州之间；上海地区办公室室内OC、EC浓度都最低但OC/EC值最高；广州地区办公室室内OC浓度介于上海和北京之间、EC浓度最高而OC/EC值最低。以上结果表明，整体而言，北京地区办公室室内OC污染较为突出而广州地区EC污染相对严重，上海地区办公室室内碳污染相对较轻但SOC污染特征明显。

对比三地夏、冬季办公室室内碳污染特征［图6-5（c）］可以看出，北京地区办公室室内OC、EC浓度呈现冬季远高于夏季的规律，与室外规律一致，但冬季OC/EC值低于夏季，与室外情况相反；上海地区办公室室内OC、EC浓度呈现冬季略低于夏季的规律，与室外情况相反，但冬季OC/EC值略高于夏季；广州地区办公室室内OC、EC浓度及OC/EC值都呈现冬季高于夏季的规律，与室外规律一致。

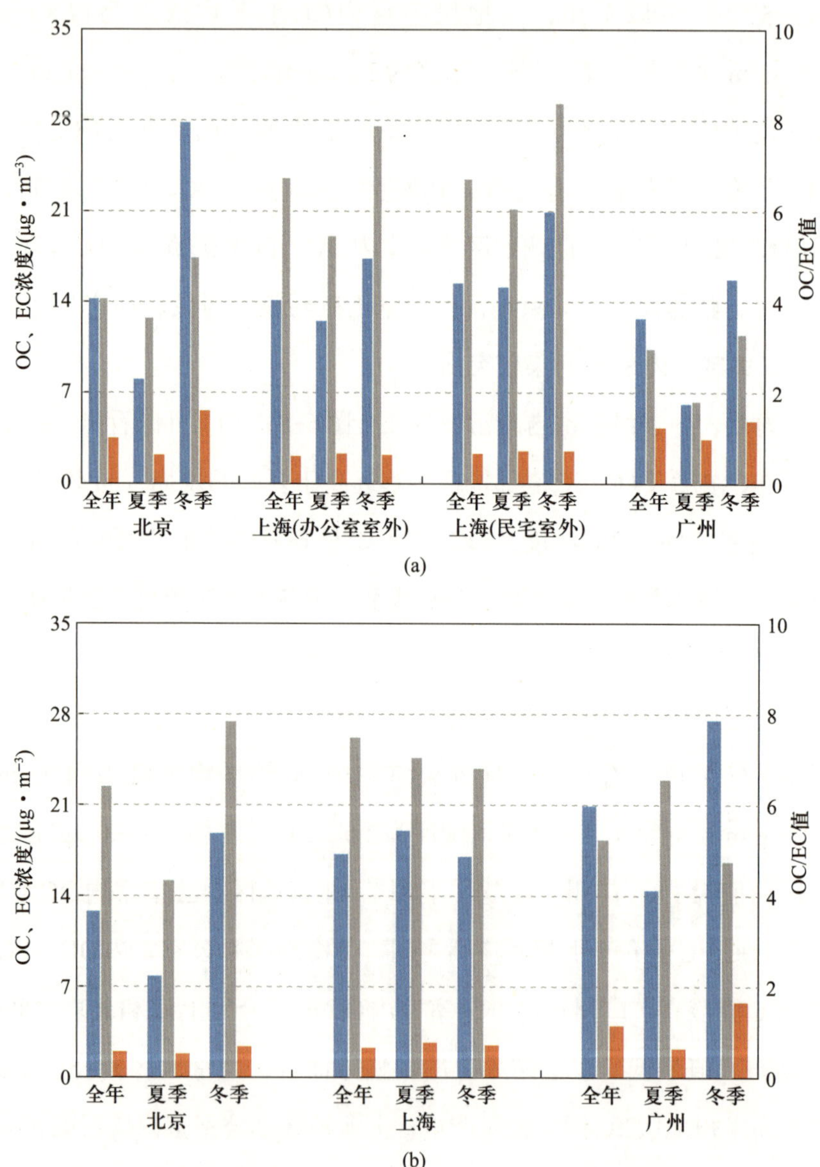

(a)

(b)

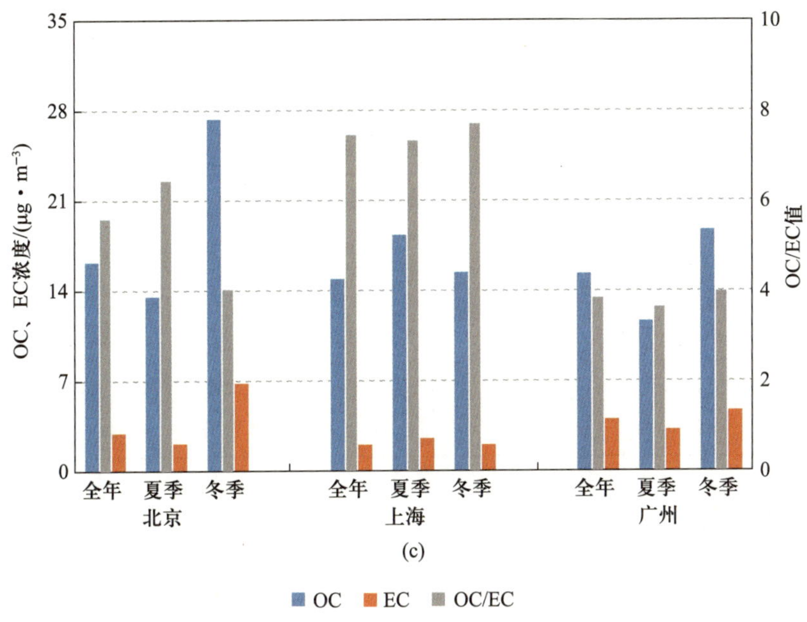

图6-5 民宅和办公室室内外空气$PM_{2.5}$中OC、EC浓度及OC/EC值

（a）室外；（b）民宅室内；（c）办公室室内

（4）室内外OC和EC分布特征总结

根据图6-5的结果总结出民宅和办公室室内外空气$PM_{2.5}$中OC、EC浓度及OC/EC值的地区和季节分布特征，分别如表6-6和表6-7所示。可以看出，OC污染程度与所在地区及场所有关，不同场所OC浓度的地区分布特征有所不同。除上海地区民宅和办公室室内OC浓度呈现夏季略高于冬季的规律外，其余地区和场所OC浓度皆呈现冬季远高于夏季的规律。

广州地区室内外EC污染较北京和上海地区严重；北京和广州地区室内外EC浓度都呈现冬季远高于夏季的规律，但上海地区室外夏、冬季EC浓度基本相同，民宅和办公室室内夏季EC浓度略高于冬季。

在OC/EC值方面，对于所有场所（民宅和办公室室内外），上海地区OC/EC值最高，表明上海地区SOC污染较为突出；广州地区OC/EC值最低，这可能与广州地区EC污染较严重有关。不同地区室外OC/EC值皆呈现冬季高于夏季的规律，表明室外冬季SOC污染更为严重；民宅和办公室室内OC/EC值的季节分布与室外不尽相同，北京地区办公室、上海和广州地区民宅室内OC/EC值呈现夏季高于冬季的规律，可能与室内存在OC的污染源有关。

表6-6　民宅和办公室室内外空气$PM_{2.5}$中OC、EC浓度及OC/EC值的地区分布特征

场所	OC浓度/（$\mu g \cdot m^{-3}$）	EC浓度/（$\mu g \cdot m^{-3}$）	OC/EC值
室外	上海 > 北京 > 广州 12.7 ~ 15.4	广州 > 北京 > 上海 2.1 ~ 4.3	上海 > 北京 > 广州 3.0 ~ 6.7
民宅	广州 > 上海 > 北京 12.8 ~ 20.9	广州 > 上海 > 北京 2.0 ~ 4.0	上海 > 北京 > 广州 5.2 ~ 7.5
办公室	北京 > 广州 > 上海 14.9 ~ 16.2	广州 > 北京 > 上海 2.0 ~ 4.0	上海 > 北京 > 广州 3.8 ~ 7.4

表6-7　民宅和办公室室内外空气$PM_{2.5}$中OC、EC浓度及OC/EC值的季节分布特征

城市	场所	OC浓度	EC浓度	OC/EC值
北京	室外	冬季 > 夏季	冬季 > 夏季	冬季 > 夏季
	民宅	冬季 > 夏季	冬季 > 夏季	冬季 > 夏季
	办公室	冬季 > 夏季	冬季 > 夏季	夏季 > 冬季
上海	室外	冬季 > 夏季	冬季≈夏季	冬季 > 夏季
	民宅	夏季 > 冬季	夏季 > 冬季	夏季 > 冬季
	办公室	夏季 > 冬季	夏季 > 冬季	冬季 > 夏季
广州	室外	冬季 > 夏季	冬季 > 夏季	冬季 > 夏季
	民宅	冬季 > 夏季	冬季 > 夏季	夏季 > 冬季
	办公室	冬季 > 夏季	冬季 > 夏季	冬季 > 夏季

6.2.3.2　室内外有机碳和元素碳相关关系

图6-6给出了民宅和办公室室内外空气$PM_{2.5}$中OC和EC的I/O值。可以看出，无论是民宅还是办公室，OC的I/O值通常高于EC。除北京地区的民宅（0.90）外，OC的I/O年平均值都大于1.00；除上海地区的民宅（1.00）外，EC的I/O年平均值都小于1.00。这表明，在整个采样检测期内，各地区民宅和办公室室内常有OC

源，而室内EC主要来源于室外。

从图6-6（a）可以看出，各地区民宅OC的I/O值呈现广州 > 上海 > 北京、夏季 > 冬季的规律，北京地区全年及夏季和冬季OC的I/O值都小于1.00，上海地区全年及夏季OC的I/O值大于1.00而冬季的小于1.00，广州地区全年及夏季和冬季OC的I/O值都大于1.50，表明北京地区民宅室内OC主要来源于室外且夏季受室外OC污染的影响高于冬季；上海地区民宅夏季室内存在OC源而冬季主要受室外OC污染的影响；广州地区民宅室内各季节都存在较强的OC源。各地区民宅EC的I/O年平均值呈现上海（1.00）> 广州（0.93）> 北京（0.57）的规律，夏季I/O值呈现上海（1.08）> 北京（0.82）> 广州（0.65）的规律，冬季I/O值呈现广州（1.21）> 上海（1.00）> 北京（0.43）的规律。可以看出，北京地区民宅室内EC主要来源于室外，且夏季受室外EC污染的影响高于冬季；上海地区民宅夏季室内存在EC源，而冬季主要受室外EC污染的影响；广州地区民宅夏季主要受室外EC污染的影响，而冬季室内存在EC源。

从图6-6（b）可以看出，各地区办公室OC的I/O值呈现广州 > 北京 > 上海、夏季 > 冬季的规律，北京和上海地区全年及夏季OC的I/O值大于1.00，而冬季OC的I/O值略小于1.00，广州地区全年及夏季和冬季OC的I/O值都大于1.00，表明北京和上海地区办公室夏季室内存在OC源，而冬季主要受室外OC污染的影响；广州地区办公室室内各季节都存在较强的OC源。各地区办公室EC的I/O年平均值呈现上海（0.95）> 广州（0.93）> 北京（0.83）的规律，夏季I/O值呈现上海（1.09）> 北京（0.95）> 广州（0.94）的规律，冬季I/O值呈现北京（1.21）> 广州（0.98）> 上海（0.91）的规律。可以看出，北京地区办公室夏季主要受室外EC污染的影响，而冬季室内存在EC源；上海地区办公室夏季室内存在EC源，而冬季主要受室外EC污染的影响；广州地区办公室室内EC主要来源于室外。

综上所述，北京地区民宅室内OC、EC及办公室夏季室内EC和冬季室内OC主要来源于室外，办公室夏季室内存在OC源、冬季室内存在EC源；上海地区民宅和办公室夏季室内存在OC、EC源而冬季室内OC、EC主要来源于室外；广州地区民宅和办公室室内存在较强的OC源，民宅夏季室内EC主要来源于室外、冬季室内存在EC源，办公室室内EC主要来源于室外。

结合图6-5（表6-6）的结果可以看出，广州地区室外OC年平均浓度虽然低于北京和上海地区，但是由于民宅和办公室室内存在较强的OC源，广州地区民宅和办公室室内OC年平均浓度高于北京和上海地区（民宅）或介于北京和上海地区之间（办公室）。广州地区室外EC年平均浓度高于北京和上海地区，虽然北京地区

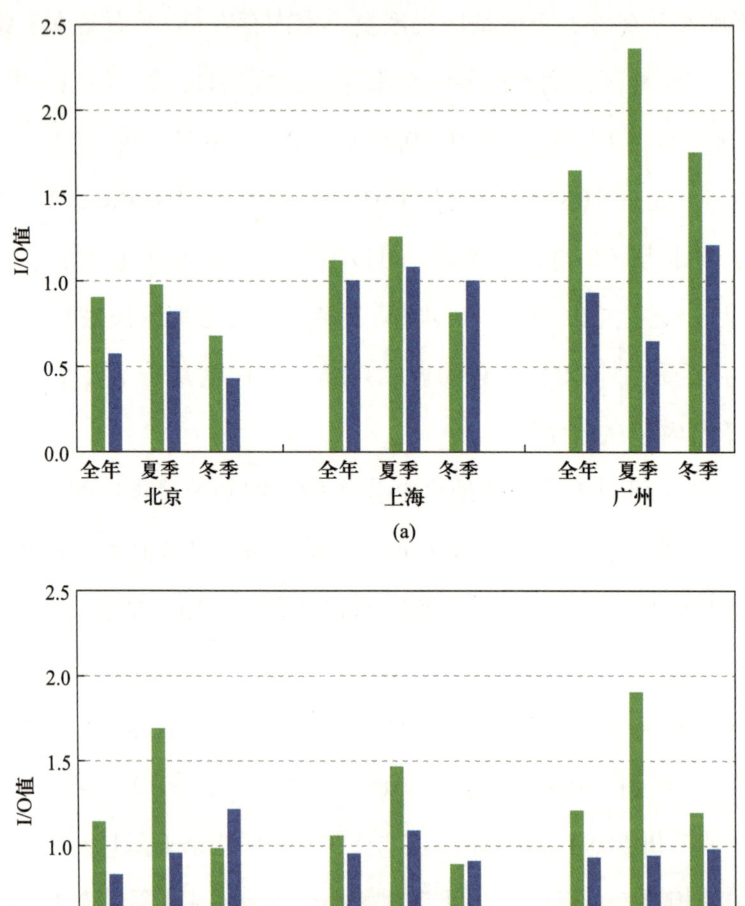

图6-6 民宅和办公室室内外空气$PM_{2.5}$中OC和EC的I/O值

（a）民宅；（b）办公室

办公室冬季及上海地区民宅和办公室夏季室内存在EC源，但是室内源的贡献较小（I/O值略高于1.00），因此广州地区民宅和办公室室内EC年平均浓度依然高于北京和上海地区。

6.2.4 $PM_{2.5}$中重金属元素分布特征比较

6.2.4.1 室内外重金属元素分布特征

（1）金属元素总浓度分布特征

图6-7给出了民宅和办公室室内外空气$PM_{2.5}$中金属元素（TDE）总浓度，其中室外1代表北京和广州地区的室外监测点及上海地区的办公室室外监测点，室外2代表上海地区民宅室外的监测点。

从图6-7可以看出，上海地区民宅和办公室室内外空气$PM_{2.5}$中金属元素总浓度显著高于北京和广州地区，北京、上海和广州地区室外TDE年平均浓度分别为4.3 μg/m^3、10.7（11.5）μg/m^{3}和3.5 μg/m^3，民宅室内TDE年平均浓度分别为2.7 μg/m^3、

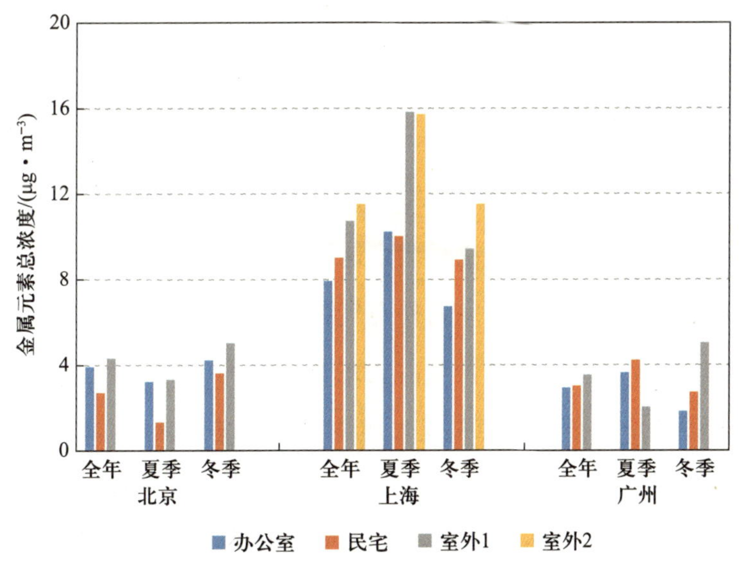

图6-7 民宅和办公室室内外空气$PM_{2.5}$中金属元素总浓度

9.0 μg/m^{3}和3.0 μg/m^3，办公室室内TDE年平均浓度分别为3.9 μg/m^3、7.9 μg/m^{3}和2.9 μg/m^3。从年平均浓度来看，北京地区办公室室内TDE浓度高于民宅，上海和广州地区则是民宅略高于办公室。在季节分布特征方面，北京地区民宅和办公室室内外TDE浓度皆呈现冬季 > 夏季的规律；上海地区皆呈现夏季 > 冬季的规律；广州地区室外呈现冬季 > 夏季的规律，民宅和办公室室内呈现夏季 > 冬季的规律。

在大多数情况下，民宅和办公室室内TDE浓度低于室外浓度，表明室内空气$PM_{2.5}$中的金属元素主要来源于室外，但广州地区夏季民宅和办公室室内TDE浓度显著高于室外浓度，表明夏季室内存在散发金属元素的源。由于夏季长时间使用空调，门窗紧闭，散发的金属元素易于在室内空气$PM_{2.5}$中积聚，这也是广州地区夏季室内TDE浓度高于冬季（与室外冬季TDE浓度高于夏季相反）的原因。

（2）$PM_{2.5}$中主要的金属元素

三地民宅和办公室室内外空气$PM_{2.5}$中主要金属元素及其年平均占比如表6-8所示。

表6-8　三地民宅和办公室室内外空气$PM_{2.5}$中主要金属元素及其年平均占比

城市	主要金属元素	占比
北京	Na、Mg、Al、Ca、K、Fe、Ti	86% ~ 88%
上海	Zn、Al、K、Pb	> 70%（Zn > 50%）
广州	Fe、Zn、V、Pb、As、Cu、Cr	66% ~ 96%

由表6-8可知，北京地区7种地壳元素（Na、Mg、Al、Ca、K、Fe、Ti）在室内外TDE中占比达86% ~ 88%，说明北京地区室内外空气$PM_{2.5}$中的金属元素主要来自地面和道路扬尘。上海地区室内外空气$PM_{2.5}$中含量最多的几大金属元素依次为Zn、Al、K、Pb等，四者的总含量占TDE总含量的70%以上，其中Zn独占50%以上。Zn在室外环境的主要来源是煤炭燃烧，说明煤炭燃烧在上海依然占很大比重。广州地区室内外空气$PM_{2.5}$中的主要金属元素包括Fe、Zn、V、Pb、As、Cu、Cr，占TDE的比例为66% ~ 96%，其中Fe为地壳元素，其余为工业、交通、吸烟、打印等室内外人为源所排放。

（3）重金属元素分布特征

国家环境保护部（现为生态环境部）在2012年发布的《环境空气质量标准》（GB 3095—2012）设定了环境空气中Pb的浓度限值及As、Cd和Cr（Ⅵ）的参考浓度限值，二级年平均浓度限值分别为500 ng/m^3、6 ng/m^3、5 ng/m^{3}和0.025 ng/m^3。由于本研究只检测了总Cr含量而非标准中的六价Cr，因此此处不进行与标准限值的对比。图6-8给出了民宅和办公室室内外空气$PM_{2.5}$中Pb、As和Cd的年平均浓度，其中室外1代表北京和广州地区的室外监测点及上海地区的办公室室外监测点，室外2代表上海地区民宅室外的监测点，北京地区未检测$PM_{2.5}$中As的含量。

从图6-8（a）可以看出，三地民宅和办公室室内外Pb浓度均远低于标准值，民宅和办公室室内Pb浓度均低于或接近室外浓度，表明室内Pb主要来源于室外。广州地区室外Pb浓度（198.0 ng/m^3）显著高于北京（66.5 ng/m^3）和上海地区（64.1 ng/m^3、71.5 ng/m^3），但民宅和办公室室内Pb浓度介于北京和上海地区之间或低于北京和上海地区，表明广州地区民宅和办公室室内受室外Pb污染影响的程度低于北京和上海地区。

从图6-8（b）可以看出，上海地区民宅和办公室室内外As浓度超标，其中民宅室内外As浓度分别为10.5 ng/m^{3}和11.6 ng/m^3，分别超标0.7和0.9倍；办公室室内外As浓度分别为10.0 ng/m^{3}和8.4 ng/m^3，分别超标0.7和0.4倍。广州地区室外、民宅和办公室室内As浓度分别为5.5 ng/m^3、5.5 ng/m^{3}和5.6 ng/m^3，虽均未超标，但非常接近标准值。上海地区民宅室内As浓度低于室外浓度但办公室室内As浓度高于室外浓度，表明民宅室内As主要来源于室外而办公室室内存在As的污染源。广州地区民宅和办公室室内外As浓度无显著差异，表明室内As主要来源于室外。

从图6-8（c）可以看出，上海地区民宅和办公室室内外Cd浓度超标，其中室外分别超标5.3和4.0倍，室内分别超标3.3和2.2倍，室外Cd超标较室内严重（Cd的I/O值<1.00），表明上海地区民宅和办公室室内的Cd主要来源于室外。北京和广州地区民宅和办公室室内外Cd浓度均未超标，室内Cd浓度低于或接近室外浓度，表明北京和广州地区民宅和办公室室内的Cd也主要来源于室外。

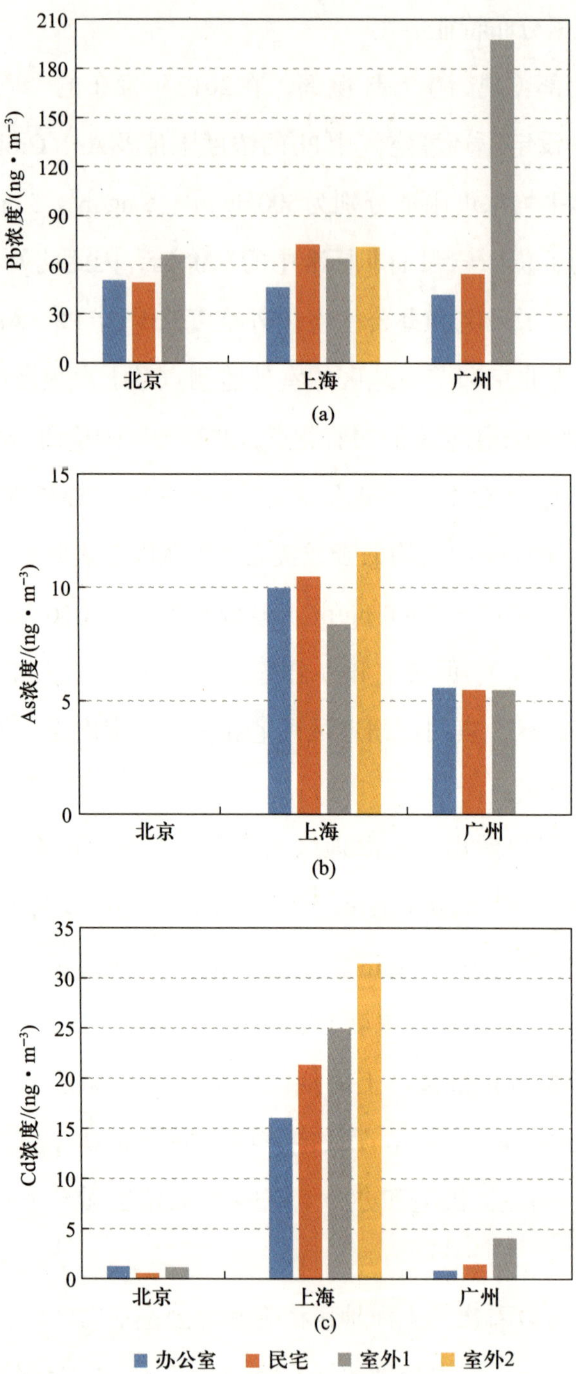

图6-8　民宅和办公室室内外空气$PM_{2.5}$中Pb（a）、As（b）和Cd（c）的年平均浓度

综上所述，北京和广州地区民宅和办公室室内外Pb、As（在北京地区未检测）和Cd浓度均未超标；上海地区民宅和办公室室内外Pb浓度未超标，但As和Cd浓度均超标。三地民宅和办公室室内的重金属元素主要来源于室外，上海地区办公室室内存在As的污染源。

6.2.4.2 室内外重金属元素相关关系

三地民宅和办公室$PM_{2.5}$中重金属元素的I/O值多数小于1.00，证明室内的重金属元素主要来源于室外，尤其是地壳元素，但部分重金属元素如Pb、As、Cd、Cr、Mn、V、Zn等也有较强的室内源，包括化石燃料燃烧、吸烟、打印等。在个别季节开窗通风频率较低时，室内源释放的重金属元素可能在室内积聚，导致其室内浓度高于室外（I/O值 > 1.00）。

第七章　室内空气 $PM_{2.5}$ 的暴露调查和健康风险评价

健康风险评价是一种将环境污染与人类健康联系起来的评价方法。它通过估计有害因素对人类不利影响的可能性，评价暴露对人体健康的影响。它的主要特征是使用危害度作为评价指标，将环境污染的程度与人类健康联系起来，并定量描述污染物对人类的健康风险。本章主要对环境健康风险的评价方法、暴露评价进行介绍，并且进行风险表征，确定特殊情况下某种健康危害程度或某种健康效应的发生概率，以办公室上班人群的暴露风险评价为例，对致癌风险进行相应评价。

7.1　环境健康风险评价方法

当前的环境健康风险评价方法主要由美国国家环境保护局（USEPA）建立和开发。1983年，美国国家科学院（NAS）出版了《风险评价在联邦政府：管理过程》，该书提出了风险评价的“四步法”：① 危害识别——鉴定化学物质是否对健康有害；② 剂量-效应关系——暴露与暴露造成的健康影响的因果关系；③ 暴露评价——将风险因素的方式、强度、频次及时间对人群或生态系统的影响进行评价及描述；④ 风险表征——有害效应发生的评价及描述，并对各部分都做了明确的定义。基于此，美国国家环境保护局制定并发布了一系列与风险评价有关的技术文件、准则和指南，包括1986年发布的《致癌风险评价指南》《致畸风险评价指南》《暴露风险评价指南》和1989年发布的《超级基金场地健康评价手册》等。目前，荷兰、法国、日本、中国及其他许多国家和国际组织，如经济发展与合作组织（OECD）和欧洲联盟（欧盟），正在采用这种评价方法。

1989年，美国国家环境保护局提出了一种健康风险评价方法（EPA/540/1-89/002），用于特定位置吸入的污染物，该方法于2009年进行了更新和调整（EPA-540-R-070-002）。该方法使用空气中化学物质的质量浓度作为暴露量（$\mu g/m^3$），在评价过程中使用暴露浓度，不再借助人体呼吸速率（IR）和体重（BW）得到的呼吸摄入率。

7.1.1 危害识别

危害识别是对有害后果的进一步确定，例如，根据污染物的理论特性和毒性数据确定特定污染物是否构成健康风险，以及是否具有致癌性。

根据$PM_{2.5}$成分分析，对人体有健康影响的成分主要是重金属（Cd、As、Ni、Pb）和多环芳烃。根据美国国家环境保护局综合风险信息系统（IRIS）和国际癌症研究机构（IARC）的相关研究成果，污染物被分为致癌物和非致癌物。在这项研究中，砷、镉、铅、镍、多环芳烃都是致癌物，污染物健康效应特征见表7-1。

表7-1　污染物健康效应特征

名称	CAS编号	癌症等级		效应组织或器官	关键效应
		IARC	IRIS		
砷	7440-38-2	1	A	肾、肺、膀胱、皮肤、肝脏	肾癌、肺癌、膀胱癌、皮肤癌、肝癌
镉	7440-43-9	1	B1	肺、泌尿系统	肺肿瘤、前列腺癌、肾癌、膀胱癌、乳腺癌、子宫癌
铅	7439-92-1	2B	B2	肾、生殖发育毒性	肾肿瘤、神经胶质瘤
镍	7440-02-0	2B	—	肺、呼吸系统	组织器官及体重减轻

续表

名称	CAS编号	癌症等级		效应组织或器官	关键效应
		IARC	IRIS		
苯并（*a*）芘	50-32-8	1	A	胃肠、呼吸系统	肺癌、胃癌、食道癌、基因毒性（包括染色体交换、DNA损伤等）、神经行为改变、胚胎/胎儿存活率降低

注：IARC为International Agency for Research on Cancer，国际癌症研究机构；
IRIS为Integrated Risk Information System，综合风险信息系统。

（1）砷

人体吸收的砷通过循环系统分布在各个组织和器官中，其中肝脏、肺和脑的含量较高。皮肤色素代谢异常、神经系统病变及心脑血管疾病是砷中毒的主要临床表现。色素高度沉着，角化过度和溃疡破裂是砷对皮肤造成损害的典型症状。近年来，国内外学者对皮肤角质化和致癌性进行了许多研究，并提出了多种致病机制，例如，抑制细胞间隙连接，异常细胞增殖，肿瘤抑制基因的异常表达和DNA氧化。砷对脑组织的损害是重要的毒性作用之一，主要临床表现为末梢神经炎症。砷主要通过影响中枢神经系统中神经递质浓度而发挥毒性作用。砷对心血管系统的损害在临床上主要表现为心电图异常和局部微循环障碍所造成的雷诺综合征、球结膜循环异常及心脑血管疾病等。一些学者已经在燃煤砷中毒患者的血清中测试了一氧化氮（NO）和内皮素（ET），其中NO随疾病的发作呈下降趋势，而ET呈上升趋势。砷中毒患者血管内皮功能的损害与血流的变化密切相关，血流变化越大，对内皮的损害就越严重。此外，砷暴露还可以导致机体肾脏、免疫系统、呼吸系统功能损伤。慢性砷接触可造成明显的肾脏病理改变。此外，肺是砷致癌作用的靶器官之一，研究表明，长期接触砷可能会增加患肺癌的风险。

（2）镉

镉主要蓄积于肾、肝脏和骨骼中，其慢性毒性主要表现为肾毒性和骨骼毒性。进入人体的镉诱导金属硫蛋白（MT）的合成并与之结合成Cd-MT，导致肾小管功能障碍，继而引发急性肾功能衰竭（ARF）等。从镉暴露引起人体肾脏损伤直至出现骨骼损伤（如痛痛病）是一个渐进过程，对应的尿镉含量分别为10 μg/g和30 μg/g。镉主要通过对钙信使系统的作用影响成骨过程并使正常骨代谢紊乱，从而导致骨质疏松、软化，然后发生萎缩、变形和骨折。此外，流行病学调查表明镉与某些神经系统疾病及儿童智力发育障碍相关，也可导致高血压、动脉粥样硬化、心肌病、血管内皮细胞损伤等心血管系统疾病发生。镉还可能增加肺癌、前列腺癌和睾丸癌的患病风险，国际癌症研究机构在1993年将镉定为确认致癌物。根据EEC和OECD致畸物的分类，镉亦属于潜在致畸物，胎盘是镉的致畸靶器官之一，镉可通过改变胎盘内各种酶的功能从而导致胚胎死亡、畸形的发生率上升。另外，镉与DNA直接或间接的作用使DNA损伤，并且在DNA修复过程中影响聚合酶和剪切酶活性，因此镉也具有潜在致突变效应。

（3）铅

铅主要对神经系统具有损伤作用，表现为神经衰弱和脑病认知缺陷，其可能导致在大脑发育的早期阶段使大脑发育缓慢或不健全，进而影响人的智力。儿童中枢神经系统还没有完全发育，因此对铅的敏感性更高。铅暴露除了导致上述毒理效应外，还会对免疫系统造成损伤。铅暴露可通过增加血液循环中B淋巴细胞的浓度和降低T淋巴细胞的浓度来影响细胞因子和抗原呈递细胞的代谢。

（4）镍

镍可以通过呼吸道、皮肤接触等多种途径进入人体，分布并蓄积在全身多个器官、组织，通过过度诱导细胞凋亡和抑制增殖来抑制免疫器官的发育，或通过与人的DNA结合、抑制某些酶的发生和诱导合成活性氧等行为，引起相应的功能障碍，对人体健康造成不良影响。镍通过呼吸道进入人体，作用于人肺上皮细胞，进而降低细胞活性和提高炎症相关蛋白的表达损伤线粒体，诱发呼吸道炎症。镍还可以与硫醇结合形成Ni—硫醇配合物进而与分子氧反应造成氧化应激。另外，镍在接近DNA处产生氢氧根与DNA碱基或脱氧核糖骨架反应，造成DNA的氧化损伤，进而诱导基因突变和癌症的发生。

（5）多环芳烃

多环芳烃（PAHs）是人类最早发现的致癌物之一。国际癌症研究机构已将多种PAHs及含PAHs的混合物归属为可能致癌物和确定致癌物。苯并（*a*）芘是致癌性多环芳烃中被研究得最多的一种，而且是致癌强度较高的物质之一，因此，通常将苯并（*a*）芘作为所有致癌性PAHs的指示物。PAHs在空气中主要以固态附着在颗粒物上，具有高度亲脂性，可经呼吸道、皮肤、消化道进入人体，经代谢后合成亲电性产物，与细胞内的DNA、RNA、蛋白质分子共价结合，使体细胞生物活性改变而导致肿瘤的发生。动物诱癌实验结果表明，苯并（*a*）芘、二苯并（*a*, *h*）蒽等7种空气中常可检出的PAHs为人类致癌物。人群流行病学研究也表明暴露含PAHs的混合物与肺癌的发生有确切的病因学联系。

7.1.2 剂量-效应关系

剂量-效应评价是通过人群研究或动物实验的资料，确定适合于人的剂量反应曲线，并由此计算出评价危险人群在某种暴露剂量下危险度的基准值，是对有害因子暴露水平与暴露人群肿瘤发生率之间的关系进行定量估算的过程，也是进行健康风险评价的定量依据。剂量-效应评价的主要内容包括确定剂量-效应关系、反应强度、种族差异、作用机制、接触方式、生活类型，以及环境中与之有关的其他化学物质的混合作用等。相关资料可以直接从环境流行病学调查及相关实验数据的基础上估算出来，但在一般情况下，很难得到完整的人群暴露资料，故选择敏感动物的实验资料，利用一定的模式外推到人群得出近似的人群剂量-效应关系。目前，基本采用毒理学传统的剂量-效应关系外推模型，也就是从动物向人外推时，采用体重、体表面积外推法或采用安全系数法。从高剂量向低剂量外推时，可选用威布尔模型、一次打击模型、多次打击模型、多阶段模型、生物药代动力学模型等多种模型。通过查阅《污染场地风险评估技术导则》（HJ 25.3—2014）、美国综合风险信息系统、美国能源部风险评价信息系统（RAIS，The Risk Assessment Information System）、美国国家环境保护局第3、6、9区分局“区域筛选值（Regional Screening Levels）总表”数据，得到$PM_{2.5}$主要毒害重金属（主要包括Pb、Cd、As）及多环芳烃的主要毒性参数，如表7-2所示。

表7-2　毒性参数

CAS编号	中文名称	参考浓度RfC/（mg·m^{-3}）		单位风险因子URF/（μg·m^{-3}）$^{-1}$	
		值	来源	值	来源
7440-38-2	砷	1.5×10^{-5}	OEHHA	4.3×10^{-3}	IRIS
7440-43-9	镉	1×10^{-4}	NATA	1.8×10^{-3}	IRIS
7439-92-1	铅	1.5×10^{-4}	NATA	1.2×10^{-5}	OEHHA
7440-02-0	镍	9×10^{-5}	NATA	2.6×10^{-4}	OEHHA
191-24-2	苯并（*g*, *h*, *i*）苝	—	—	6.0×10^{-4}	OEHHA

注：OEHHA为加利福尼亚州环境健康危害评估办公室；NATA为澳大利亚国家检测机构协会。

WHO根据化学品对人类的毒性将化学品分为1、2A、2B、3和4五个级别，分别代表致癌物、可能致癌物A类、可能致癌物B类、未确定有致癌性，以及确定为非致癌物。以上特征污染物，均为致癌物或可能致癌物。对于多环芳烃，可用16种有毒同系物的毒性当量浓度之和与B*a*P的毒性参数进行致癌风险的评价。

7.1.3　不确定性分析

通常采用蒙特卡罗（Monte Carlo）模拟方法进行定量不确定性分析。该方法利用服从某种分布的随机数来模拟不确定性变量在各种情况下所产生的结果，并以概率分布形式表示。首先，使用随机数生成器根据特定概率分布获得每个输入变量的值，并赋值给每个输入变量，使用计算模型计算每个输出变量，重复输入变量的值n次以获得n个输出变量的值，基于n个输出变量的数据获得概率分布。

（1）敏感性分析

敏感性分析用于评估健康风险评价模型中各输入变量对输出结果贡献的相对大小。其方法为改变模型一个输入变量的值，其他变量固定不变，分析该变量的变化对模型输出结果的影响，然后对各个输入变量重复该步骤，最终得出所有变量敏感性的比较结果。敏感性分析可用于确定关键的环境污染物，并确定暴露的关键途径和其他关键因素。

（2）变异性分析

当敏感性分析确定了对模型输出结果影响较大的关键因子时，变异性分析可用于评价关键因子的变化范围。

采用Crystal Ball风险模拟软件进行变异性分析和敏感性分析，结果如图7-1和图7-2所示。

本次健康风险评价的不确定性主要包括以下几个方面：

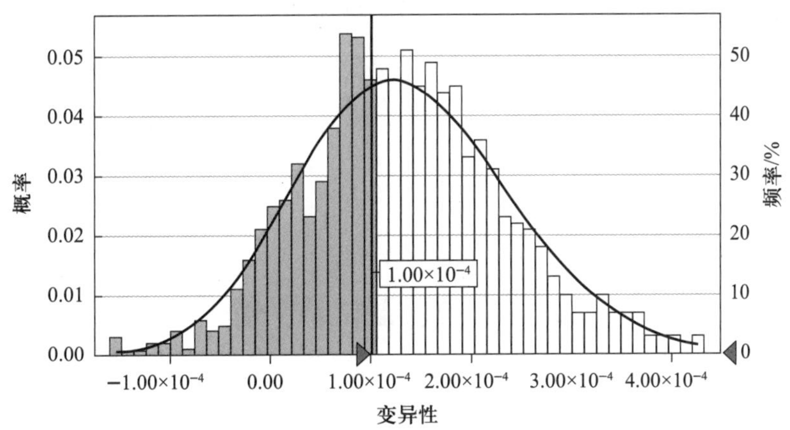

图7-1 蒙特卡罗模拟方法变异性分析

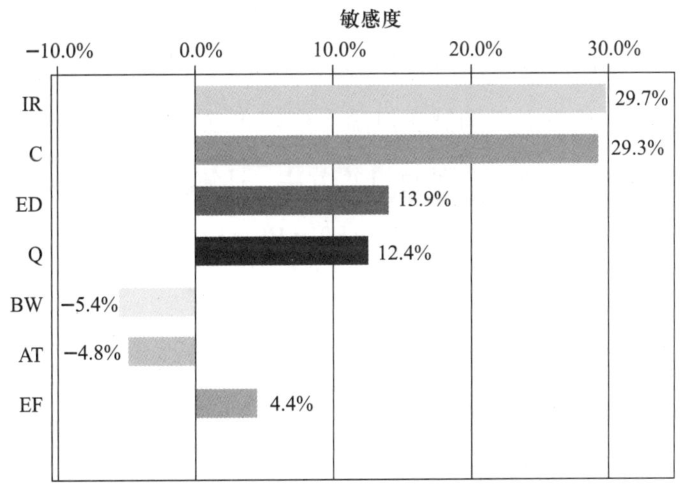

图7-2 敏感性分析

（1）暴露浓度的不确定分析

本次研究由于经费和采样时间等因素限制，在北京、上海、广州三个典型城市监测了民宅、办公室、室外等一定时间内的$PM_{2.5}$颗粒物。各单位分别开展采样监测工作。由于在采样期间北京、上海、广州大气质量状况、天气等环境条件不同，因此监测数据不能完全代表大气$PM_{2.5}$颗粒物的长期暴露情况，因此暴露浓度具有一定的不确定性。

（2）评价污染物的不确定性

根据$PM_{2.5}$主要成分，研究人员在健康风险评价中选择了数据库里收录的有吸入健康风险阈值或者癌症斜率因子的特征污染物作为重点评价对象；未监测的污染物未开展相关的健康风险评价。因此，这也是本次健康风险评价不确定性的来源之一。

7.2 暴露评价

7.2.1 暴露评价公式

$PM_{2.5}$通过呼吸道进入人体，经呼吸道摄入是人群暴露的主要途径。因此，健康风险评价主要考虑呼吸摄入的健康风险。经呼吸暴露剂量计算采用美国国家环境保护局2009年发布的经呼吸暴露浓度计算方法，计算公式为

$$\mathrm{EC_{inh}} = \frac{C_{\mathrm{air}} \times \mathrm{ET} \times \mathrm{EF} \times \mathrm{ED}}{\mathrm{AT_{inh}}} \tag{7-1}$$

式中：$\mathrm{EC_{inh}}$——污染物暴露浓度，μg/m^3；

C_{air}——空气中污染物浓度，μg/m^3；

ET——暴露时间，h/d；

EF——暴露频率，d/a；

ED——暴露持续时间，a；

AT_{inh}——经呼吸平均暴露时间，h。

变量赋值：

C_{air}——实测值；

ET——呼吸暴露时间，由时间活动模式确定；

EF——此参数与人类活动相关，最好通过实地考察和问卷调查取得；对于长期活动于暴露位置的人群来说，一般取值为365 d/a；

ED——终生暴露赋值70 a，非致癌风险评价是评价受体在暴露期间可能产生的健康损害，应小于或等于呼吸暴露的持续时间，美国国家环境保护局对它的推荐值为30 a；

AT_{inh}——非致癌效应平均暴露时间 AT_{nc}=30 a × 365 d/a × 24 h/d；

致癌效应平均暴露时间 AT_{ca}=70 a × 365 d/a × 24 h/d。

7.2.2 个体$PM_{2.5}$暴露浓度

采用跟踪问卷调查方式，研究不同特征人群在开展室内空气$PM_{2.5}$监测期间的人群时间-活动模式，形成特征人群的“微环境-时间分配”模式，不同微环境包括室内微环境（民宅、办公室、工厂、学校、娱乐场所等），交通微环境（私家车、公交车、地铁、步行、自行车等）和室外微环境（室外运动等）。

采取“微环境-时间分配”的方法，将在某一微环境中个体的每日暴露量定义为个体在此微环境中停留的时间ET_i，以及该微环境空气中$PM_{2.5}$吸附的毒害污染物浓度C_i，然后计算此个体在这若干个微环境i中暴露量的总和，即为个体的暴露量E，可以用公式（7-2）表示为

$$E=\sum_{i}^{n}\frac{C_i \times \mathrm{ET}_i \times \mathrm{EF} \times \mathrm{ED}}{\mathrm{AT}_{\mathrm{inh}}} \tag{7-2}$$

其中，以普通上班族人群为例，室内微环境主要包括休息场所（民宅）、工作场所

（办公室）及其他生活场所（如超市、娱乐场所、室内运动等），室外微环境主要为室外运动、公园散步、野外活动等；对于交通微环境（私家车、公交车、地铁、步行、自行车等），由于欠缺监测数据，因此可直接用室外空气$PM_{2.5}$吸附的毒害污染物来代替，即归为室外微环境部分计算；对于其他生活场所，也以非民宅的工作场所即办公室$PM_{2.5}$吸附的毒害污染物代替。

因此，可以通过微环境的平均污染物水平、不同微环境的平均分配时间为计算取值。

跟踪问卷主要考虑居民停留时间较长的场所，以及不同室外源、室内源和通风状况的影响，选取不同职业和年龄居民的主要活动、典型室内居住环境、个人健康状况进行问卷调查，并回忆记录前一周某一天在各种微环境中的活动时间分配。

7.2.3 人群时间-活动模式

广州人群时间-活动调查问卷显示，普通上班人群在民宅、办公室和室外三个场所的时间分配分别为（11.1 ± 2.4）h、（8.0 ± 3.0）h、（4.9 ± 3.7）h，分配比分别为46.3%、33.3%和20.4%（表7-3）。北京地区民宅、办公室和室外三个场所的时间分配分别为10.56 h、10.08 h、3.36 h，分配比分别为44.0%、42.0%和14.0%；上海地区人群时间-活动调查室外活动时间依据《中国人群暴露参数手册》（成人卷）推算。“中国人群分片区、年龄、城乡、性别的室外活动时间”华东地区城市（15 ~ 44岁、45 ~ 59岁）室外活动平均值为3.28 h，而民宅时间分配参考广州和北京平均值为10.84 h，办公室时间分配为9.88 h，民宅、办公室和室外分配比分别为45.2%、41.2%和13.6%。可以看出不同区域的人群时间-活动模式有显著差异，总体表现出室内活动时间比例普遍较大而室外活动时间比例较小的时间分配模式。

本研究室外活动时间与《中国人群暴露参数手册》（成人卷）分省和区域对中国人群分片区、年龄、城乡、性别的室外活动时间基本吻合，说明本研究使用的暴露时间参数较合理。

表7-3　调查区域普通上班族的人群时间-活动模式

地区	民宅/h	办公室/h	室外/h	参考文献
北京	10.56	10.08	3.36	吴鹏章等，2003
广州	11.1±2.4	8.0±3.0	4.9±3.7	本研究
上海	10.84	9.88	3.28	依据《中国人群暴露参数手册》（成人卷）推算

7.3 风险表征

风险表征基于对危害识别、暴露评价、剂量-效应评价结果的全面分析，估算人群在不同的接触条件下，可能导致的健康危害程度或某种健康效应的发生概率。由于不确定性贯穿于风险评价的整个过程，因此风险表征的内容应包括对评价结果的不确定性分析。健康风险评价中的不确定性可主要分为暴露情景不确定性（scenario uncertainty）、模型不确定性（model uncertainty）和参数不确定性（parameter uncertainty）。

传统的“四步法”侧重参数不确定分析，包括定量和定性分析。在定量分析方面，蒙特卡罗模拟方法能够有效地解决风险评价中的随机性和不确定性问题。它可根据变量或参数已知的概率分布值的重复计算来产生计算结果的概率分布，在确定各个随机变量统计分布的基础上，可简单、方便地求取模型的不确定性和随机性。当定量不确定性分析不可能或不必要时，一般采用定性分析。模糊集理论（fuzzy set）为目前广泛应用的定性分析方法，主要用来解决具有模糊性而不只是随机性的不确定性问题，采用隶属度而非概率表示结果的可能性。

相比参数不确定性，暴露情景和模型不确定性分析较困难，目前还没有形成系统的暴露情景、模型不确定性分析方法。但也有部分研究人员对此进行了探索，提出一种综合了蒙特卡罗模拟方法、秩相关系数及决策标准的模型不确定性分析方法，对风险评价中如何筛选模型和降低模型不确定性进行了研究；用自展抽样（bootstrap）和双自展抽样（bootstrap-after-bootstrap）方法分析了大气污染死亡率研究中的模型不确定性。根据不确定性的不同来源，提出了“情景-模型-参数法”（scenario-model-parameter，SMP），SMP考虑了情景、模型和参数三种来源的不确定性，包括6个步骤：识别毒性效应和终点、识别相关暴露情景、发展剂量模型、评价暴露、剂量和风险、进行不确定性分析、表征风险。

通过计算得到的暴露量及污染物的毒性基准，来计算每一个暴露场景的致癌风险和非致癌风险，从而对每个暴露场景的每个受体类型的总风险进行评价。

评价受体暴露于污染物的致癌风险就是计算这类受体的个体在暴露期间或暴露后发展为癌症的概率。在致癌风险评价中，通常使用致癌污染物的致癌斜率因子（cancer slope factor，CSF）或单位风险因子（unit risk factor，URF）来评价人体发展为癌症的概率，并以此作为一个特殊水平下的特征污染物的暴露结果。例如，1×10^{-5}的致癌风险的解释是，对于一个受体个体而言，在其整个生命过程（寿命）中，他患癌症的概率为1×10^{-5}。如果对于一个群体来说，那么也可以解释为，在研究区域内，每100 000个人中，有一个人会患癌症。致癌斜率因子是以剂量为基准的剂量-效应关系的斜率，是指受体（包括敏感亚群）在终生暴露（摄入、皮肤接触）于该剂量水平化学物质的条件下，其致癌概率（95%的置信区间）上升的最大可能性。而单位风险因子是以浓度为基准的浓度-效应关系的斜率，即呼吸致癌斜率因子，代表受体（包括敏感亚群）在终生暴露（摄入、皮肤接触）于该剂量水平（以1 g/m^3为基准）化学物质的条件下，其致癌概率（95%的置信区间）上升的最大可能性。

评价受体暴露于细颗粒物的非致癌风险，不是一个概率值，而是一个比值，是受体在研究区域内的暴露值相对于暴露限值（参考剂量RfD或者参考浓度RfC）的比值。对于摄入暴露及皮肤暴露评价，使用参考剂量；对呼吸暴露评价，则使用参考浓度。RfD或者RfC是一种不确定的估计值，由美国国家环境保护局首先提出，用于非致癌物的危险度评价。它是环境介质（空气、水、土壤等）中化学物质的日平均接触剂量的估计值。人群（包括敏感亚群）在终生接触该剂量水平化学物质的条件下，预期一生中发生非致癌或非致突变有害效应的危险度可低至不能检出的程度。本研究采用美国国家环境保护局推荐的评价方法，对呼吸暴露评价使用参考浓度计算人群暴露健康风险。

7.3.1 风险判定标准

对于无阈健康风险，美国国家环境保护局提出，除非有明确的证据表明多种特征污染物具有相互作用，否则各种致癌物的致癌风险应加和为总风险后进行评价。而对于大多数国家和地区来说，总风险低于1.0×10^{-6}，被认为是可接受的或者说这一风险是可忽略的。虽然这个判定标准是一个没有得到最终论证的绝对值，但是它依然是被业内多数学者认可的参考值。美国国家环境保护局认为，当风险值高于1.0×10^{-4}时，就应找出主要的风险贡献来源，对贡献来源进行论证后，项目建设单位必须提出最佳可行的风险管理策略，以降低风险值至可接受的范围。

对于有阈健康风险，美国国家环境保护局认为，当某暴露场景总的非致癌风险危害商（HQ）小于或等于1时，意味着受体不会产生非致癌性的健康损害。若非致癌风险危害商（HQ）大于1，则说明污染物很可能对指定受体产生非致癌健康损害，并且HQ越大，产生非致癌健康损害的可能性就越大。因此推荐可接受危害指数1作为判定标准，即$HQ\leq1$时，属于可接受风险水平；若$HQ>1$，则表示风险不可接受。

7.3.2 致 癌 风 险

对于无阈化合物，通过吸入途径暴露的致癌风险公式为

$$R_{inh}=EC_{inh}\times URF \tag{7-3}$$

式中：R_{inh}——污染物暴露途径的终生致癌风险，量纲为1；

EC_{inh}——污染物暴露浓度，μg/m³；

URF——污染物暴露的单位风险因子，（μg/m³）$^{-1}$。

总暴露的致癌风险的计算：

一般说来，在研究区域内，一个受体受到多种特征污染物的暴露，所以，每个受体在单一途径上受到所有特征污染物暴露的致癌风险的总风险为

$$R_{inh(T)} = \sum_{i} R_{inh(k)} \tag{7-4}$$

污染物单位风险因子URF由美国国家环境保护局综合风险信息系统和美国能源部风险评价信息系统检索得到，毒性参数见表7-2。

7.3.3 有阈健康风险

对于有阈化合物，通过吸入途径暴露的非致癌风险危害商为

$$HQ_{inh} = \frac{EC_{inh}}{RfC \times 1\,000} \tag{7-5}$$

式中：HQ_{inh}——污染物暴露吸入途径的非致癌风险危害商，量纲为1；

EC_{inh}——污染物暴露浓度，μg/m³；

RfC——污染物暴露的参考浓度，mg/m³；

RfC——污染物暴露的参考浓度，由《污染场地风险评估技术导则》（HJ 25.3—2014）、美国国家环境保护局综合风险信息系统和美国能源部风险评价信息系统检索得到，毒性参数见表7-2。

同一受体的同一途径的所有特征污染物产生的非致癌风险危害指数（HI），是不同特征污染物在同一途径上对同一受体类型的非致癌风险危害商（HQ）的加和，即

$$HI_{inh(T)} = \sum_{i} HQ_{inh(k)} \tag{7-6}$$

式中：k——不同的特征污染物。

7.4　办公室上班人群的暴露风险评价

7.4.1　致癌金属和多环芳烃呼吸暴露量

基于$PM_{2.5}$中主要金属的浓度，依据暴露评价模型，计算出呼吸暴露途径的暴露量。由表7-4和图7-3可以看出北京地区多环芳烃暴露浓度显著高于广州和上海地区。而相对于北京和上海地区，广州地区金属暴露浓度较高。Pb比其他金属的暴露浓度高。各地区民宅与办公室的金属和PAHs呼吸暴露浓度贡献远大于室外，并且贡献率在60%以上，说明民宅、办公室等室内环境洁净程度和$PM_{2.5}$浓度高低对人群健康有重要影响，室内环境颗粒物污染不容忽视。

表7-4　办公室人群的金属和多环芳烃呼吸暴露浓度　　单位：ng/m³

地区	场所	Ni	As	Cd	Pb	PAHs
北京	民宅	0.90	—	0.33	9.65	2.55
	办公室	1.96	—	0.35	13.67	5.88
	室外	0.52	—	0.03	1.57	2.11
	合计	3.38	—	0.71	24.89	10.53
上海	民宅	4.52	4.46	7.85	23.61	0.43
	办公室	2.94	4.30	6.66	19.81	0.39
	室外	3.07	1.35	3.38	10.04	0.95
	合计	10.53	10.11	17.89	53.46	1.77
广州	民宅	12.99	2.38	0.45	20.67	0.26
	办公室	4.73	0.97	0.51	11.45	0.33
	室外	5.78	1.02	0.27	40.16	0.25
	合计	23.50	4.37	1.23	72.28	0.84

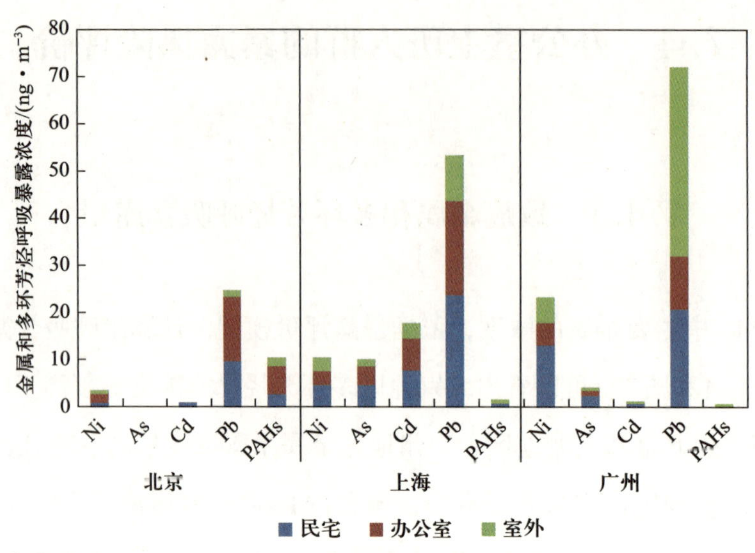

图7-3 办公室人群的金属和多环芳烃呼吸暴露浓度

7.4.2 非致癌风险

根据美国国家环境保护局推荐的可接受危害指数1作为判定标准，北京、上海、广州地区的Cd、Ni、Pb、As非致癌风险危害商（HQ）的计算结果见表7-5，结果显示Cd、Ni、Pb、As非致癌风险危害商均小于1，不同地区办公室人群呼吸暴露非致癌风险是可以接受的。

表7-5 不同地区办公室人群的呼吸暴露非致癌风险危害商（HQ）

地区	场所	Ni	As	Cd	Pb
北京	民宅	0.010	—	0.003	0.064
	办公室	0.022	—	0.003	0.091
	室外	0.006	—	0.001	0.010
	合计	0.038	—	0.007	0.166

续表

地区	场所	Ni	As	Cd	Pb
上海	民宅	0.050	0.030	0.079	0.157
	办公室	0.033	0.029	0.067	0.132
	室外	0.034	0.009	0.034	0.067
	合计	0.117	0.067	0.179	0.356
广州	民宅	0.144	0.016	0.004	0.138
	办公室	0.053	0.006	0.005	0.076
	室外	0.064	0.007	0.003	0.268
	合计	0.261	0.029	0.012	0.482

7.4.3 致癌风险评价

由各元素单位风险因子和暴露浓度，得出呼吸暴露致癌风险值（R），见表7-6，结果表明三地Ni、As、Cd、Pb、PAHs致癌风险均小于致癌风险阈值，为可接受水平。

表7-6 不同地区办公室人群的呼吸暴露致癌风险值（R）

地区	场所	Ni	As	Cd	Pb	PAHs
北京	民宅	4.68×10^{-7}	—	1.19×10^{-6}	2.32×10^{-7}	3.06×10^{-6}
	办公室	1.02×10^{-6}	—	1.24×10^{-6}	3.28×10^{-7}	7.05×10^{-6}
	室外	2.70×10^{-7}	—	1.08×10^{-7}	3.76×10^{-8}	2.53×10^{-6}
	合计	1.76×10^{-6}	—	2.54×10^{-6}	5.98×10^{-7}	1.26×10^{-5}
上海	民宅	2.34×10^{-6}	3.84×10^{-5}	2.83×10^{-5}	5.66×10^{-7}	5.10×10^{-7}
	办公室	1.53×10^{-6}	3.70×10^{-5}	2.40×10^{-5}	4.76×10^{-7}	4.68×10^{-7}
	室外	1.60×10^{-6}	1.16×10^{-5}	1.22×10^{-5}	2.40×10^{-7}	1.13×10^{-6}
	合计	5.47×10^{-6}	8.71×10^{-5}	6.45×10^{-5}	1.28×10^{-6}	2.11×10^{-6}

续表

地区	场所	Ni	As	Cd	Pb	PAHs
广州	民宅	6.75×10^{-6}	2.04×10^{-5}	1.60×10^{-6}	4.96×10^{-7}	3.06×10^{-7}
	办公室	2.46×10^{-6}	8.34×10^{-6}	1.82×10^{-6}	2.75×10^{-7}	3.96×10^{-7}
	室外	3.00×10^{-6}	8.73×10^{-6}	9.72×10^{-7}	9.64×10^{-7}	2.94×10^{-7}
	合计	1.22×10^{-5}	3.75×10^{-5}	4.40×10^{-6}	1.74×10^{-6}	9.96×10^{-7}
致癌风险阈值		$10^{-6}\sim10^{-4}$	$10^{-6}\sim10^{-4}$	$10^{-6}\sim10^{-4}$	$<10^{-6}$	$<10^{-4}$

第八章　室内空气$PM_{2.5}$浓度的预测评估

本章通过蒙特卡罗模拟方法验证了$PM_{2.5}$不同来源贡献模型的可靠性，并确定了颗粒物穿透系数估算方法的正确性。基于$PM_{2.5}$不同来源贡献模型和颗粒物穿透系数估算方法，依据室内颗粒物质量守恒的原理，考虑室外源及室内源对室内颗粒物浓度水平的影响，同时加入颗粒物动力学特征，包括沉降及再悬浮，开发了室内颗粒物预测评估软件，计算得出室内颗粒物的浓度值。

8.1　室内空气$PM_{2.5}$不同来源的贡献研究

用于分析室内外空气$PM_{2.5}$来源对室内空气$PM_{2.5}$贡献的方法主要有：① 人群暴露测量和统计模型，其主要用在流行病学研究中，通过大规模测试，利用统计回归的方法分析室外污染对室内污染的贡献；② 室内受体源解析模型，该方法从大气颗粒物源解析方法中借鉴而来，室内颗粒物污染源的成分谱目前仍不完善；③ 室内质量平衡模型，该方法基于室内质量平衡这一物理事实。在研究空气颗粒物室内外关系时，可使用室内外换气次数、颗粒物穿透系数和沉降系数三个参数来定量表示社会人群、房屋类型、通风条件、季节等因素的影响。该方法已被广泛应用于各种污染物（不限于细颗粒物）的来源贡献分析。本研究利用第三种方法来解析室内不同$PM_{2.5}$来源的贡献。

8.1.1 室内空气$PM_{2.5}$不同来源贡献的模型分析

室内空气$PM_{2.5}$既包含室外颗粒物经过自然通风、机械通风及渗透进入室内的部分，也包含室内源产生的部分，如吸烟、烹饪等，还包含室内产生的二次有机颗粒物（SOA）。为了更加科学有效地控制室内空气$PM_{2.5}$浓度，必须了解不同颗粒物来源的贡献，以此来制定合理的措施，争取从源头控制室内空气$PM_{2.5}$污染。以北京市民宅为例，本研究分析了室内、室外、二次有机颗粒物对室内空气$PM_{2.5}$的贡献。根据稳态的质量平衡方程，可得到如下室内空气$PM_{2.5}$的浓度关系式：

$$C_{in}=\frac{\lambda\times p}{(\lambda+\beta_{PM})}C_{out}+\frac{\dot{S}}{(\lambda+\beta_{PM})}+\frac{\dot{S}_{SOA}}{(\lambda+\beta_{PM})} \tag{8-1}$$

式中：C_{in}——室内空气$PM_{2.5}$浓度，μg/m^3；

C_{out}——室外空气$PM_{2.5}$浓度，μg/m^3；

p——$PM_{2.5}$的穿透系数；

λ——换气次数，h^{-1}；

β_{PM}——$PM_{2.5}$沉降系数，h^{-1}；

$\dot{S}$——室内单位时间$PM_{2.5}$的发生浓度，μg/（h·m^3）；

$\dot{S}_{SOA}$——单位时间二次有机颗粒物的发生浓度，μg/（h·m^3）。

研究结果表明，室外颗粒物是我国室内空气$PM_{2.5}$的主要来源。在开窗时，室外颗粒物的贡献为90%以上；在关窗时，它的贡献为53%～63%；室内颗粒物源的贡献为4%～46%，其受开关窗行为影响较大；SOA的贡献始终较小，均在3%以下，如表8-1所示。

其中，70%以上的民宅室外空气$PM_{2.5}$对室内空气$PM_{2.5}$的贡献超过90%，室内产生的$PM_{2.5}$对室内空气$PM_{2.5}$的贡献在60%以下，SOA对室内空气$PM_{2.5}$的贡献较小，不足10%，如图8-1所示。这说明对室内空气$PM_{2.5}$的防控还是要以去除室外源$PM_{2.5}$为主。

表8-1　室内空气$PM_{2.5}$不同来源的贡献分析

开/关窗	季节	可反应气态有机物	室内空气$PM_{2.5}$浓度/（μg·m^{-3}）				室外空气$PM_{2.5}$浓度/（μg·m^{-3}）	不同来源贡献		
			C_{in}	C_{SOA}	C_{in-in}	C_{in-out}		SOA	室内	室外
关窗	夏	平均	42.63	0.14	19.34	23.16	76	0.32%	45.36%	54.32%
		最大	42.89	0.40	19.34	23.16		0.92%	45.09%	53.99%
		最小	42.50	0.00	19.34	23.16		0.00%	45.51%	54.49%
	冬	平均	51.68	0.04	19.34	32.30	106	0.08%	37.42%	62.50%
		最大	51.76	0.12	19.34	32.30		0.24%	37.36%	62.40%
		最小	51.64	0.00	19.34	32.30		0.00%	37.45%	62.55%
	春/秋	平均	43.20	0.09	19.34	23.77	78	0.20%	44.77%	55.02%
		最大	43.37	0.26	19.34	23.77		0.60%	44.60%	54.81%
		最小	43.11	0.00	19.34	23.77		0.00%	44.86%	55.14%
开窗	夏	平均	70.29	0.72	3.85	65.71	76	1.02%	5.48%	93.49%
		最大	71.51	1.94	3.85	65.71		2.72%	5.39%	91.90%
		最小	69.57	0.00	3.85	65.71		0.00%	5.54%	94.46%
	冬	平均	95.74	0.24	3.85	91.65	106	0.25%	4.02%	95.73%
		最大	96.14	0.63	3.85	91.65		0.66%	4.01%	95.34%
		最小	95.51	0.00	3.85	91.65		0.00%	4.03%	95.97%
	春/秋	平均	71.77	0.47	3.85	67.44	78	0.66%	5.37%	93.97%
		最大	72.56	1.27	3.85	67.44		1.75%	5.31%	92.94%
		最小	71.30	0.00	3.85	67.44		0.00%	5.40%	94.60%

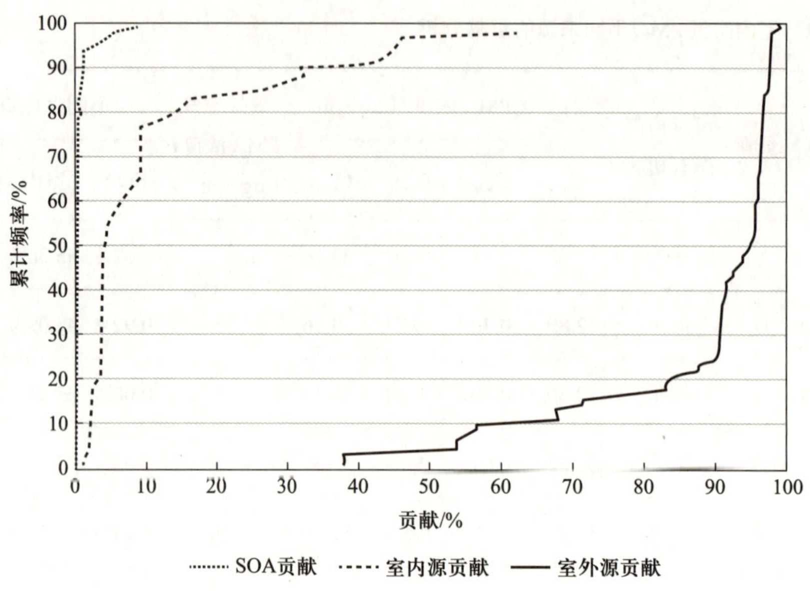

图8-1 所有测试民宅的室内空气$PM_{2.5}$来源贡献的累计分布

8.1.2 模型应用与实验验证

根据室内空气$PM_{2.5}$不同来源的贡献模型，穿透系数是表示室外空气$PM_{2.5}$对室内贡献的决定参数。由此，根据室内空气$PM_{2.5}$贡献模型，我们利用蒙特卡罗模拟方法计算了北京市$PM_{2.5}$的穿透系数。同时，我们对北京市民宅进行了入户测试，共采集了88组民宅室内外空气$PM_{2.5}$样品，并测试了其浓度和颗粒物成分。根据对实验结果的分析，Fe元素由于没有室内源且粒径分布与北京市$PM_{2.5}$粒径分布结果相近，被认为是适用于我国室外颗粒物的示踪元素。根据示踪元素的实验结果，我们计算了北京市民宅室外$PM_{2.5}$的穿透系数。模拟结果与实验结果如表8-2所示。

表8-2 室外空气$PM_{2.5}$穿透系数的模拟结果与实验结果对比

结果	蒙特卡罗模拟	实验
中位数	0.47	0.47
平均值	0.48	0.49
方差	0.06	0.25

实验结果与模拟结果的中位数完全一致，平均值也十分相近，而实验结果的方差大于模拟结果的方差，这是由于实验结果是基于北京市88组民宅的结果得到的，而模拟结果则是基于10 000次（即等同于10 000组民宅）模拟的结果得到的，故模拟结果的方差要远小于实验结果的方差。我们根据以上结果，验证了室内空气$PM_{2.5}$不同来源贡献模型的可靠性。

8.2 颗粒物穿透系数估算方法研究

由于我国室外颗粒物污染十分严重，因此室内颗粒物的一个重要来源就是室外颗粒物。室外颗粒物需穿过围护结构才可进入室内，因此颗粒物穿透系数是衡量室外颗粒物进入室内的浓度及制定相应控制措施的重要参数之一。项目组成员根据颗粒物的穿透特性，提出了可供实际工程应用的颗粒物穿透系数估算方法，步骤如下。

步骤一：测量建筑开口（门、窗等）的形状大小；

步骤二：估算建筑缝隙高度h_i(m)；

$$h_i=\begin{cases}\dfrac{H_iW_iC_e}{20\,000\left(H_i+W_i\right)}, & \text{当}C_e\text{单位为cm}^2/\text{m}^2\text{时；}\\[2ex] \dfrac{2\left(H_i+W_i\right)C_e}{20\,000\left(H_i+W_i\right)}, & \text{当}C_e\text{单位为cm}^2/\text{lmc时；}\end{cases} \tag{8-2}$$

其中H_i、C_e和W_i分别为缝隙高度（m）、缝隙有效面积系数（cm^2/m^2或cm^2/lmc）和缝隙宽度（m）。此缝隙高度并非真实的缝隙高度，但是可以在一定程度上表示缝隙复杂结构和粗糙度的特征，可称为一个当量缝隙高度。

步骤三：计算建筑缝隙总面积A(m^2)及缝隙内平均风速u_m(m/s)

$$A=\sum_{i=1}^{m}A_i=\sum_{i=1}^{m}h_i\left(H_i+W_i\right) \tag{8-3}$$

$$u_{m} = \frac{aV}{3\,600A} \tag{8-4}$$

式中：A_i是某一个围护结构单元的缝隙面积（m^2）；a、V分别是换气次数（h^{-1}）和房间体积（m^3）。

步骤四：计算颗粒物穿透系数

图8-2和图8-3为实验值和模拟值的对比，可以看到，对于粒径为0.5～6 μm的颗粒物，实验值和模拟值较符合。对于7 μm以上的颗粒物，实验值为0，模拟值为0～0.2。由于这个粒径范围的室内浓度非常低，因此造成相对误差的可能性较小。

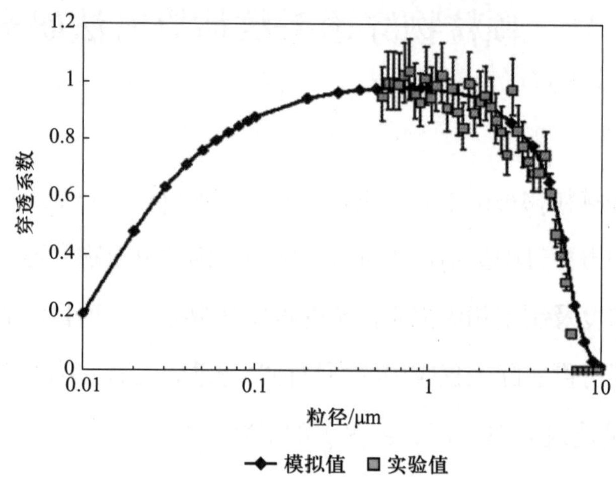

图8-2　典型办公室穿透系数研究结果

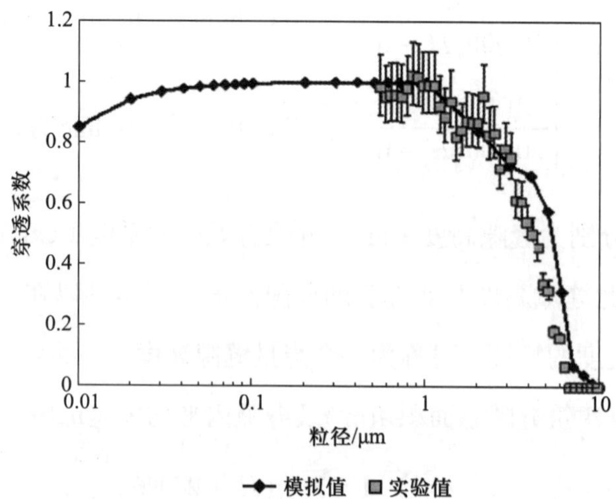

图8-3　典型宿舍穿透系数研究结果

8.3 室内空气 $PM_{2.5}/PM_{10}$ 浓度预测评估软件的研发

8.3.1 软件技术方法及框架的介绍

通过前述两小节的研究，项目组确定了室内空气 $PM_{2.5}$ 主要来源于室外，并且确定了室外向室内传输的关键参数——$PM_{2.5}$ 穿透系数。依据室内颗粒物质量守恒的原理，考虑室外源及室内源对室内颗粒物浓度水平的影响，同时加入颗粒物动力学特征，包括沉降及再悬浮，项目组开发了室内颗粒物预测评估软件，计算得出稳态情况下室内颗粒物的浓度值。并将结果中的颗粒物浓度值与相关标准进行比较。若其超标，则软件会通过计算给出建议的净化器最小风量，以使室内的颗粒物浓度符合相关标准。

相关系数说明：

C_C——由滑移引起的库宁汉（Cunningham）修正系数，量纲为1；

λ——空气分子的平均自由程（1 atm，20℃时，其值为0.066 7 μm）；

d_p——颗粒直径，μm；

τ_p——颗粒松弛时间，s；

ρ_p——颗粒密度，kg/m^3；

μ——分子动力黏度，Pa · s；

z——缝长，m；

V_s——重力沉降速度，m/s；

D——颗粒的布朗扩散系数，量纲为1；

k_B——玻尔兹曼常数（$k_B=1.38\times10^{-23}$ J/K）；

T——空气的热力学温度，K；

Stk——斯托克斯数，量纲为1；

ε_i——颗粒去除效率，量纲为1；

计算颗粒物围护结构穿透系数。

由式（8-2）计算建筑缝隙高度 h_i

计算由重力沉降引起的颗粒穿透系数 P_g

$$C_C = 1 + \frac{\lambda}{d_p}\left[2.514 + 0.8 \times \exp\left(-0.55\frac{d_p}{\lambda}\right)\right] \tag{8-5}$$

$$\tau_p = \frac{C_C \rho_p d_p^2}{18\mu} \tag{8-6}$$

$$V_s = \tau_p g \tag{8-7}$$

$$P_g = 1 - \frac{z}{h_i}\frac{V_s}{u_m} \tag{8-8}$$

计算由布朗扩散引起的颗粒穿透系数 P_d

$$D = \frac{k_B T C_C}{3\pi\mu d_p} \tag{8-9}$$

$$\phi = \frac{4Dz}{h^2 u_m} \tag{8-10}$$

$$P_d = 0.915\exp(-1.885\phi) + 0.0592\exp(-22.3\phi) + 0.026\exp(-152\phi) \tag{8-11}$$

计算由惯性碰撞引起的颗粒穿透系数 P_i

$$\mathrm{Stk} = \frac{\rho_p d_p u_m C_C}{9\mu h} \tag{8-12}$$

$$P_i = 1 - \varepsilon_i \tag{8-13}$$

计算Stk，按图8-4推出 ε_i

计算水平缝 P_h 和竖直缝 P_v 的穿透系数

$$P_h = P_g \times P_d \times P_i \tag{8-14}$$

$$P_v = P_d \times P_i \tag{8-15}$$

计算所有缝的总穿透系数 P

$$P = \frac{\sum_{i=1}^{m_h} A_i P_{h,i} + \sum_{i=1}^{m_v} A_i P_{v,i}}{A} \tag{8-16}$$

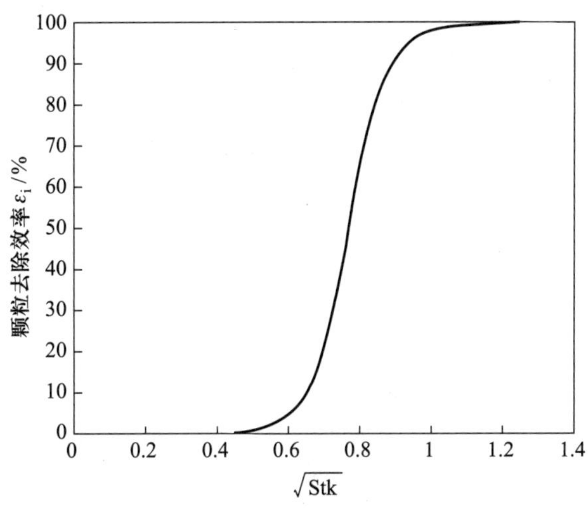

图8-4 $\sqrt{Stk}$值与颗粒去除效率曲线图

建筑相关参数：

用户输入房间内维护结构的高、宽、厚、数量、种类，以及室温、换气次数、房间面积和层高。用户可自定义粒径范围，输出完整的粒径分布并给出图线。预设围护结构的等效缝隙面积系数见表8-3，另外可自定义围护结构。

表8-3 围护结构的等效缝隙面积系数

围护结构类型	单位	等效缝隙面积系数
石材门框（非防漏）	cm^2/m^2	5
石材门框（防漏）	cm^2/m^2	1
木材门框（非防漏）	cm^2/m^2	1.7
木材门框（防漏）	cm^2/m^2	0.3
门侧框	cm^2/lmc①	8
门槛	cm^2/lmc	2
石材窗框（非防漏）	cm^2/m^2	6.5
石材窗框（防漏）	cm^2/m^2	1.3
木材窗框（非防漏）	cm^2/m^2	1.7
木材窗框（防漏）	cm^2/m^2	0.3
平开窗（非防漏）	cm^2/lmc	0.24

续表

围护结构类型	单位	等效缝隙面积系数
平开窗（防漏）	cm^2/lmc	0.28
双层推拉窗（无挡风条）	cm^2/lmc	1.1
双层铝制推拉窗（有挡风条）	cm^2/lmc	0.72
双层木制推拉窗（有挡风条）	cm^2/lmc	0.55
单层推拉窗（有挡风条）	cm^2/lmc	0.67
单层铝制推拉窗（无挡风条）	cm^2/lmc	0.8
单层木制推拉窗（无挡风条）	cm^2/lmc	0.44
单层复合板推拉窗（无挡风条）	cm^2/lmc	0.64

① lmc为每米缝隙。

简易计算室内颗粒物浓度：

计算原理：

$$\frac{\mathrm{d}C_{\mathrm{in}}}{\mathrm{d}t}=aPC_{\mathrm{out}}+n(1-\eta)C_{\mathrm{out}}+\frac{\dot{m}_{\mathrm{source}}}{V}+\frac{RLA}{V}-(a+n)C_{\mathrm{in}}-KC_{\mathrm{in}}-\eta_{\mathrm{r}}n_{\mathrm{r}}C_{\mathrm{in}} \quad (8\text{-}17)$$

式中：n为抽油烟机换气率（h^{-1}），η为去除效率，$\dot{m}_{\mathrm{source}}$为室内颗粒物源（μg/m^3），$R$为颗粒的二次悬浮率（mg/cm^2），$L$为地板颗粒质量负载率（mg/cm^2），$A$为地板面积（m^2），$K$为沉降率，$\eta_{\mathrm{r}}$为入口颗粒物占比，$n_{\mathrm{r}}$为空调换气率（$\mathrm{h}^{-1}$）。

浓度计算时将颗粒物分为$PM_{2.5}$和$PM_{2.5\text{-}10}$来计算，PM_{10}浓度为$PM_{2.5}$浓度与$PM_{2.5\text{-}10}$浓度之和。

室外浓度：选择大气污染等级或者自定义PM值。空气质量分指数及对应的污染物浓度限值见表8-4，表中数据取自《环境空气质量指数（AQI）技术规定（试行）》（HJ 633—2012）。

机械通风：通风类型可选择抽油烟机、空调或不使用机械通风。当用户选择使用抽油烟机或空调时，忽略穿透效果，即计算中认为P等于0。选择抽油烟机，用户需要输入换气率即式中n。选择空调，用户需要自己输入$PM_{2.5}$和PM_{10}的过滤效率及新风比。

表8-4　空气质量分指数及对应的污染物浓度限值

空气质量分指数（IAQI）	污染物浓度限值（mg/m^3）					
	SO_2（日平均值）	NO_2（日平均值）	PM_{10}（日平均值）	CO（小时平均值）	O_3（小时平均值）	$PM_{2.5}$（日平均值）
0	0	0	0	0	0	0
50	0.05	0.04	0.05	5	0.16	0.035
100	0.15	0.08	0.15	10	0.2	0.075
200	0.8	0.28	0.35	60	0.4	0.15
300	1.6	0.565	0.42	90	0.8	0.25
400	2.1	0.75	0.5	120	1	0.35
500	2.62	0.94	0.6	150	1.2	0.5

沉降率K：$PM_{2.5}$=0.09 h^{-1}；$PM_{2.5-10}$=4 h^{-1}

穿透系数P：$PM_{2.5}$=0.8 h^{-1}；$PM_{2.5-10}$=0.3 h^{-1}

颗粒的二次悬浮率R：$PM_{2.5}$=5.93 × 10^{-6} h^{-1}；PM_{10}=1.024 3 × 10^{-4} h^{-1}

地板颗粒质量负载率L：用户输入“地板颗粒质量负载率”或选择“不考虑颗粒再悬浮”。

室内源：用户自定义。

输出结果：输出$PM_{2.5}$和PM_{10}室内浓度，并判断是否达标。$PM_{2.5}$标准为35 μg/m^3，取自《环境空气质量标准》（GB 3095—2012）中的$PM_{2.5}$二级年平均浓度限值；PM_{10}标准为150 μg/m^3，取自《室内空气质量标准》（GB/T 18883—2002）。若其不达标，则给出空气净化器建议CADR值［即空气净化器每分钟产生的洁净空气量（单位为m^3/min），代表去除空气污染物的能力］，计算公式：

$$\frac{dC_{in}}{dt}=aPC_{out}+n(1-\eta)C_{out}+\frac{\dot{m}_{source}}{V}+\frac{RLA}{V}-(a+n)C_{in}-KC_{in}-\eta_r n_r C_{in}-\frac{\text{CADR}\times 60\times C_{in}}{V}=0 \quad (8-18)$$

式中，$PM_{2.5}$和PM_{10}的两条公式分别取C_{in}相应的标准值代入上式，得到对应的两个CADR值。输出较大的CADR值。

因此可以进行室内浓度的模拟计算。

输出结果：输出用户自定义粒径范围内，不同粒径对应的室内颗粒物浓度至excel表格；

室外浓度：用户导入室外颗粒物按粒径浓度分布的excel表格；

机械通风：可选择抽油烟机或空调（若选择空调，则用户需要自己输入按粒径分布的过滤效率）；

*K*值：用分粒径沉降率的数插值计算；

*P*值：用穿透系数计算出来的按粒径分布的*P*值；

室内源：用户导入按粒径分布的室内颗粒物cxcel表格；

再悬浮：此时不考虑。

室内空气$PM_{2.5}$浓度和控制策略设计软件的计算过程示意图如图8-5所示。

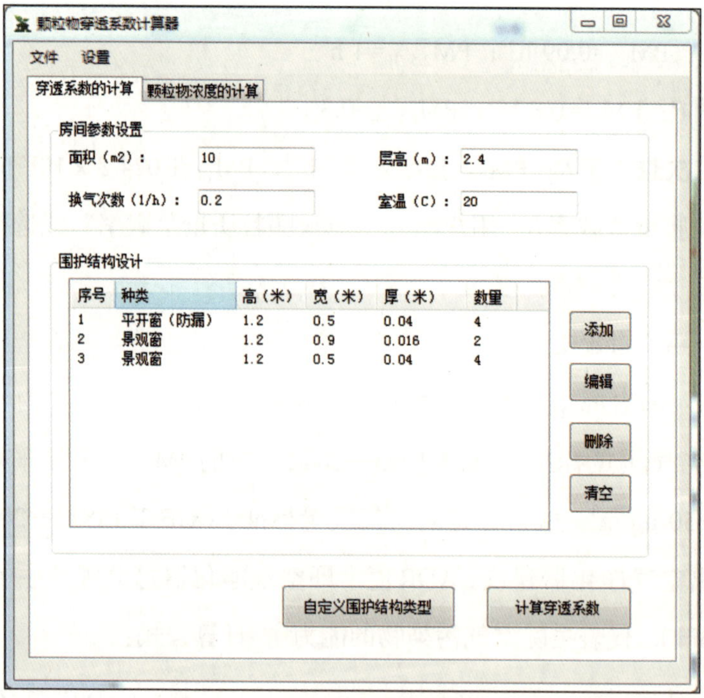

(a)

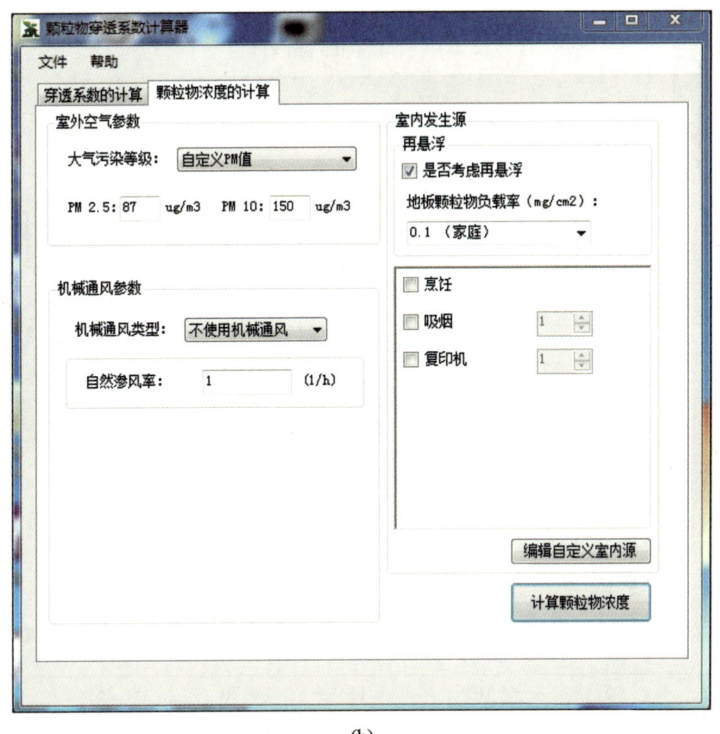

(b)

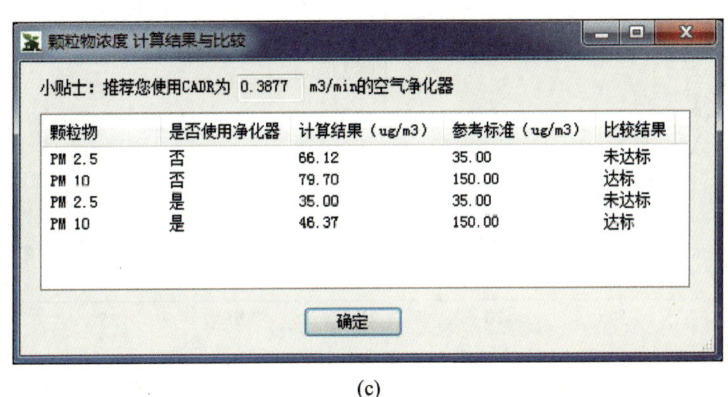

(c)

图8-5　室内空气$PM_{2.5}$浓度和控制策略设计软件的计算过程示意图

（a）穿透系数的计算；（b）颗粒物浓度的计算；（c）推荐的空气净化参数

实验测试室内浓度和模拟室内浓度：

图8-6显示了不同粒径范围下实验测试的室内浓度与模拟计算的室内浓度的结果。可以看到，对于实验中的大多数粒径范围，平均相对误差约为20%。除了粒径大于2.0 μm的颗粒，由于颗粒浓度低，平均相对误差约为50%。对于$PM_{2.5}$所对应的粒径范围，模拟计算的结果能保证较高的精度，满足实际使用的需求。

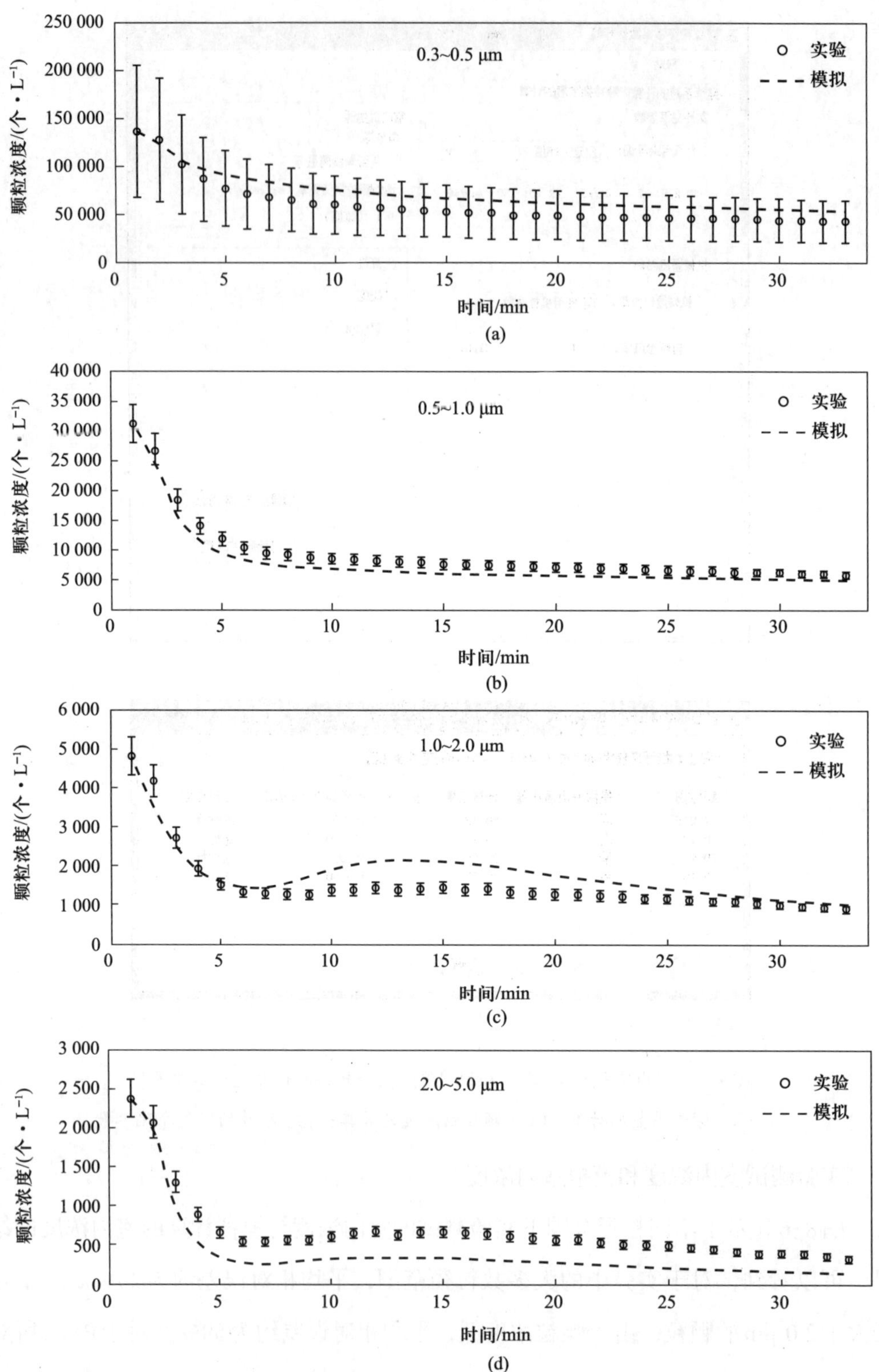
0.3~0.5 μm
实验
模拟
颗粒浓度/(个·L⁻¹)
时间/min
(a)
0.5~1.0 μm
实验
模拟
颗粒浓度/(个·L⁻¹)
时间/min
(b)
1.0~2.0 μm
实验
模拟
颗粒浓度/(个·L⁻¹)
时间/min
(c)
2.0~5.0 μm
实验
模拟
颗粒浓度/(个·L⁻¹)
时间/min
(d)

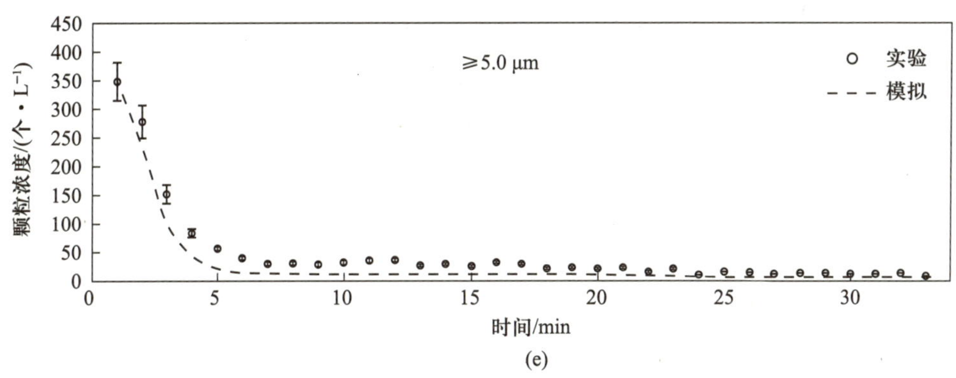

图8-6 不同粒径范围下实验测试的室内浓度与模拟计算的室内浓度的结果

8.3.2 新风系统和开窗与空气净化器对室内空气$PM_{2.5}$污染防控效果的研究

大气中的$PM_{2.5}$可穿透围护结构进入室内环境，与室内产生的$PM_{2.5}$共同作用，导致人体暴露在室内空气$PM_{2.5}$中。不同的民宅通风方式会导致不同的室内空气$PM_{2.5}$浓度水平和室内暴露量。本项目模拟计算了在过渡季（春秋季）、夏季和冬季典型工况下，采用自然通风和机械通风的民宅室内空气$PM_{2.5}$浓度水平和室内暴露量。

8.3.2.1 室内空气$PM_{2.5}$浓度的分析

典型的室内空气$PM_{2.5}$净化方式如图8-7所示。过渡季工作日、休息日室内空气$PM_{2.5}$浓度的计算结果如图8-8所示。

由图8-8可以看出，在过渡季时，当民宅为自然通风且室内没有空气净化器工作时，室内空气$PM_{2.5}$浓度最高；当民宅为自然通风且室内有空气净化器工作时，室内空气$PM_{2.5}$浓度其次；当民宅为机械通风，且采用$PM_{2.5}$一次过滤80%的过滤装置时，室内空气$PM_{2.5}$浓度最低。而在相同的通风形式下，不同密闭性的建筑类型对室内空气$PM_{2.5}$浓度的影响不大。当室内没有烹饪源时，室内空气$PM_{2.5}$浓度的变化趋势与大气$PM_{2.5}$浓度的变化趋势相同。室内空气$PM_{2.5}$浓度的较高值均出现在室内存在烹饪源的时间段内。

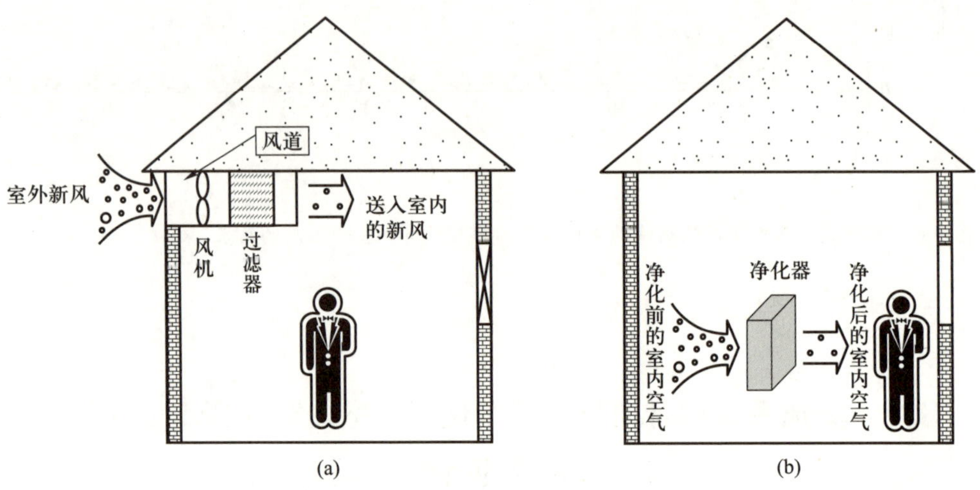

图 8-7　典型的室内空气$PM_{2.5}$净化方式

（a）新风系统+过滤器；（b）空气净化器

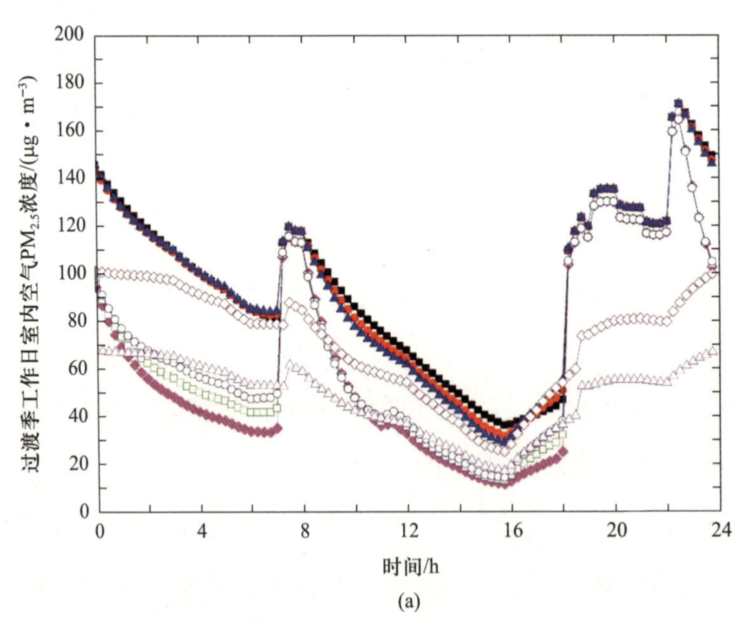

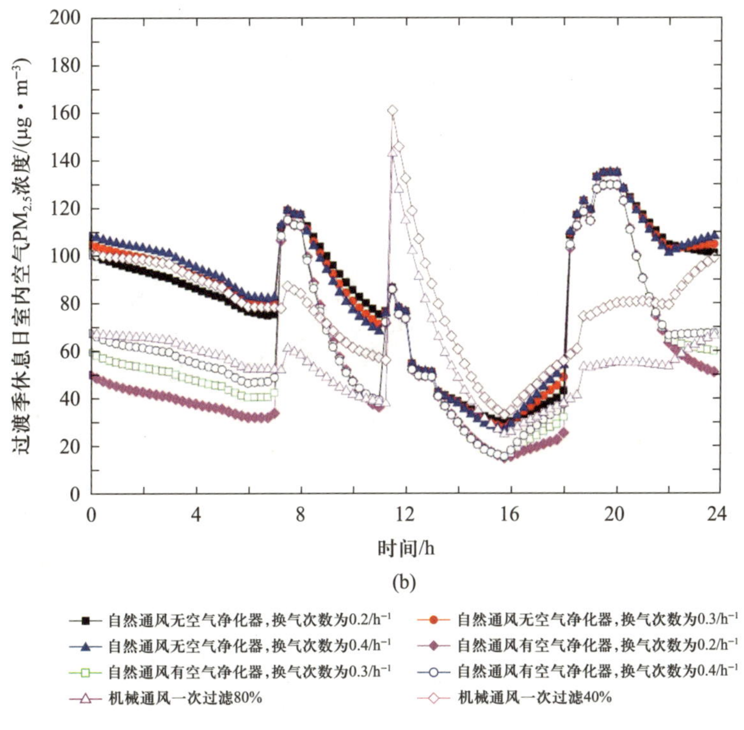

图8-8 过渡季（a）工作日、（b）休息日室内空气$PM_{2.5}$浓度

夏季工作日、休息日室内空气$PM_{2.5}$浓度的计算结果如图8-9所示。

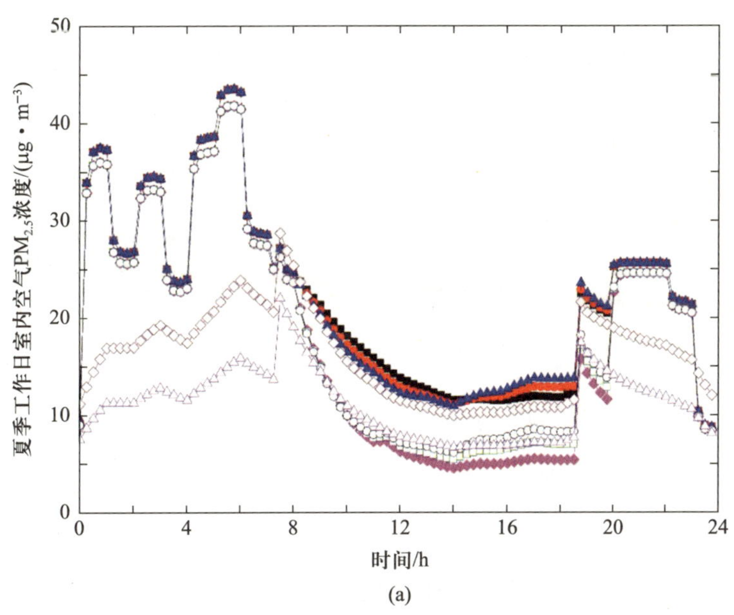

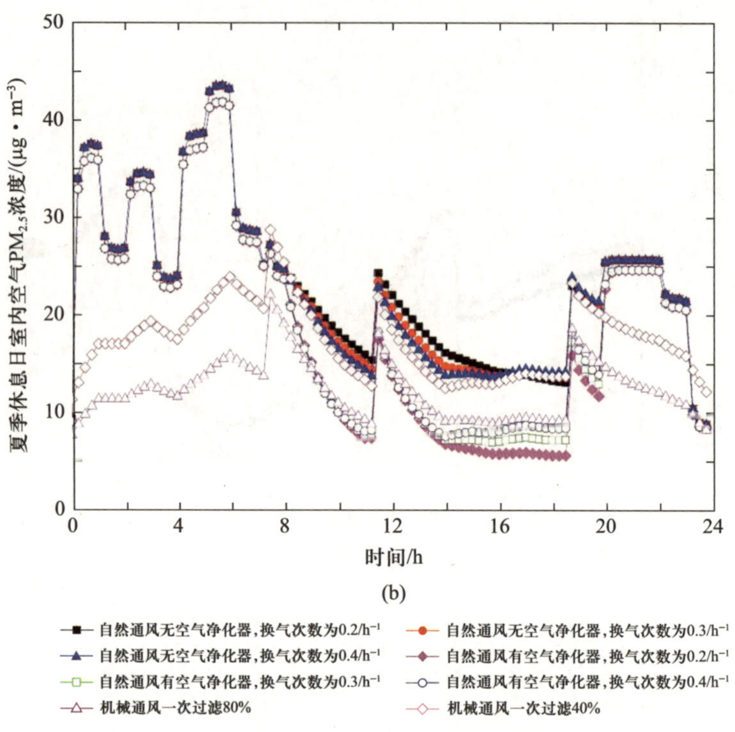

图8-9　夏季（a）工作日、（b）休息日室内空气$PM_{2.5}$浓度

由图8-9可以看出，在夏季当无室内烹饪源作用时，自然通风且室内没有空气净化器工作时的民宅室内空气$PM_{2.5}$浓度，与自然通风且室内有空气净化器工作时的民宅室内空气$PM_{2.5}$浓度基本相当。当有室内烹饪源作用时，自然通风且室内有空气净化器工作的民宅室内空气$PM_{2.5}$浓度可较快地恢复到一个较低值。当民宅为机械通风，且采用$PM_{2.5}$一次过滤80%的过滤装置时，室内空气$PM_{2.5}$浓度最低。同样，在相同的通风形式下，不同密闭性的建筑类型对室内空气$PM_{2.5}$浓度的影响不大。

冬季工作日、休息日室内空气$PM_{2.5}$浓度的计算结果如图8-10所示。

由图8-10可以看出，在冬季无室内烹饪源作用，民宅为自然通风且室内没有空气净化器工作时，室内空气$PM_{2.5}$浓度最高；当民宅为机械通风时，室内空气$PM_{2.5}$浓度其次；当民宅为自然通风且室内有空气净化器工作时，室内空气$PM_{2.5}$浓度最低；这是因为冬季大气$PM_{2.5}$浓度较高，室外温度较低，开窗时间短。当门窗密闭时，密闭性较好的建筑对应较小的换气次数，可以减少室外空气$PM_{2.5}$对室内的影响。在有室内烹饪源作用，民宅为自然通风且室内没有空气净化器工作时，室内空

气 $PM_{2.5}$浓度最高；当民宅为自然通风且室内有空气净化器工作时，室内空气 $PM_{2.5}$浓度其次；当民宅为机械通风的通风形式时，室内空气 $PM_{2.5}$浓度最低。这是因为此时机械通风产生了较大的换气量，可以尽快排出由于室内烹饪而产生的 $PM_{2.5}$。

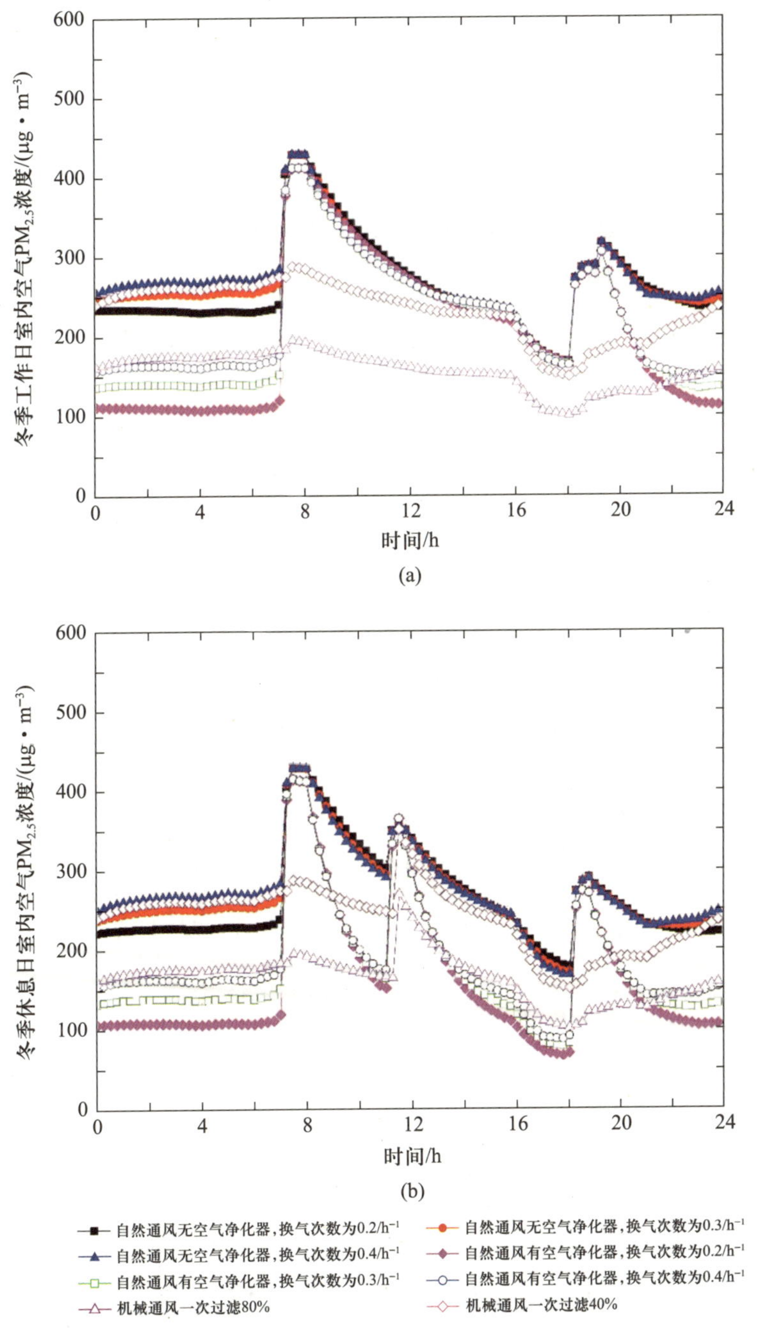

图 8-10　冬季（a）工作日、（b）休息日室内空气 $PM_{2.5}$浓度

8.3.2.2 $PM_{2.5}$室内暴露量的分析

本研究认为：工作日时，居民从晚上6:00到次日上午8:00在家中；休息日时，居民全天24小时在家中。结合计算出来的非厨房区$PM_{2.5}$浓度，可以得出居民在各工况下的$PM_{2.5}$室内暴露量，如表8-5所示。

表8-5 各工况下的$PM_{2.5}$室内暴露量

工况	自然通风无空气净化器，换气次数为0.2 h^{-1}	自然通风无空气净化器，换气次数为0.3 h^{-1}	自然通风无空气净化器，换气次数为0.4 h^{-1}	自然通风有空气净化器，换气次数为0.2 h^{-1}
过渡季工作日	100.52	100.37	100.28	71.39
过渡季休息日	120.48	121.67	122.57	80.54
夏季工作日	22.67	22.77	22.84	21.06
夏季休息日	33.31	32.91	32.69	26.82
冬季工作日	220.81	227.62	232.81	138.86
冬季休息日	384.17	390.04	394.41	240.18
工况	自然通风有空气净化器，换气次数为0.3 h^{-1}	自然通风有空气净化器，换气次数为0.4 h^{-1}	机械通风一次过滤80%	机械通风一次过滤40%
过渡季工作日	74.28	76.61	52.19	72.57
过渡季休息日	85.21	89.09	82.76	112.67
夏季工作日	21.22	21.34	10.78	15.15
夏季休息日	27.3	27.69	17.71	24.72
冬季工作日	151.97	162.74	139.89	197.11
冬季休息日	258.56	273.7	232.59	335.25

由表8-5可以看出，工作日民宅的$PM_{2.5}$室内暴露量低于休息日民宅的$PM_{2.5}$室内暴露量。这是因为休息日有早餐、午餐和晚餐三个阶段的$PM_{2.5}$烹饪源，且休息日居民在民宅内的暴露时间长于工作日在民宅内的暴露时间。

在过渡季工作日，当民宅采用自然通风且室内没有空气净化器工作时，民宅$PM_{2.5}$室内暴露量最高；当民宅采用自然通风，且室内有空气净化器工作时，民宅

$PM_{2.5}$室内暴露量其次；当民宅采用机械通风且采用$PM_{2.5}$一次过滤80%的过滤装置时，民宅$PM_{2.5}$室内暴露量最低。在过渡季休息日，当民宅采用自然通风且室内没有空气净化器工作时，民宅$PM_{2.5}$室内暴露量最高；当民宅采用自然通风且室内有空气净化器工作时，以及当民宅采用机械通风且采用$PM_{2.5}$一次过滤80%的过滤装置时，民宅$PM_{2.5}$室内暴露量均相对较低。这是因为休息日时，室内源影响增加，室内空气净化器的作用可以降低室内空气$PM_{2.5}$的浓度。

在夏季时，当民宅采用自然通风时，室内有无空气净化器工作对民宅$PM_{2.5}$室内暴露量的影响不大。与上述通风形式相比，当民宅采用机械通风时，民宅的$PM_{2.5}$室内暴露量会有显著降低。但由于夏季室内空气$PM_{2.5}$浓度较低，因此自然通风和机械通风的民宅$PM_{2.5}$室内暴露量均保持在较低水平。

冬季各工况下的民宅$PM_{2.5}$室内暴露量的相对大小关系与过渡季基本相同。

8.3.2.3 不同通风方式风机耗电量

当民宅采用机械通风的通风方式时，风机24小时开启。此处民宅体积为182 m^3，换气次数为0.5 h^{-1}，选择市场上带有$PM_{2.5}$过滤装置的风量为90 m^3/h的新风机组，功率为30 W（此处未考虑不同过滤效率造成的新风机组功率区别），则机械通风全年的耗电量为262.8 kW·h。当民宅采用自然通风的通风方式时，家中有人时开启所选的空气净化器，功率为40 W，则空气净化器全年的耗电量为248 kW·h，略低于采用机械通风时的耗电量。需要注意的是，本文仅对两种通风方式的风机电耗量进行了初步比较，而更全面的能耗比较还涉及对室内温度、相对湿度进行控制需要的能耗分析计算，这部分工作有望在下一步开展。

8.3.3 开窗行为的影响因素研究

绝大多数的机械通风系统是在关窗状态下运行的，通风管道恒定地进行室内外空气的交换；而使用空气净化器时，为了排出室内产生的气态污染物（二氧化碳、挥发性或半挥发性气态有机物），需要在使用空气净化器去除室内空气$PM_{2.5}$的同时，通过合理的开关窗行为来去除室内气态污染物。但开窗时会引入室外的$PM_{2.5}$，影响室内空气$PM_{2.5}$的控制效果。开窗行为可显著影响室内空气$PM_{2.5}$的浓度水平和室内空气$PM_{2.5}$控制措施的制定，但目前国内对开窗行为的研究甚少，故项目组成员对北京地区的民宅进行了开窗行为的实地测试。本项目在测试时对实际民宅中的窗户开关状态进行实时监测，测试时间为期一年。随后，项目组成员基于逻辑回归模型及相关性关系研究了民宅内住户开窗行为与室外温度、室外相对湿度、室外风速和室外空气$PM_{2.5}$浓度的关系，如图8-11所示。

对上述研究的影响因素，基于单变量逻辑回归的统计分析p值均小于0.001，即所研究的四个影响因素（室外温度、室外相对湿度、室外风速及室外空气$PM_{2.5}$浓度）对民宅的开窗概率均有影响。其中以室外温度为解释变量的单变量逻辑回归模型有R^2的最大值，说明在这四个单变量逻辑回归模型中，基于室外温度的模型能够更好地预测民宅的开窗概率。图8-11（a）表明当室外温度小于24℃时，随着温度的上升，开窗概率增大；当温度高于24℃时，随着温度上升，开窗概率减小，这很可能与温度升高人们在室内开启空调所以关闭窗户有关。

为了进一步了解各影响因素与开窗概率之间的关系，项目组成员对各影响因素和开窗概率进行了相关性分析。对室外温度而言，其和开窗概率的皮尔逊相关系数为0.728，且p值小于0.05，二者呈显著正相关。当室外温度小于24℃时，随着温度的上升，开窗概率增大。室外相对湿度和开窗概率的皮尔逊相关系数为0.389，p值小于0.05，二者呈显著正相关，民宅的开窗概率随着室外相对湿度的升高而增大。室外风速和开窗概率的相关性分析p值大于0.05，说明二者之间并无显著相关性。室外空气$PM_{2.5}$浓度和开窗概率的皮尔逊相关系数为−0.599，p值小于0.05，二者呈显著负相关，民宅的开窗概率随着室外空气$PM_{2.5}$浓度的升高而减小。

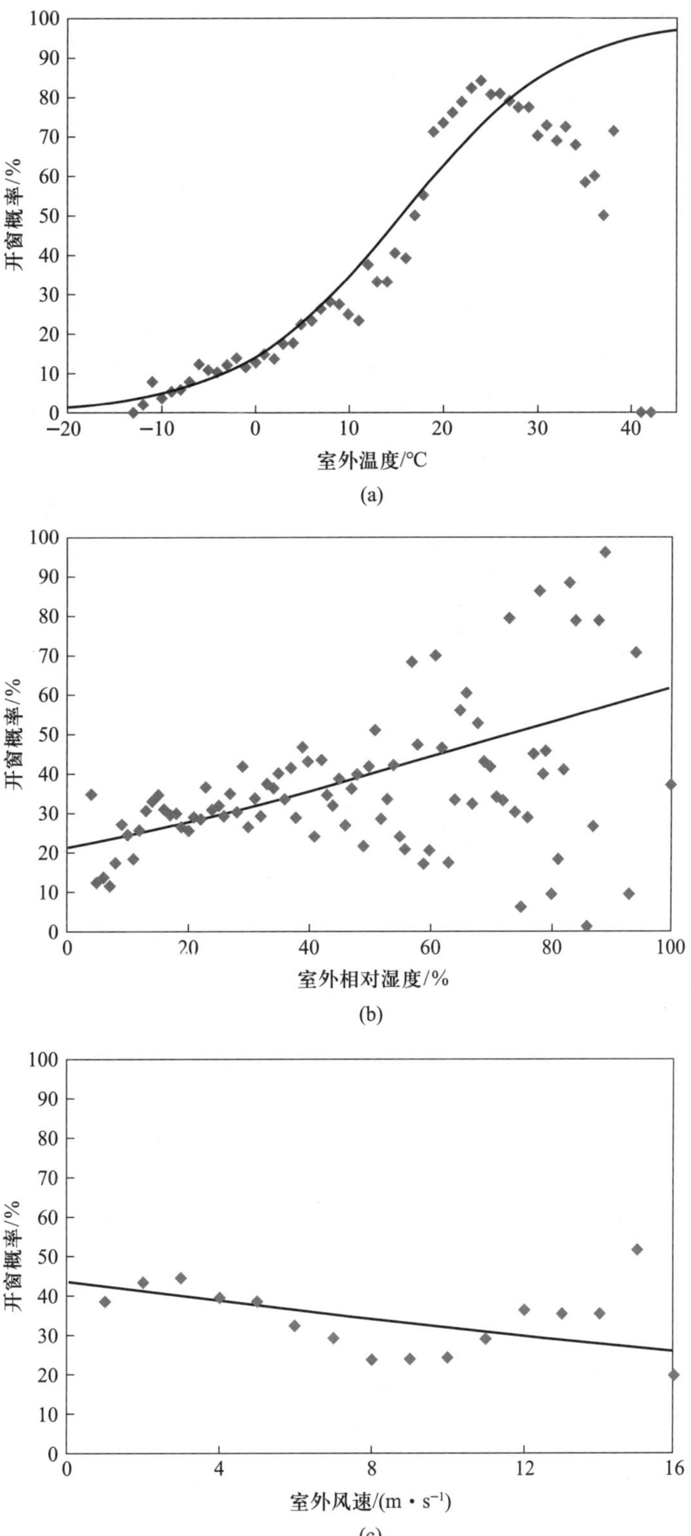
开窗概率/%
室外温度/℃
(a)
开窗概率/%
室外相对湿度/%
(b)
开窗概率/%
室外风速/(m·s⁻¹)
(c)

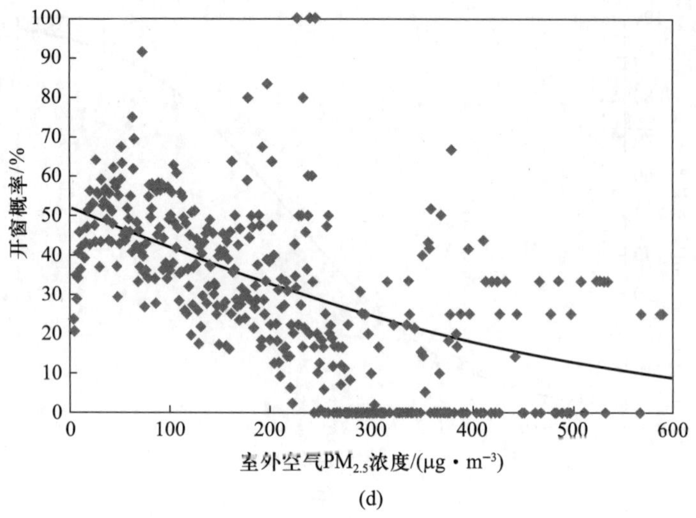

图8-11 各因素对开窗行为的影响

（a）室外温度；（b）室外相对湿度；（c）室外风速；（d）室外空气$PM_{2.5}$浓度

第九章　室内空气$PM_{2.5}$污染监测

如果人们长期生活在$PM_{2.5}$浓度高的环境中，就会容易引发一系列疾病，如慢性支气管炎、心律失常、咳嗽、呼吸道疾病、哮喘、非致命心脏病等，严重影响人体的健康。$PM_{2.5}$监测的真正目的就是把空气中$PM_{2.5}$的浓度降到最低，提高室内空气质量，减少它们对人体的伤害。

本章介绍了国内外环境空气$PM_{2.5}$监测的相关标准发布过程，阐述了环境空气$PM_{2.5}$监测技术（称量法、微量振荡天平法、β射线吸收法、光散射法监测技术）与设备的发展概况。最后，说明了建立室内空气$PM_{2.5}$监测设备标准的必要性。

9.1　环境空气$PM_{2.5}$监测相关标准

9.1.1　国外相关标准

20世纪90年代，美国已经开始研究细颗粒物可能对人体健康造成的影响，美国国家环境保护局于1997年发布了有关环境空气$PM_{2.5}$的相关质量标准；Dockery博士等撰写的研究文章《空气污染和六城市致死率》于1993年12月发表在著名的《新英格兰医学杂志》上，文章提出了$PM_{2.5}$浓度对人体健康的影响，揭示了较高浓度可能造成人体的非正常死亡；1995年，美国癌症协会（ACS）发表了一项著名的研究报告，涉及6个城市的50个社区，这成为建立健全$PM_{2.5}$相关法律法规的重要依据。2005年世界卫生组织制定了《空气质量准则》。2003年，东京首次提出了有关悬浮颗粒物（尤其是柴油发动机和汽车尾气排放物）的立法，这在日本历史上是第一次。如今，日本柴油车出厂时就配备了过滤器，其排放标准已达到欧洲三级水平，从而大大降低了东京空气中的$PM_{2.5}$含量。2006年，美国修订了《环境空气质量标准》并对$PM_{2.5}$施加了更严格的限制。2005年，欧盟关于限制PM_{10}的立法生效；2010年，$PM_{2.5}$监测标准生效。目前东京的$PM_{2.5}$环境标准是亚洲最严格的标准，每立方米不超过35微克。20世纪80年代以来，欧盟一直致力于监控环境空气颗粒物。欧盟是世界上对PM_{10}监控标准最严格的组织之一，它的空气质量标准包含对PM_{10}年平均浓度、日平均浓度及$PM_{2.5}$年平均浓度的要求。

随着各国相继制定$PM_{2.5}$的年平均浓度标准，相应的$PM_{2.5}$浓度监测设备的技术要求或规范也随之产生。

美国国家环境保护局于1998年颁布了《$PM_{2.5}$监测网络连续监测设备使用指南》（*Guidance for using continuous monitors in $PM_{2.5}$ monitoring networks*）。该指南重点描述了用于监测空气中颗粒物的各种连续自动监测方法，主要包括4个部分，分别为所监测污染物的特性、监测1小时或更短周期时可用的监测方法和设备、自动监测方法与称量法监测结果不一致的条件，以及如何将自动监测方法用于不同的监测目的等。监测方法部分主要介绍了用于监测颗粒物特性的各种现场监测设备，包括仪器描述、测量特点、检出限、测量周期、研发状况、潜在用户、维护要求等。自动监测仪器特性可以分为：质量（如惯性质量、β射线吸收、压差）；光学性质（如颗粒物光散射、光吸收）；迁移（如电场迁移、空气动力学迁移）；化学组成（如单颗粒特性、硝酸盐、碳、硫和其他元素）；气态前体物质（如氨、硝酸）。可预见性、可比性和等效性测量部分比较了参比方法。

美国国家环境保护局还颁布了《空气污染测量系统质量保证手册 第二卷 环境空气监测部分》（*Quality assurance handbook for air pollution measurement systems: volume II, ambient air quality monitoring program*），能够为各级监测人员制定和实施空气监测质量体系，并就联邦法规中的空气质量监督项目相关内容提供信息和指导。该手册共包括4个部分：项目管理、测量要求、评估和监督、数据确认和可用性。项目管理部分介绍了项目（计划）背景、组织机构、数据质量目标、人员资质和培训、记录和档案等。测量要求部分介绍了监测网络设计、采样方法、样品处理和保管、分析方法、质量控制、仪器测试/检查/维护、校准、备品配件的检查和验收、数据获取和管理等。评估和监督部分介绍了评估和校正过程、向管理部门的报告等内容。数据确认和可用性部分介绍了数据审核检查/核查/确认、与数据目标协调等内容。该手册针对各种手工、自动监测方法，适用于各种项目空气质量监测的质量保证过程。

英国颁布了《空气监测的技术指导文件》（*Technical guidance note*（*monitoring*）*m8 monitoring ambient air*），2011年公布第2版，为监测人员、委托机构、工业和其他机构开展监测工作提供技术指导。该指导文件由空气监测策略和监测方法两部分组成，第1部分提供了有关制定监测策略以评估空气污染水平的指导，介绍了英国的空气质量监测网络，讨论了制定监测策略时应考虑的因素，并提出了关于操作、分析和空气监测数据报告的指导意见。第2部分列出了各种空气监测方法，包括颗粒物的监测方法在内，便于使用者轻松选择合适的监测方法或技术。考虑到该指导文件需要根据特定环境确定监测策略，因此特别指出，该指导文件不是目前最实用的监测技术指导文件，但为实际工作提供了信息支持。

基于颗粒物的特殊性，英国还编制了《PM_{10}和$PM_{2.5}$的监测技术指导文件》（*Technical guidance note (monitoring) m15 monitoring* PM_{10} *and* $PM_{2.5}$），由烟气和环境空气中PM_{10}、$PM_{2.5}$监测两部分组成。PM_{10}、$PM_{2.5}$监测技术章节简要介绍了称量法、微量振荡天平法、β射线吸收法和光散射法。该指导文件简要描述了这些方法，但不包括这些方法的原理和主要过程，其主要目的是弄清大气监测方法的类型，但如要了解特定监测方法的详细信息，则还需参考其他资源。

日本标准协会编制了《空气中悬浮颗粒物浓度的测定方法标准》（*Measuring methods for suspended particulate matter concentration in air-general requirements*），该标准列出了两种主要的测量方法，具体取决于是否收集了空气样品。一类是直接测定气体中的颗粒物浓度，例如，光散射法、光吸收法、粒子计数法、凝结核计数法等，此类方法无须采集样品。另一类是采样后测定，包括称量法、β射线吸收法、微量振荡天平法、光吸收测量法、膜振动法等的基本原理、设备和测量方法的说明。该标准侧重于描述各种方法的原理和设备的结构，但不包括特定方法的操作步骤。

国际标准化组织编制了《环境空气中颗粒物浓度的β射线吸收法标准》（*Ambient air—Measurement of the mass of particulate matter on a filter medium—Beta-ray absorption method*）。该标准包括了β射线吸收法的原理、仪器设备结构、零点校准和设备校准、测量过程、结果记录和实验报告等部分，但没有描述样品采集部分，也未涉及颗粒物的粒径。

9.1.2 国内相关标准

中国工程院和环境保护部（现为生态环境部）于2007年联合进行的一项战略研究非常重视$PM_{2.5}$标准的引入，并将$PM_{2.5}$纳入宏观战略目标。2008年，环境保护部启动了《环境空气质量标准》修订程序，以将$PM_{2.5}$纳入环境空气标准和空气污染治理系统。2012年以来，我国在京津冀地区、长江三角洲地区、珠江三角洲地区等区域及直辖市和省会城市进行了$PM_{2.5}$监测。2015年，$PM_{2.5}$监测在全国范围内开展。

国家环境保护总局（现为生态环境部）组织编制了《环境空气质量自动监测技术规范》（HJ/T 193—2005），于2005年11月以国家环境保护行业标准的形式发布。该标准规定了自动监测环境空气质量的技术要求，并适用于所有级别的环境监测站及使用自动监测系统监测环境空气质量的其他环境监测机构，其主要内容包括环境空气质量自动监测系统的构成、多支路集中采样装置、子站站房、中心计算机室、质量保证实验室、系统支持实验室、仪器设备配置和技术要求、数据采集频率与有效值规定、系统的维护管理、质量保证和质量控制等，涉及PM_{10}、SO_2、NO_2、CO、O_3等5个监测项目。

2013年环境保护部颁布的《环境空气颗粒物（PM_{10}和$PM_{2.5}$）连续自动监测系

统安装和验收技术规范》（HJ 655—2013）规定了颗粒物自动监测系统的安装、验收技术，《环境空气颗粒物（PM_{10}和$PM_{2.5}$）连续自动监测系统技术要求及检测方法》（HJ 653—2013）规定了颗粒物连续自动监测系统的构成、性能指标要求、检测方法。

2010年，中国气象局组织并编制了《大气成分观测业务规范（试行）》，对大气成分观测的基本任务、观测方法、技术要求及观测记录的处理方法进行了规范。该规范适用于多种类型的观测工作，如观测中国气象局统一布局的大气本底、沙尘暴和大气成分等，也适用于观测各地根据地方气象服务需求的大气成分，以及进行相关的科学研究实验。其中，气溶胶类观测包括了两种颗粒物浓度监测方法，分别为振动平衡法和激光散射法，并对两种监测方法的基本原理、仪器的安装、使用和维护进行了介绍。

9.2 环境空气 $PM_{2.5}$ 监测技术与设备发展概况

9.2.1 环境空气$PM_{2.5}$监测设备发展现状与趋势

早期对气溶胶的观测主要针对总悬浮颗粒物（TSP），后来人们逐渐意识到细颗粒物对人体健康的危害更大，并且对PM_{10}和$PM_{2.5}$的监测进行了大量研究。19世纪末，人们在大气中发现了细微粒子，并开始开发相关仪器，发展了气溶胶科学和气溶胶测量方法学。在20世纪中期《气溶胶力学》（*Mechanics of Aerosol*）出版之后，人们意识到工业气溶胶和粉尘对人体健康的危害，因此开发并使用了多种气溶胶采集方法。20世纪60年代，微电子、激光、计算机技术、现代化学和电子显微镜技术的迅速发展极大地推动了颗粒物监测技术的进步，并开发了适用于大气环境的颗粒物滤膜采样和化学分析方法，提高了颗粒物自动监测仪器的精密度和准确度。随着颗粒物监测技术的进步，20世纪70年代以来许多国家已将颗粒物纳入空气质量标准指标，并经历了从总悬浮颗粒物到PM_{10}再到$PM_{2.5}$的过程，要求颗粒物的浓度限值也越来越低。美国国家环境保护局分别从1987年和1999年开始对环境空气中的PM_{10}和$PM_{2.5}$进行监测；而欧洲空气污染物长程飘移监测和评价项目（EMEP）从1998年就开始对PM_{10}进行网络化监测，到目前为止已有十余个国家参与其中，还有其他一些国家也对$PM_{2.5}$进行网络化监测。

对$PM_{2.5}$浓度的测量可通过称量法和自动监测仪进行测量。根据$PM_{2.5}$监测技术原理，监测设备可分为离线设备和在线设备，其中，离线设备主要是称量法$PM_{2.5}$监测设备，在线设备主要包括微量振荡天平法$PM_{2.5}$监测设备、β射线吸收法$PM_{2.5}$监测设备和光散射法$PM_{2.5}$监测设备。

9.2.2 称量法$PM_{2.5}$监测技术与设备

称量法是通过具有一定切割特征的采样器恒速抽取定量体积空气，截留空气中的$PM_{2.5}$到已知质量的滤膜上，根据采样前后滤膜的质量差和采样体积，计算出$PM_{2.5}$的浓度。该方法测定的是颗粒物的绝对浓度，其优点是原理简单，测量数据可靠，不受颗粒物来源、形状、粒径、颜色等理化性质和温度、相对湿度等环境因素的影响，并且是所有测量方法中最直接、最准确的。但是称量法存在操作较为烦琐和相关仪器较为笨重，以及不便于携带、噪声大、不能够实现实时在线监测等缺点。针对室内场所的$PM_{2.5}$采样，主要以便携式的小流量采样器为主。

目前，室内空气$PM_{2.5}$采样器种类繁多，美国Airmetrics公司生产的MiniVol采样器、美国BGI公司生产的OMNI FTTM采样器及美国HAZ-DUST公司生产的DS-2.5采样器是室内$PM_{2.5}$采样器市场的主流产品。国外产品的价格较高，一般为3万~5万元。国内生产室内空气$PM_{2.5}$采样器的公司主要有青岛崂应、青岛精诚、青岛金仕达、淄博耐普等。国产仪器价格较低，一般为5 000~12 000元。

9.2.3 微量振荡天平法$PM_{2.5}$监测技术与设备

微量振荡天平法是基于空心锥型振荡管上的膜片负重改变导致锥型元件的简谐振荡频率变化，进而测量$PM_{2.5}$的浓度。在测量期间，将收集颗粒物的滤膜放置在玻璃管上，并且玻璃管在电场的作用下振动，随着捕集在滤膜上的颗粒物增加，玻璃管的振动频率降低。根据振荡频率的变化计算得出沉积在滤膜上颗粒物的质量。再根据采样流量和时间信息即可计算获得相应采样时段的颗粒物浓度。该方法的灵敏度一般为1 ~ 2 μg/m^3，分辨时间为5 min。为了确保检测精度，锥形元件必须保持在恒定温度下，以避免膨胀或收缩的影响。同时，为了校正相对湿度对测量结果的干扰，微量振荡天平方法一般加装膜动态测量系统（FDMS）。该方法的检测灵敏度和准确度较高，在现场测定过程中受干扰物和不确定因素的影响较小，能实现小流量浓度的实时监测，且与称量法的一致性较好，但是存在监测仪器体积和噪声较大的缺点，在个人场所和公共场所的长期监测中并不适用。

目前，微量振荡天平仪器的核心技术被美国Thermo fisher公司垄断，主流产品为TEOM 1405，单台仪器价格在28万元左右，加装调平调节器后，价格更是高达38万元；国内企业还未能生产微量振荡天平法$PM_{2.5}$监测仪。

9.2.4 β射线吸收法$PM_{2.5}$监测技术与设备

β射线吸收法是基于β射线通过颗粒物时与颗粒物中的电子相互碰撞发生能量损失的原理来测定$PM_{2.5}$的浓度。在样品采集的过程中，收集在滤膜上的颗粒物会干扰β射线传播，从而削弱监测仪接收到的β射线信号强度，信号的衰减程度与颗粒物的质量成正比。该监测技术基本不受颗粒物的粒径、分散状态、成分及颜色的影响，原理简单，准确度和高分辨率高，易于维护，能实现在线自动监测，而且其价格比微量振荡天平法低廉。但是该仪器体积一般较大，也存在噪声大、造价高等缺点，主要用于室外监测场所，不太适用于个人场所和公共场所的长期监测。

β射线吸收法$PM_{2.5}$监测仪价格远低于微量振荡天平法$PM_{2.5}$监测仪，美国METONE公司、法国ESA公司、日本HORIBA公司等生产的β射线吸收法$PM_{2.5}$监测仪是该领域的主流产品，单价都在15万元左右。国内先河环保、武汉天虹、安徽蓝盾、北京中晟泰科、杭州聚光等厂家推出的监测仪，单台售价都在10万元左右。

9.2.5 光散射法$PM_{2.5}$监测技术与设备

光散射法是基于微粒米氏（Mie）散射的理论基础。当光照在空气中的悬浮颗粒物上时，会产生散射光。在颗粒物性质一定的条件下，颗粒物的散射光强度与其浓度成正比。通过测量散射光的强度并应用转换系数可以求得颗粒物的浓度。光散射所用的光源以激光和近红外光为主。该方法具有快速、灵敏、体积小、质量小、能现场直接读数等优点，适用于个人场所、各类公共场所及生产现场等场所$PM_{2.5}$浓度的在线监测。光散射法的测量值与颗粒物大小、密度、形状和光学特性等因素有关，且受环境相对湿度的影响较大，尤其是在相对湿度较高时光散射法容易高估$PM_{2.5}$的浓度。一般来说，在相对湿度$>60\%$时，必须对光散射法的测定结果进行修正。

目前，市场上基于光散射法的室内空气$PM_{2.5}$监测仪种类繁多，中国自主研发的产品以其价格低廉的优势占据主流市场，现有的品牌包括诺方、博朗通、博华康生、阿格瑞斯、汉王、清天朗日等。家用室内空气$PM_{2.5}$监测仪单价通常为300～1 200元，而适用于生产现场粉尘浓度监测的便携式$PM_{2.5}$监测仪的价格则为3 000～7 000元，但是这些监测仪大部分都没有安装湿度校正模块，数据的准确性较差。美国TSI公司生产的便携式$PM_{2.5}$监测仪Dusttrak系列的价格较为高昂，一般在3万元以上；目前该公司针对中国市场研发的AirAssure™室内$PM_{2.5}$在线监测仪的价格仅在5 000元左右。

9.3 室内空气 $PM_{2.5}$ 监测设备标准建立必要性

9.3.1 室内空气 $PM_{2.5}$ 监测必要性

9.3.1.1 $PM_{2.5}$ 的危害与来源

$PM_{2.5}$ 的粒径小、质量小，能长期悬浮于空气中，并且传播距离广，会造成严重的空气污染。$PM_{2.5}$ 的成分十分复杂，主要包括有机碳化合物（含有PAHs、PAEs等有毒有机物）、元素碳、硫酸盐、硝酸盐、铵盐、各种金属元素（既包括钠、镁、钙、铝、铁等地壳中含量丰富的元素，也包括铅、锌、砷、镉、铜等主要源自人类污染的重金属元素），对人体健康的危害极大。

一般认为，大气中 $PM_{2.5}$ 的主要来源包括机动车排放、煤燃烧、生物质燃烧、各种工业源、土壤扬尘和二次无机气溶胶等，但是不同季节、不同区域大气中 $PM_{2.5}$ 的主要来源有一定的差异。2014年10月，北京市环境保护局（现为北京市生态环境局）发布了北京市 $PM_{2.5}$ 的来源解析结果，全年 $PM_{2.5}$ 来源中区域传输贡献占28%～36%，本地污染排放贡献占64%～72%。在本地污染排放贡献中，机动车、燃煤、工业生产、土壤扬尘为主要来源，分别占31.1%、22.4%、18.1%和14.3%；餐饮、汽车修理、畜禽养殖、建筑涂装等其他排放约占14.1%。而室内空气 $PM_{2.5}$ 的来源既包括室外源，又包括室内源，如吸烟、烹饪、清扫活动、打印复印等其他人为活动。Monn等（Monn等，1997）研究了瑞士的17户民宅室内空气 $PM_{2.5}$ 的来源，发现吸烟是室内空气 $PM_{2.5}$ 最大的来源。张楠等（张楠等，2012）研究了天津市民宅室内空气 $PM_{2.5}$ 的来源，发现香烟烟雾和烹饪油烟是主要污染源。顾庆平等（顾庆平等，2009）研究了江苏农村民宅室内空气 $PM_{2.5}$ 的来源，发现生物质燃烧是重要的室内污染源。He等（He等，2004）研究了室内活动对 $PM_{2.5}$ 浓度的影响，结果表明室内清扫活动可使 $PM_{2.5}$ 浓度提高。不同方式的烹饪产生 $PM_{2.5}$ 的浓度水平不同，烧烤最高，油炸其次，蒸的方式产生的最少。此外，人们在室内的其他活动也会使人体、衣物、地板、桌面等处吸附的$PM_{2.5}$脱附，再次悬浮进入空气。

空气中细颗粒物对人体的危害非常大。在人类呼吸的过程中，粒径≥5 μm的颗粒可以到达气管、支气管，但是粒径＜5 μm（尤其是1～3 μm）的颗粒可以进入肺泡。当肺泡进行气体交换时，这些颗粒会被巨噬细胞吞噬，留在肺泡中或溶解在血液里，并通过血液循环遍及全身。它也可以作为细菌和病毒的载体，对人体造成伤害。空气中的细颗粒物不仅对呼吸系统有害，而且还会严重影响心血管、神经系统等。较轻的污染首先影响易感人群，即儿童、老人、患有呼吸性疾病和心血管疾病的患者，而日益严重的颗粒物污染则会影响整个人群。据统计，在欧盟国家中，细颗粒物使人均寿命缩短了8.6个月。

Pope等（Pope等，2006）对美国50个州超过55万成年人的健康数据进行了研究，控制混杂因素后发现随着$PM_{2.5}$的年平均浓度增加，心血管疾病死亡率和肺癌死亡率均显著上升。越来越多的流行病学研究发现，人群发病率和死亡率与大气颗粒物浓度，尤其是室内颗粒物浓度存在显著相关性。

9.3.1.2 $PM_{2.5}$的浓度标准

1996年实施的《环境空气质量标准》（GB 3095—1996），规定了可吸入颗粒物PM_{10}的浓度限值，但未包括细颗粒物$PM_{2.5}$的浓度限值。2012年颁布的《环境空气质量标准》（GB 3095—2012），首次规定了粒径≤2.5 μm的颗粒物的浓度限值；此外，该标准对24小时平均浓度标准限值（$PM_{2.5}$短期暴露的健康效应）和年平均浓度标准限值（长期暴露的健康效应）进行了规定。2012年颁布的《环境空气质量指数（AQI）技术规定（试行）》（HJ 633—2012），规定了包括$PM_{2.5}$在内的空气质量分指数分级方案、空气质量分指数计算方法、空气质量指数级别，以及日报和实时报的相关要求。

虽然我国《室内空气质量标准》（GB/T 18883—2002）并未对室内空气中$PM_{2.5}$的浓度限值做出规定，但是研究人员发现大多数人每天有超过70%的时间在室内度过，而室内的空气污染可能比室外的更严重。美国国家环境保护局进行的一项为期五年的研究发现，许多民用和商用建筑内的空气污染非常严重，是室外空气污染的几倍至几十倍；而我国室内空气污染问题比发达国家更为严重。2005年世界卫生组织发布的《空气质量准则》指出：当$PM_{2.5}$年平均浓度达到35 μg/m^{3}时，人的死亡风险比10 μg/m^{3}的情形约增加15%；当$PM_{2.5}$的24小时平均浓度超过25 μg/m^{3}时，每增加10 μg/m^3，死亡率约增加5%。《建筑通风效果测试与评价标准》（JGJ/T 309—2013）指出：室内空气可吸入颗粒物$PM_{2.5}$的日平均值宜小于75 μg/m^3。

9.3.1.3 $PM_{2.5}$监测现状

近年来，在国家政策方针的引领下，我国做了很多关于研究大气$PM_{2.5}$浓度监测技术及方法的工作，目前大气$PM_{2.5}$的浓度监测正在向着技术规范化、范围广泛化的方向发展。在2012年全国环境保护工作会议上，原环境保护部部长周生贤提出了监测我国环境空气中$PM_{2.5}$、臭氧、一氧化碳等指标的三步走、分步实施的明确要求，并明确提出2012年对京津冀地区、长江三角洲地区、珠江三角洲地区等重点区域及直辖市和省会城市的$PM_{2.5}$和O_3浓度进行监测，2013年对113个环境保护重点城市和环境保护模范城市进行监测，2015年对所有地级以上城市进行监测。2012年5月，环境保护部发布了《关于印发〈空气质量新标准第一阶段监测实施方案〉的通知》，要求在2012年底前，第一批包括直辖市、省会城市、计划单列市和京津冀地区、长江三角洲地区、珠江三角洲地区以及其他地级以上城市在内的74个城市，应完成所在辖区共计496个国家环境空气监测网监测点位的$PM_{2.5}$、O_3、CO等新增项目能力建设，并实现监测数据的实时发布。其余城市将按照环境保护部确定的新标准的“三步走”方案逐渐实现监测数据的实时发布与网络化在线质量控制。

室内空气$PM_{2.5}$监测设备主要采用光散射法，其与采用微量振荡天平法和β射线吸收法为测量方法的室外空气$PM_{2.5}$监测仪的工作原理不同，受环境相对湿度的影响较大，而且室内空气$PM_{2.5}$监测设备的使用环境也与室外空气$PM_{2.5}$监测设备不同。但是，目前国内关于室内空气$PM_{2.5}$浓度监测技术及方法的研究较少，尚未制定相关的监测标准文件，市场上室内空气$PM_{2.5}$监测产品质量参差不齐，缺乏规范化管理。因此，为了满足公众对室内空气质量服务和管理的需要，亟须制定室内空气$PM_{2.5}$监测设备标准，用以规范室内空气$PM_{2.5}$仪器设备的运行、维护、质量保证和质量控制工作。

9.3.2 环境空气$PM_{2.5}$监测技术适用性

基于光散射法的便携式$PM_{2.5}$在线监测仪因其可实时显示$PM_{2.5}$浓度、携带方便、造价低、噪声小等优点在个人及各类公共场所广泛应用。但是由于这类仪器在监测过程中受颗粒物大小、密度、形状、光学特性和环境相对湿度的影响较大，可靠性未能得到证实，因此需要以手工采样作为参比对这类仪器的性能进行评价。据了解，美国、欧盟、日本及国际标准化组织等在1998—2001年均发布过有关环境空气颗粒物（包括PM_{10}和$PM_{2.5}$）自动监测仪和方法的相关标准和规范，但是仅在美国国家环境保护局发布的《环境空气监测基准和等效方法》（*Ambient air monitoring reference and equivalent method*）中出现过关于环境空气$PM_{2.5}$连续自动监测系统与手工采样参比测试对比的技术指标要求。该标准涉及的性能指标要求包括对比测试的浓度范围、最小监测场地数、每个监测场地手工参比采样器最小数量、每个检验场地每个季节最小对比测试样品数量、手工参比采样器每组测试结果的平行性及对比测试手工参比和自动监测结果线性相关拟合回归直线等。目前，$PM_{2.5}$手工参比方法对比测试评价指标设置建议和测试方法已被环境保护部（现为生态环境部）组织编制的《环境空气颗粒物（PM_{10}和$PM_{2.5}$）连续自动监测系统技术要求及检测方法》（HJ 653—2013）和《环境空气颗粒物（PM_{10}和$PM_{2.5}$）连续自动监测系统安装和验收技术规范》（HJ 655—2013）两项标准采纳，作为标准的重要内容发布实施。HJ 653—2013规定了环境空气颗粒物（PM_{10}和$PM_{2.5}$）连续自动监测系统需要达到的技术要求和性能指标。其中，技术要求包括外观要求、工作条件、安全要求、功能要求四个方面，而性能指标包括浓度测量范围、切割性能、时钟误差、温度测量示值误差、大气压测量示值误差、流量稳定性、校准膜重现性、电压变化稳定性、仪器平行性、参比方法对比测试、有效数据率等。但是，该标准未针对$PM_{2.5}$小时浓度的平均值进行平行性分析。中国环境监测总站2013年发布了《$PM_{2.5}$自动监测仪器技术指标与要求》，目前该标准仍处于试行阶段，其中涉及的技术指标包括量程、最低检出限、显示分辨率、精度、平行性、测量时间、测量周期、采样流量、安全性、运行环境等。以上关于环境空气$PM_{2.5}$自动监测仪的标准或规范仅涉及了以微量振荡天平法和 β 射线吸收法为测量方法的仪器，不能完全应用于以光散射法为主的室内空气$PM_{2.5}$在线监测仪的性能评价，但是具有一定的参考价值。此外，中国国家质量监督检验检疫总局（现为国家市场监督管理总局）和国家标准化管理委员会发布的《公共场所空气中可吸入颗粒物（PM_{10}）测定方法　光散射法》（WS/T 206—2001）涉及的灵敏度、精密度和准确度等对室内空气$PM_{2.5}$监测仪的性能评价工作也具有一定的指导价值。

因而，在当前我国室内空气$PM_{2.5}$监测仪市场混乱、产品质量良莠不齐、数据的准确性和可靠性未能得到有效保障的情况下，《室内空气$PM_{2.5}$污染监测设备性能评价标准》的编制工作亟须开展。

第十章　室内空气$PM_{2.5}$的净化

本章介绍了国内外室内空气$PM_{2.5}$净化产品的相关标准发展历程，阐述了室内空气$PM_{2.5}$净化技术（纤维过滤技术、静电除尘技术、复合式净化技术等）与产品的发展概况。最后，说明了室内空气$PM_{2.5}$净化产品性能评价标准修订的必要性，提出现有标准存在的问题及修订意见，并给出现有标准修订的基本原则和依据。

10.1　室内空气$PM_{2.5}$净化产品相关标准

10.1.1　国外相关标准

国外的空气净化器性能评价体系较为成熟，但并没有针对去除$PM_{2.5}$的空气净化器性能评价的标准，仅有针对去除颗粒物的空气净化器性能评价的标准。目前在欧美地区广泛使用的空气净化器效能测试方法为美国国家标准协会/美国家电制造商协会（ANSI/AHAM）于2006年公布的《便携式家用电动室内空气净化器性能测试方法》（ANSI/AHAM AC-1-2006），该标准首次以洁净空气量（clean air delivery rate，CADR）作为空气净化器效能的评估指标，同时提出了适用面积的计算方法。该标准适用于便携式家用电动室内空气净化器，评价内容包括了室内用空气净化器去除悬浮颗粒物相对数量、空气净化器使用功率、备用功率、CADR等，是针对空气净化器去除空气中颗粒物的性能评价标准。该标准目前是欧美地区厂商广泛采用的空气净化器性能测试方法，主要以粉尘、香烟烟雾及花粉三种固态颗粒物为标准污染源，采用密闭衰减法来测试空气净化器的净化性能。该标准不包括空气净化器对气态污染物的净化性能测试，对空气净化器的噪声水平、耐用性及风量测试方法也没有相关要求，但对于空气净化器，这些性能指标非常重要。

日本的《家用及类似用途空气净化器》（JEM 1467—2013）是由日本电机工业协会制定的空气净化器性能评价标准。该标准对空气净化器对多种空气污染物净化性能的测试方法及评价标准进行了规定。该标准评价空气净化器性能的污染源包括粉尘和气态污染物（氨、乙醛、乙酸），采用密闭衰减法。评价内容涵盖了净化器产品的风量、颗粒物捕集率、粉尘保持容量、气体去除率、气体去除容量等多个参数。而在日本的《空气净化器》（JISC 9615—1995）标准中，针对粉尘、SO_2和NO_2三种污染物，采用密闭衰减（针对气体）和风道测试（针对粉尘）的方法对空气净化器进行评价，评价指标包括风量、噪声水平、粉尘捕集率、气体去除率和气体去除容量。但该标准并未涉及空气净化器的适用面积这一指标。

在加拿大的《便携式空气净化器测试方法》（NRCC-54013）标准中，评价空气净化器性能的污染物种类包括颗粒物和VOCs（甲醛、甲苯、柠檬烯），采用密闭衰减法，性能评价指标包括CADR、去除率、散发等级、能效等级和噪声的能级，并对空气净化器的副产物（O_3、超细颗粒物、VOCs）进行了规定。

10.1.2　国内相关标准

自20世纪90年代末期开始，我国已经逐步提出了一系列空气净化产品相关的标准，主要包括:《空气净化器》(JB/T 7952—1995)、《空气净化器》(GB/T 18801—2002/2008/2015)、《室内空气净化产品净化效果测定方法》(QB/T 2761—2006)、《家用和类似用途电器的安全空气净化器的特殊要求》(GB 4706.45—2008)、《家用和类似用途电器的抗菌、除菌、净化功能空气净化器的特殊要求》(GB 21551.3—2010)、《空气净化器污染物净化性能测定》(SG/T 294—2010)、《空气净化器去除$PM_{2.5}$检测方法技术规范》(GSH/J 2011—1)等。我国对于家用电器的安全性能实施强制性标准，而对于其净化功能及有害物质去除率实施推荐性标准，至今没有强制性的规定。

(1)《空气净化器》(GB/T 18801—2002/2008/2015)

2002年我国制定并发布了第一部关于空气净化器产品的标准《空气净化器》(GB/T 18801—2002)，分别于2008年和2015年进行了修订。2015年9月15日发布了《空气净化器》(GB/T 18801—2015)，并于2016年3月1日实施。标准规定了空气净化器的型式、基本参数、技术要求、试验方法、检验细则、标志、包装、储存和适用于家用及类似用途的空气净化器，以及在公共场所使用的空气净化器性能、技术指标。其中，主要性能指标包括洁净空气量(CADR)、适用面积、净化效能、净化寿命、噪声水平等。新标准在GB/T 18801—2008的基础上主要改进了以下几个方面：对其适用范围和参考使用范围做了新规定，将“小型便捷式空气净化器，乘用车空气净化器，风道式净化装置，以及其他类似的空气净化产品”列入可参考本标准执行的范围，补充了相关引用文件，增加了对“目标污染物”的分类说明，同时增加了“额定状态”“待机状态”“待机功率”“累计净化量”“使用面积”等内容，对“试验舱”“净化寿命”做了补充说明，并增加了相应的要求及试验方法；此外，该标准还对出厂检验和型式试验等内容进行了完善补充，将标志明确分为通用性标志和性能特征标志等，使标准得到了很好的完善。

该标准为目前行业影响力最大的空气净化器标准，基本与ANSI/AHAM AC-1-2006保持一致。但是，该标准中仍存在与实际应用中不相符的地方，例如，试验尘源与实际环境空气颗粒物不相符、试验舱的规格过于单一等。

(2)《空气净化器污染物净化性能测定》(JG/T 294—2010)

该标准是建筑工业行业产品标准，经我国建设部（现为住房和城乡建设部）批准自2011年8月1日起实施。该标准包括颗粒污染物的检测方法及对空气中化学污染物（甲醛、苯、TVOC、氨等）和微生物污染物的净化效率的检测，规定了空气净化器的术语和定义、性能要求、试验方法、净化效率的计算方法等。该标准规定了民用建筑中使用的室内单体式空气净化器和安装在集中空调通风系统中的各类模块式空气净化器的性能测定方法，并对室内单体式空气净化器和安装在集中空调通风系统中的各类模块式空气净化器的技术要求进行了重点规定。该标准使用气溶胶发生器发生氯化钾气溶胶作为颗粒物污染源，此试验尘源与实际颗粒物虽然大小相近，但是在化学组成方面相差较大，与实际情况不相符。此外，该标准是针对净化各种污染物的空气净化器的性能评价标准，并不是针对净化$PM_{2.5}$的空气净化器的性能评价标准，虽涉及空气净化器对颗粒物的净化指标，但内容过于简略。

（3）《空气净化器去除$PM_{2.5}$检测方法技术规范》（GSH/J 2011—1）

该规范是国家室内环境与室内环保产品质量监督检验中心在2011年11月发布，自2012年1月起实施的一项技术规范。该技术规范是依据相关国家和行业标准与规范，为适应我国空气净化器市场发展需要，为规范空气净化器去除颗粒物$PM_{2.5}$检测方法而制定的技术规范文件，可为国家室内环境与室内环保产品质量监督检验中心实验室对空气净化器研发、生产和销售单位进行空气净化器性能检测评价提供参考，也可以作为相关实验室的空气净化器净化性能检测的参考性文件。该规范主要规定了空气净化器去除空气中$PM_{2.5}$的洁净空气量的试验方法，适用于室内、车、船和航空器内的空气净化器。但是，该规范对空气净化器的其他性能要求（如累积净化量、能效等级等）和试验方法并未做出规定。

（4）《室内空气净化器净化性能评价要求》（APIAC/LM 01—2013）

《室内空气净化器净化性能评价要求》（APIAC/LM 01—2013）是由空气净化器（中国）行业联盟在2013年发布的标准。该标准是空气净化器（中国）行业联盟内部技术规范，目的是在产品消费者、生产商和服务提供商之间达到最佳平衡，正确引导市场合理消费和维护企业有序竞争环境。该标准针对空气净化器的主要性能指标制定了检测和评价方法，包括适用面积、室内细颗粒物（$PM_{2.5}$）洁净空气量、能源效率等。该标准中$PM_{2.5}$洁净空气量的测定试验以香烟烟雾为试验尘源，在30 m^3的试验舱内采用密闭衰减法测定，该试验尘源不具有空气中颗粒物的一般化学性质，且试验舱的体积过于单一，不能代表空气净化器的工作环境。

此外，我国于2008年颁布的《家用和类似用途电器的安全空气净化器的特殊要求》（GB 4706.45—2008）给出了净化器的安全指标；之后颁布的《家电和类似用途电器的抗菌、除菌、净化功能空气净化器的特殊要求》（GB 21551.3—2010）规定了室内空气净化器在抗菌、除菌功能方面的卫生要求、检验方法和标识。2015年12月7日，我国工业和信息化部发布了《关于印发2015年第四批行业标准制修订计划的通知》，其中包括《空气净化器用静电式除尘过滤器》（2015—1759T—QB）和《空气净化器用滤网式集尘过滤器》（2015—1760T—QB）两项首次针对空气净化器关键组件的推荐性行业标准。在《空气净化器》（GB 18801—2015）的基础上，前者重点考虑在不同风速下不同工作点的状态，并对静电有可能产生的不利因素给出测试方法，后者则考虑风阻、过滤效率、滤芯寿命、耐候性（高温、低温）等相关指标。

综上所述，我国关于空气净化器并没有一个强制性的统一标准（技术规范），当前的各标准要求也有所不同。例如，以上各标准中的试验尘源有选用香烟烟雾的，也有选用氯化钾气溶胶的，试验舱的体积规格不一，得出的试验结果未必能真实反映设备对颗粒物的净化效果，故需要根据实际情况选用合适的试验尘源和试验舱。这些问题导致当前市场上空气净化器鱼龙混杂、良莠不齐，不同品牌空气净化器的测试条件差异较大，导致测试给出的性能参数不具有可比性，消费者在购买空气净化器时无所适从，而且买到的空气净化器在实际使用过程中常常达不到厂家所宣传的净化效果。为了进一步规范室内空气$PM_{2.5}$净化器市场，促进该领域健康有序发展，达到有效改善和提高室内空气质量的目的，需要尽快出台专门的《室内空气$PM_{2.5}$污染净化设备性能评价标准》。

10.2 室内空气$PM_{2.5}$的净化技术及产品

近年来，我国大气污染形势严峻，频繁发生雾霾天气，$PM_{2.5}$已成为当前各大城市的首要空气污染物，对人体健康、环境、气候及大气能见度等造成了严重危害。室外空气$PM_{2.5}$会随气流渗入或输入室内，而人们在室内停留的时间远多于室外，因而室内空气$PM_{2.5}$污染令人担忧。在室内空气$PM_{2.5}$污染越来越受重视的情况下，市场上多种室内空气$PM_{2.5}$净化产品应运而生。所采用的净化技术包括纤维过滤技术、静电除尘技术和复合式净化技术等。相应地，$PM_{2.5}$净化产品主要包括纤维过滤式净化器、静电除尘式净化器和复合式净化器等。

10.2.1　纤维过滤技术及产品

纤维过滤技术是指利用纤维类多孔介质，借助筛分、惯性碰撞、拦截和扩散等作用，截留气流中的颗粒物，使$PM_{2.5}$从气相分离出来的空气净化技术。纤维过滤式净化器主要由机箱外壳、进出风口及通道、滤网组件（初效过滤组件、中效过滤组件、高效过滤组件）、风机等组成，其核心是滤网组件即滤芯。其中，高效过滤（high efficiency particulate air，HEPA）组件由连续折叠的纤维膜构成，其过滤能力（包括过滤效率和分离颗粒物总量）与折叠后形成的总面积成正比。通常，展开的滤料面积是滤芯断面积的十几倍到几十倍。

纤维过滤式净化器的净化效率高、装置轻便、兼具过滤细菌和病毒的作用，是目前$PM_{2.5}$净化器的主流产品。但是，纤维过滤式净化器的不足之处主要包括：① 面对我国严重的$PM_{2.5}$污染，HEPA的使用寿命相对较短，需要经常更换HEPA滤芯，不仅麻烦而且运行维护费用较高。② HEPA滤料风阻较大，能耗较高。③ 使用过程中HEPA滤料可能滋生微生物，造成二次污染。

10.2.2　静电除尘技术与产品

静电除尘技术利用高压静电的原理去除空气中的颗粒物（如灰尘、煤烟、香烟烟雾和厨房油烟等）。静电除尘技术通常采用负电晕放电，其过程是：① 对放电极施加高压，高压放电产生大量电子并使气体电离成负离子；② 在电场力的作用下，电子和负离子做定向运动并与颗粒物碰撞，使后者带电荷；③ 带电荷颗粒在电场力的作用下定向运动，最后被捕集在集尘极上。静电除尘式净化器通常由离子化装置、集尘装置、风机和高压电源等部件构成，对$PM_{2.5}$的去除效率可达85%以上。静电除尘技术的优势是可清理复用、风阻小、可协同除菌。但对制造和安装质量要求较高，而且效率不如HEPA净化器。另外，静电除尘依赖高压放电，在工作过程中会产生O_3和NO_2等副产物，存在二次污染隐患。

10.2.3 复合式净化技术与产品

复合式净化技术由纤维过滤和静电除尘等不同技术组合而成。目前市场上的主流复合式净化技术是静电除尘+纤维高效过滤。利用前级静电除尘去除大部分颗粒，可延长纤维过滤的有效作用时间，后级纤维高效过滤可确保净化效果。不过，若静电除尘过程产生的O_3浓度较高，则易导致纤维材料老化，从而缩短材料寿命。

10.2.4 其他技术与产品

除上述技术和产品之外，目前市场上采用的$PM_{2.5}$净化技术还有水介质净化技术、净离子群技术和负离子净化技术等。水介质净化技术采用水膜、水浴、水雾等物理方式对空气中的微粒进行阻挡、包裹、黏附，实现气尘分离。净离子群技术通过净离子发生装置高压放电释放出正、负离子群，以包围分解空气中的浮游霉菌、病毒等有害物质，从而净化空气。负离子净化技术借助负离子促使细粒子凝并长大，并沉积到物体表面。但所有这些技术的有效程度都还有待进一步考核。

10.3 室内空气 $PM_{2.5}$ 净化产品性能评价标准修订必要性

10.3.1 现有标准存在的问题与修订建议

（1）试验尘源与实际环境空气 $PM_{2.5}$ 不对应的问题与修订建议

旧标准用于空气净化器洁净空气量和累积空气净化量测试的试验尘源是香烟烟雾，用于风道式净化装置净化效率测试的试验尘源是氯化钾气溶胶，它们与实际的大气细颗粒物的差异较大，故新标准建议采用以一定比例混合的道路尘和香烟烟雾的混合尘作为试验尘源，使试验尘源在化学性质上与实际空气颗粒物更接近。

（2）试验舱规格与净化产品适用面积不对应的问题与修订建议

旧标准指出不小于20 m^3/h、不大于400 m^3/h的洁净空气量的试验采用30 m^3试验舱，但是未给出400 m^3/h以上的洁净空气量的试验舱体积。实际上，目前市场上部分空气净化器对于颗粒物的洁净空气量为400 m^3/h，故新标准在此基础上建议对不小于400 m^3/h、不大于800 m^3/h的洁净空气量的试验采用100 m^3试验舱，并且给出100 m^3试验舱的结构参数，同时规定在洁净空气量标注的同时需要注明试验舱的体积。

（3）累积净化量试验方法的问题与修订建议

旧标准关于累积净化量的试验是采用加速试验法在3 m^3的试验舱中进行的，此方法不适合新标准中试验尘源的发生方式。新标准提出了一个新的试验方法，即将相应的净化模块取出，在评价风道式净化装置净化效果的测试装置的风道中进行累积净化量试验。试验时在风道入口发生混合尘（道路尘和香烟烟雾），引入的空气流量与空气净化器在额定状态测定的风量一致。当净化模块下游风量降为初始值一半时认为此时空气净化器的洁净空气量为初始值的1/2，计算该净化模块处理的混合尘的总质量，记为累积净化量。

（4）风道式试验的尘埃粒子计数器未校准的问题与修订建议

旧标准中关于风道式空气净化装置未考虑需要对上下风侧两台尘埃粒子计数器进行校准，故新标准中增加了相应的校准方法。

（5）净化寿命单位与净化产品实际应用不匹配的问题与修订建议

旧标准的净化寿命是按每日12 h的日平均处理量换算的，以天为单位。但是在实际应用中，每个家庭每日使用空气净化器的时间不尽相同，故建议净化寿命按时均处理量换算，以时为单位，由用户按实际情况自行换算为使用天数。

（6）净化能效等级划分不详细的问题与修订建议

新标准的净化能效按照《空气净化器能源效率限定值及能源效率等级》（DB 31/622—2012）这一标准对净化能效等级进一步细分。新标准净化能效等级划分方案如表10-1所示：

表10-1　净化效能等级划分方案

净化能效等级	净化能效η/[m^3/(W·h)]
1	$\eta \geqslant 6.00$
2	$5.10 \leqslant \eta < 6.00$
3	$4.30 \leqslant \eta < 5.10$
4	$3.40 \leqslant \eta < 4.30$
5	$2.50 \leqslant \eta < 3.40$

10.3.2　现有标准修订的基本原则与依据

（1）现有标准修订按照与我国现行有关的环境法律法规、标准协调配套，与环境保护方针政策相一致的原则进行。以我国《空气净化器》等相关的法律法规、标准规范等为依据进行修订。

（2）现有标准修订的适用范围和工作原则仍不能满足相关环境保护标准和环境保护工作要求的原则。本标准的修订可以更好地指导室内空气$PM_{2.5}$净化产品行业的发展，从而提高室内空气的质量。

（3）现有标准修订符合普遍适用性和实际可操作性原则。根据实际大气细颗粒物和净化产品的实际运行情况，适当地修订现有标准，使标准更具有行业针对性和代表性。

第十一章　室内空气$PM_{2.5}$的污染防控对策

良好的室内空气质量是健康人居的必要条件。$PM_{2.5}$是影响日常室内空气质量的主要因素，我国室内空气$PM_{2.5}$的主要来源有：吸烟、生活燃料燃烧、烹饪和清扫等室内活动及室外大气颗粒物的渗透作用等。本章就室内空气$PM_{2.5}$的污染防控对策方面进行了叙述，建议制定室内空气污染防治法，修订完善室内空气质量标准体系，加大室内空气污染防治的科研投入，构建室内空气污染综合防控体系，加大宣传力度，提高公众对室内空气污染的认识。

11.1　探讨制定室内空气污染防治法

法律是进行室内空气污染治理的基础。在室内空气污染防治的立法方面，我国目前还没有严格意义上的法律，这不仅不利于对室内空气污染的防治，也不利于执法机关的执法，更不利于民众享受健康舒适的室内环境权。一些国家和地区已经制定并实施了《室内空气质量管理法》，例如韩国。鉴于我国室内空气$PM_{2.5}$污染严重的局面，我国也应该探讨制定《室内空气污染防治法》，以期为公民维护自身合法权益和身体健康提供法律依据。我国可以借鉴韩国及我国台湾地区的立法经验，结合我国的国情，探讨制定《室内空气污染防治法》，从原材料的生产和工艺流程、建筑公司和装修公司的施工、使用者的日常维护等多个方面，区分公共场所和民宅的建造者、装修者、拥有者和使用者所应承担的具体责任。尤其是对于办公室、幼儿园等公共场所，要从法律上限定其空气质量必须达到的要求，从而保证人体健康。

11.2　修订完善室内空气质量标准体系

我国在室内空气目标污染物的选择和限值方面正缩小与世界卫生组织要求的差距。事实上，室内空气质量标准的制定是一项十分复杂和专业的工作，世界卫生组织也还没有发布完整的室内空气质量标准。这说明，在世界范围内，室内空气质量的标准都处在发展过程之中。我国新的《室内空气质量标准》（GB/T 18883—2022）于2022年发布，新标准对多项指标做了更严格的限值规定。此外，为规范市场，应修订完善室内空气净化器性能评价标准，增加消费者信任度。

11.3　加大室内空气污染防治的科研投入

室内空气质量标准中$PM_{2.5}$浓度限值的确定、室内空气$PM_{2.5}$监测和净化设备的研发、健康风险的评价，需要环境、医学、物理、材料、化学等多个学科持续不断的投入（钱志博等，2018）。

例如，我国目前的室内$PM_{2.5}$浓度监测设备还存在一定的问题。由于室内空间狭小、人员密集，因此针对室内空气$PM_{2.5}$浓度的监测设备必须要体积较小、质量较轻、便于携带，同时在工作时噪声不能太大，基于这些考虑，目前只有采用光散射法原理的仪器才能够满足要求。目前国产的仪器，虽然在价格上相对较低，但是容易受到相对湿度的影响，在精度和准度上还有待进一步提高。此外，目前没有系统的针对不同要求、不同场景下的室内监测方法和设备，硬件与软件结合不紧密，不能达到理想的环境状况反馈效果，需要建立完善的室内环境监测仪器设备公共服务平台，开展可靠性考核试验工作。

我国学者在空气污染防范领域取得了较多的技术成果，但他们的研究缺乏对风险受体的关注，缺乏对管理层面上调控机理的研究。我国关于健康风险评价的研究还刚刚起步，多引用国外数据，中国本土的研究极为缺乏，本土的基础调查研究基本还处于空白阶段。我国在环境污染风险评价方面尚缺乏可供借鉴的统一的标准和手册，现有数据不能充分代表我国居民的暴露特征，不能从根本上提高暴露和健康风险评价结果的准确性。因此，我国要加大对室内空气$PM_{2.5}$污染防治的科研投入力度，加强对相关标准、监测分析设备和健康风险评价的研究。

11.4　构建室内空气污染综合防控体系

11.4.1　源头控制

（1）减少室外大气$PM_{2.5}$渗透

当室外大气$PM_{2.5}$浓度超标时，控制$PM_{2.5}$由室外向室内的传输量（室内空气环境是大气在室外环境中的延伸）尤为重要。首先，需要关闭门窗，降低室外空气的影响；其次，对于有条件的建筑可以选择安装新风系统，将过滤后的洁净的空气引入室内，实现通风换气。

对于新建民宅，建议使用配备$PM_{2.5}$过滤器的分散机械式微正压新风引入系统，防止室外未经处理的新风无组织地渗入房间内部，降低室内空气质量［大金（中国）投资有限公司上海分公司，2014］。对于微正压新风引入系统，通常需要在厨房（或者洗衣房等非重要房间）吊顶内设置新风热回收处理设备（外墙设排风防雨防倒灌风帽）。在设备的室内一侧设置集中排风口，将其借助排风管道连接至新风热回收设备；在房间内设置送风口，并将送风管道连接至室内起居、卧室和书房等人员活动房间。在设备的室外一侧设置新风和排风管道，外墙设新风（后者设置集中新风土建风道）和排风防雨防倒灌风帽，并将新风粗效和$PM_{2.5}$过滤功能的除尘装置（如静电除尘措施）设置在新风引入管道上或者新风热交换设备内（刘胜强等，2014）。

（2）室内空气$PM_{2.5}$污染源控制

① 烹饪

要解决烹饪带来的$PM_{2.5}$污染问题，主要从以下四个方面着手：第一，烹饪燃料。在农村地区普及液化石油气的使用，在城市地区普及天然气的使用，不再使用蜂窝煤、未经加工的固体燃料、生物质燃料等。第二，燃烧灶具。选购能够使燃气充分燃烧的灶具，灶具应放置在排烟道附近，无排烟道的灶具应尽可能靠近窗户放置，避免排油烟管的长度过长，影响室内空气的质量。第三，烹饪方式。建议多选择蒸、煮、炖这类烹饪方式，降低爆炒、油炸、煎烙、烧烤的频次。第四，厨房净化。在厨房向外的墙上安装双向换气扇，保证其有较大的功率，同时在灶具上方也应加装抽油烟机，并且做到抽油烟机早打开、晚关闭。另外，厨房在不使用时，可打开窗户补充新鲜空气。

② 香烟烟雾

我国有3亿多烟民，吸烟是造成室内空气污染的一个重要因素。从全球范围看，公共场所禁烟时代已经悄然来临。2014年10月底，卫生和计划生育委员会（现为国家卫生健康委员会）起草了《公共场所控制吸烟条例（送审稿）》，并上报国务院，但至今还未颁布实施。自2015年6月1日起，《北京市控制吸烟条例》正式实施；2009年12月10日，上海市通过了《上海市公共场所控制吸烟条例》，并于2016年11月11日第一次修正，其中规定室内公共场所、室内工作场所、公共交通工具内禁止吸烟。目前，中国还需要以更大的力度推行室内禁烟，减少吸烟人群的数量，这对控制室内空气污染、保障人体健康具有重要的意义。

③ 清扫

尽可能地选择湿扫或通风干扫的清扫方式。

④ 其他室内 $PM_{2.5}$ 污染源

其他室内 $PM_{2.5}$ 污染源如熏香、清新剂、发胶、打印机等都会增加空气中 $PM_{2.5}$ 的浓度，使用时应采取恰当的防护措施。在使用打印机、复印机等办公设备时，尽量保证开窗通风，将产生的 $PM_{2.5}$ 等空气污染物及时排出室外，减少室内空气污染。

11.4.2 通风稀释

简单地说，通风就是室内外空气互换。为了改进和提高室内空气质量，除了控制室内污染源的产生，增加换气次数以保证送入室内的新鲜空气量也是一项重要措施（罗志文等，2007）。通常，这种空气互换速率（换气次数）越高，对降低室内空气污染物的效果越好。因此，当室外污染物浓度低于室内时，加强室内通风，借助室外新鲜空气稀释室内空气污染物，是一种方便快捷的方法。

（1）自然通风

自然通风是指依靠室外风力造成的风压和室内外空气温度差造成的热压，促使空气流动，使得建筑室内外空气交换（黄金美等，2015）。自然通风可以排出室内空气中的 $PM_{2.5}$，同时带走余热，还不需要消耗额外的动力，因而是一种经济有效的通风方法。自然通风与室外气象条件密切相关，难以进行人为控制。同时，自然通风一般只有在大气质量较好的情况下才可以采用。在我国北方地区雾霾频发的冬季，或者南方炎热的夏季，采用自然通风则有很大的局限性，因此在这种情况下，需要采用强制通风或新风系统。

（2）强制通风

强制通风一般是在建筑一面设置窗户，在另一面设置风机，利用风机由室内向室外排风，使室内形成负压，强迫空气通过窗户进入室内，穿越室内由风机排出室外。强制通风的优点在于室内的通风换气量受外界气候的影响很小，这对于一些室内空气污染严重，同时内部空间高大的工业厂区较为适用。

（3）新风系统

新风系统最早兴起于欧美地区。20世纪70年代，西班牙90%以上的新建住宅中装有新风系统。今天的美国，室内安装新风系统成为一种生活必备品。我国的新风系统在不断地发展，大致可以分为如下三代：第一代，只简单地通风换气，主要目的是降低室内的二氧化碳浓度；第二代，增加了能量交换系统以减少能耗和因新风系统带来的室内温度的大幅变化；第三代，因室外空气质量较差，不仅配备了能量交换系统，还装配有高性能过滤系统（如HEPA），能将大气环境中的颗粒物截留后再将新鲜空气引入室内。目前正在研发的第四代产品，能同时去除颗粒物、气态污染物、微生物等多种空气污染物，将净化后的空气引入室内（刘英杰等，2019）。因此，在大气污染较为严重的地区，在室内和典型工业厂区安装新风系统也成为保证室内空气质量的重要选择。

发展符合我国国情的建筑通风理论、技术与装备是很有必要的。确定建筑最小新风量，发达国家采用的现有通风标准难以在我国直接应用，因此需要基于这些标准，发展兼顾$PM_{2.5}$浓度和室内典型污染物浓度作为判据的建筑新风量确定方法。在优先确保人体健康的情况下，还需考虑舒适和节能，最终建立符合我国国情的建筑通风体系。

11.4.3 末端净化

在大气污染严重，室内又没有安装新风系统的情况下，可考虑关闭门窗，采用空气净化器对室内空气进行净化。由于采用空气净化器是一种室内空气循环的方式，和室外大气没有交流，因此这种方式比较适合于人员较少、空间相对有限的建筑，如民宅、人数较少的办公室等。

（1）空气净化器的选用原则

首先是根据室内空气污染物的种类选择合适的空气净化器。在选用空气净化器之前，有条件的家庭和公共场所最好专业的空气污染检测机构对室内空气污染物的种类、浓度做一次检测，然后再有针对性地选择空气净化器。目前市面上的空气净化器原理多种多样，主要包括以下几种：活性炭吸附式、HEPA滤网式、静电除尘式、光催化材料净化式、低温等离子体式、水浴式和负离子发生器等。不同的技术，对空气污染物的净化效果不同。一般来说，如果室内颗粒物污染较为严重，就可以考虑选用HEPA滤网式和静电除尘式的空气净化器。

其次是根据房间面积选择合适洁净空气量的空气净化器。空气净化器的净化性能是对某一封闭房屋内的空气而言的，即针对特定面积下对应的体积空间的空气净化效果。如果购买的空气净化器的建议面积小于实际居住房间面积，那么空气净化器的净化效果就会降低。如果建议面积大于房间面积，净化效果就会增加，但其增加的净化效果幅度并不大。因此应根据房间面积选择合适的洁净空气量的空气净化器。洁净空气量（CADR）是空气净化器在额定状态和规定的试验条件下，对目标污染物净化能力的参数，它表示空气净化器提供洁净空气的速率（陈烈贤等，1996）。根据《空气净化器》（GB/T 18801—2015）中给出的计算结果，S（适用面积）=（0.07 ～ 0.12）Q（洁净空气量），为了便于计算，系数可以选取0.1，即洁净空气量的1/10就是适用面积。因此，洁净空气量为300 m^3/h的空气净化器，适用面积为30 m^2。反过来看的话，如果房间内的面积为30 m^2，就应该选择洁净空气量为300 m^3/h的空气净化器；如果房间内的面积为40 m^2，就应该选择洁净空气量为400 m^3/h的空气净化器。

（2）空气净化器的使用注意事项

空气净化器最好不要靠近墙壁或家具，尽量放在房屋中间，或使用空气净化器时使其距离墙壁1 m以上。因为空气净化器周围有更多的有害气体，所以不要将其停放在离人体太近的位置，但用于清除香烟烟雾的空气净化器可以靠近吸烟者。

在大气污染或室内环境污染严重时使用空气净化器，为保证良好的净化效果，最好关闭门窗。而当大气空气质量很好时，应优先考虑通风换气，无须长时间开启空气净化器。

具有高效过滤功能的空气净化器需经常查看滤芯更换指示灯，若无指示灯，则可以打开空气净化器检查滤芯的污染情况，若滤芯变黑，则应及时更换滤芯。同时，在使用过程中要注意空气净化器的净化效果，当效果明显降低或开启空气净化器后有异味，就要及时更换过滤材料和清洗过滤器。

未来需要开发高性能过滤材料和空气净化器，降低室内环境中的$PM_{2.5}$浓度，改善室内空气质量；开发更加智能化的空气净化器，能自动更换和清洗滤材的警示系统，以及可远程监测与控制的操作系统。

11.5 加大宣传力度，提高公众对室内空气污染的认识

当前，由于教育引导不够，公众对空气污染还存在着诸多误区。有些人认为空气污染对健康的影响不大，在雾霾天仍出去跑步、运动；有些人认为雾霾天时只要关闭门窗，室内空气质量就有保证；有些人认为室内空气只要没有异味就是洁净的，等等。室内空气污染的隐蔽性让很多人对室内空气污染带来的潜在健康风险没有足够的重视。因此，政府应加大室内空气污染的宣传教育力度，可以通过科普手册、橱窗展示栏、电视公益广告、微信公众号等途径进行宣传教育，让人们了解室内空气污染的种类、来源及其可能造成的危害，提高人们对室内空气污染防控的意识，掌握室内空气污染预防和治理的基本知识，提高人们运用相关法律法规保障自己合法权益的能力。

参考文献

[1] Lance W. Indoor particles: a review[J]. Journal of the Air & Waste Management Association, 1996, 46(2): 98-126.

[2] Koutrakis P, Briggs S L K, Leaderer B P. Source apportionment of indoor aerosols in Suffolk and Onondaga counties, New York[J]. Environmental Science & Technology, 1992, 26(3): 521-527.

[3] Phillips K, Bentley M C, Howard D A, et al. Assessment of environmental tobacco smoke and respirable suspended particle exposures for nonsmokers in Prague using personal monitoring[J]. International Archives of Occupational & Environmental Health, 1998, 71(6): 379-390.

[4] Dasch Muhlbaier J. Particulate and gaseous emissions from wood-burning fireplaces[J]. Environmental Science & Technology, 1982, 16(10): 639-645.

[5] 石华东. 室内空气$PM_{2.5}$污染的国内研究现状及综合防控措施[J]. 环境科学与管理，2012, 37: 111-114.

[6] Lee S C, Wang B. Characteristics of emissions of air pollutants from burning of incense in a large environmental chamber[J]. Atmospheric Environment, 2004, 38(7): 941-951.

[7] Wallace L A, Emmerich S J, Howard Reed C. Source strengths of ultrafine and fine particles due to cooking with a gas stove[J]. Environmental Science & Technology, 2004, 38(8): 2304-2311.

[8] 熊志明，张国强，彭建国，等. 室内可吸入颗粒物污染研究现状[J]. 暖通空

调，2004, 34: 32-36.

[9] He C, Morawska L, Hitchins J, et al. Contribution from indoor sources to particle number and mass concentrations in residential houses[J]. Atmospheric Environment, 2004, 38(21): 3405-3415.

[10] 朱维斌，胡楠，尹招琴. 室内打印机颗粒污染物特性的测量与分析[J]. 环境科学与技术，2011，34：104-107.

[11] 樊越胜，谢伟，司鹏飞，等. 空调建筑室内颗粒物浓度变化特征分析[J]. 科学技术与工程，2012，25：127-131+137.

[12] 韩云龙，胡永梅，钱付平，等. 自然通风室内颗粒物分布特征[J]. 安全与环境学报，2013，13：116-120.

[13] 李国柱，王清勤，赵力，等. 建筑围护结构颗粒物穿透及其影响因素[J]. 既有建筑改造技术交流研讨会，2015，1：72-76.

[14] 张颖，赵彬，李先庭. 室内颗粒物的来源和特点研究[J]. 暖通空调，2005，35：30-36.

[15] 黄巍，龙恩深. 成都$PM_{2.5}$与气象条件的关系及城市空间形态的影响[J]. 中国环境监测，2014，30：93-99.

[16] 吴正旺，马欣，杨鑫. 灰霾天气条件下几种建筑布局中空气污染的$PM_{2.5}$调查及比较[J]. 华中建筑，2013，10：46-48.

[17] 吴志萍，王成，侯晓静，等. 6种城市绿地空气$PM_{2.5}$浓度变化规律的研究[J]. 安徽农业大学学报，2008，4：494-498.

[18] Cyrys J, Pitz M, Bischof W, et al. Relationship between indoor and outdoor levels of fine particle mass, particle number concentrations and black smoke under different ventilation conditions[J]. Journal of Exposure Science & Environmental Epidemiology, 2004, 14(4): 275-283.

[19] Koistinen K J, Hänninen O, Rotko T, et al. Behavioral and environmental determinants of personal exposures to $PM_{2.5}$ in EXPOLIS – Helsinki, Finland[J]. Atmospheric Environment, 2001, 35(14): 2473-2481.

[20] Lachenmyer C. Urban measurements of outdoor-indoor $PM_{2.5}$ concentrations and personal exposure in the deep south. Part I. Pilot study of mass concentrations for nonsmoking subjects[J]. Aerosol Science and Technology, 2000, 32(1): 34−51.

[21] Meng Q Y, Turpin B J, Korn L, et al. Influence of ambient (outdoor) sources on residential indoor and personal $PM_{2.5}$ concentrations: Analyses of RIOPA data[J]. Journal of Exposure Science & Environmental Epidemiology, 2005, 15(1): 17−28.

[22] Neas L M, Dookery D W, Ware J H, et al. Concentration of indoor particulate matter as a determinant of respiratory health in children[J]. American Journal of Epidemiology, 1994, 139(11): 1088−1099.

[23] Haller L, Claiborn C, Larson T, et al. Airborne particulate matter size distributions in an arid urban area[J]. Journal of the Air & Waste Management Association, 1999, 49(2): 161−168.

[24] Jones N C, Thornton C A, Mark D, et al. Indoor/outdoor relationships of particulate matter in domestic homes with roadside, urban and rural locations[J]. Atmospheric Environment, 2000, 34(16): 2603−2612.

[25] Fromme H, Diemer J, Dietrich S, et al. Chemical and morphological properties of particulate matter (PM_{10}, $PM_{2.5}$) in school classrooms and outdoor air[J]. Atmospheric Environment, 2008, 42(27): 6597−6605.

[26] Amato F, Rivas I, Viana M, et al. Sources of indoor and outdoor $PM_{2.5}$ concentrations in primary schools[J]. Science of the Total Environment, 2014, 490: 757−765.

[27] Lim J M, Jeong J H, Lee J H, et al. The analysis of $PM_{2.5}$ and associated elements and their indoor/outdoor pollution status in an urban area[J]. Indoor Air, 2011, 21(2): 145−155.

[28] Satsangi P G, Yadav S, Pipal A S, et al. Characteristics of trace metals in fine ($PM_{2.5}$) and inhalable (PM_{10}) particles and its health risk assessment along with in-silico approach in indoor environment of India[J]. Atmospheric Environment, 2014, 92: 384−

393.

[29] Lee H S, Kang B W, Cheong J P, et al. Relationships between indoor and outdoor air quality during the summer season in Korea[J]. Atmospheric Environment, 1997, 31(11): 1689−1693.

[30] Liu Y, Chen R, Shen X, et al. Wintertime indoor air levels of PM_{10}, $PM_{2.5}$ and PM_1 at public places and their contributions to TSP[J]. Environment International, 2004, 30(2): 189−197.

[31] Nitta H, Ichikawa M, Sato M, et al. A new approach based on a covariance structure model to source apportionment of indoor fine particles in Tokyo[J]. Atmospheric Environment, 1994, 28(4): 631−636.

[32] 赵力，陈超，王平，等. 北京市某办公建筑夏冬季室内外$PM_{2.5}$浓度变化特征[J]. 建筑科学，2015，31：32−39.

[33] 张锐，陶晶，魏建荣，等. 室内空气$PM_{2.5}$污染水平及其分布特征研究[J]. 环境与健康杂志，2014，31：1082−1084.

[34] 王清勤，李国柱，孟冲，等. 室外细颗粒物（$PM_{2.5}$）建筑围护结构穿透及被动控制措施[J]. 暖通空调，2015，45：8−13.

[35] 项琳琳，刘东，左鑫. 上海市某办公建筑$PM_{2.5}$浓度分布及影响因素的实测研究[J]. 建筑节能，2015，3：85−91.

[36] 李新伟，张华，张扬，等. 2013年冬春季济南市某办公场所室内空气颗粒物质量浓度分析[J]. 环境卫生学杂志，2015，2：157−159.

[37] 陈陵，范义兵，杨树，等. 南昌市公共场所室内空气$PM_{2.5}$浓度调查[J]. 卫生研究，2014，1：146−148.

[38] 刘延湘，代会会，刘君侠. 江汉大学校园典型室内空间空气质量分析[J]. 广东化工，2015，42(9)：160−162.

[39] 董俊刚，闫增峰，曹军骥. 西安冬季高层公寓室内外颗粒物浓度水平与变化[J]. 科技导报，2015，33：42−45.

[40] 王园园，崔亮亮，周连，等. 南京市部分居民室内$PM_{2.5}$和$PM_{1.0}$污染状况

[J]. 环境与健康杂志，2013，10：900-902.

[41] 马利英，董泽琴，吴可嘉，等. 贵州农村地区室内空气质量及细颗粒物污染特征[J]. 中国环境监测，2015，31：28-34.

[42] 郭春梅，赵珊珊，赵一铭，等. 我国居住建筑室内$PM_{2.5}$研究现状及进展[J]. 环境监测管理与技术，2018，30：12-17.

[43] Shen G F, Yuan S Y, Xie Y N, et al. Ambient levels and temporal variations of $PM_{2.5}$ and PM_{10} at a residential site in the mega-city, Nanjing, in the western Yangtze River Delta, China[J]. Journal of Environmental Science and Health, Part A, 2014, 49(2): 171-178.

[44] 高军，房艳兵，江畅兴，等. 上海地区冬季住宅室内外颗粒物浓度的相关性[J]. 土木建筑与环境工程，2014, 36：110-114.

[45] Na K, Cocker Ⅲ DR. Organic and elemental carbon concentrations in fine particulate matter in residences, schoolrooms, and outdoor air in Mira Loma, California[J]. Atmospheric Environment, 2005, 39(18): 3325-3333.

[46] 陈瑜. 广州市区$PM_{2.5}$的污染特征[J]. 环境保护科学，2010，36：7-8+11.

[47] Ho K F, Cao J J, Harrison R M, et al. Indoor/outdoor relationships of organic carbon (OC) and elemental carbon (EC) in $PM_{2.5}$ in roadside environment of Hong Kong[J]. Atmospheric Environment, 2004, 38(37): 6327-6335.

[48] 林宗伟，吴根容，黄昱，等.2013年广州市春季部分小学教学环境$PM_{2.5}$监测分析[J]，华南预防医学，2013，39：90-91+94.

[49] 柯钊跃，王佳，郑君瑜，等. 广州市学龄儿童在校期间$PM_{2.5}$暴露水平评价[J]，中国环境科学，2011，31：1618-1624.

[50] 赖森潮，苏广宁，邹世春，等. 广州市部分居室空气中$PM_{2.5}$污染特征[J]，环境与健康杂志，2006，1：39-41.

[51] 黄虹，李顺诚，曹军骥，等. 广州市夏、冬季室内外$PM_{2.5}$质量浓度的特征[J]，环境污染与防治，2006，12：954-958.

[52] Wang X, Bi X, Sheng G, et al. Hospital indoor $PM_{10}/PM_{2.5}$ and associated trace

elements in Guangzhou, China[J]. Science of the Total Environment, 2006, 366(1): 124–135.

[53] Chao C Y, Wong K K. Residential indoor PM_{10} and $PM_{2.5}$ in Hong Kong and the elemental composition[J]. Atmospheric Environment, 2002, 36(2): 265–277.

[54] Meng C C, Wang L T, Zhang F F, et al. Characteristics of concentrations and water-soluble inorganic ions in $PM_{2.5}$ in Handan City, Hebei province, China[J]. Atmospheric Research, 2016, 171: 133–146.

[55] 王钊，韩斌，倪天茹，等. 天津市某社区老年人$PM_{2.5}$暴露痕量元素健康风险评估[J]. 环境科学研究，2013，26：913–918.

[56] 张永，李心意，姜丽娟，等. 室内空气中$PM_{2.5}$初步研究[J]. 环境与健康杂志，2010，27：906–907.

[57] 程鸿，胡敏，张利文，等. 北京秋季室内外$PM_{2.5}$污染水平及其相关性[J]. 环境与健康杂志，2009，26：787–789+847.

[58] 崔小波，李强，牛丕业，等. 北京市部分公共场所吸烟与二手烟暴露情况研究[J]. 心肺血管病杂志，2009，28：50–52.

[59] 陶俊，张仁健，许振成，等. 广州冬季大气消光系数的贡献因子研究[J]. 气候与环境研究，2009，14(5)：484–490.

[60] Buczyńska A J, Krata A, Van G R, et al. Composition of $PM_{2.5}$ and $PM_{1.0}$ on high and low pollution event days and its relation to indoor air quality in a home for the elderly[J]. Science of the Total Environment, 2014, 490: 134–143.

[61] Stranger M, Potgieter-Vermaak S, Van Grieken R. Particulate matter and gaseous pollutants in residences in Antwerp, Belgium[J]. Science of the Total Environment, 2009, 407(3): 1182–1192.

[62] Olson D A, Turlington J, Duvall R M, et al. Indoor and outdoor concentrations of organic and inorganic molecular markers: Source apportionment of $PM_{2.5}$ using low-volume samples[J]. Atmospheric Environment, 2007, 42(8): 1742–1751.

[63] Timothy L, Timothy G, Chris S, et al. Source apportionment of indoor, outdoor,

and personal $PM_{2.5}$ in Seattle, Washington, using positive matrix factorization[J]. Journal of the Air & Waste Management Association, 2004, 54(9): 1175−1187.

[64] Geller M D, Chang M, Sioutas C, et al. Indoor/outdoor relationship and chemical composition of fine and coarse particles in the southern California deserts[J]. Atmospheric Environment, 2002, 36(6): 1099−1110.

[65] Hänninen O O, Lebret E, Ilacqua V, et al. Infiltration of ambient $PM_{2.5}$ and levels of indoor generated non-ETS $PM_{2.5}$ in residences of four European cities[J]. Atmospheric Environment, 2004, 38(37): 6411−6423.

[66] Ruiz P A, Toro C, Cáceres J, et al. Effect of gas and kerosene space heaters on indoor air quality: a study in homes of Santiago, Chile[J]. Journal of the Air & Waste Management Association, 2010, 60(1): 98−108.

[67] 杨复沫，欧阳文娟，王欢博，等. 大气颗粒物对能见度影响的研究进展 [J]. 工程研究——跨学科视野中的工程，2013，5：252−258.

[68] 李淑贤，邱洪斌，王新明. 广州秋季灰霾和正常天气 $PM_{2.5}$ 中水溶性离子特征 [J]. 分子科学学报，2011，27：166−169.

[69] 张帆，成海容，王祖武，等. 武汉秋季灰霾和非灰霾天气细颗粒物 $PM_{2.5}$ 中水溶性离子的特征 [J]. 中国粉体技术，2013，19：31−33.

[70] 陶俊，张仁健，董林，等. 夏季广州城区细颗粒物 $PM_{2.5}$ 和 $PM_{1.0}$ 中水溶性无机离子特征 [J]. 环境科学，2010，31：1417−1424.

[71] Arimoto R, Duce R A, Savoie D L, et al. Relationships among aerosol constituents from Asia and the North Pacific during PEM-West A[J]. Journal of Geophysical Research, 1996, 101(D1): 2011−2023.

[72] Yao X, Chan C K, Fang M, et al. The water-soluble ionic composition of $PM_{2.5}$ in Shanghai and Beijing, China[J]. Atmospheric Environment, 2002, 36(26): 4223−4234.

[73] Dong C, Yang L, Yan C, et al. Particle size distributions, $PM_{2.5}$ concentrations and water-soluble inorganic ions in different public indoor environments: a case study in Jinan, China[J]. Frontiers of Environmental Science & Engineering, 2013, 7(1): 55−65.

[74] Hassanvand M S, Naddafi K, Faridi S, et al. Indoor/outdoor relationships of PM_{10}, $PM_{2.5}$, and PM_1 mass concentrations and their water-soluble ions in a retirement home and a school dormitory[J]. Atmospheric Environment, 2014, 82: 375−382.

[75] 黄虹，李顺诚，曹军骥，等. 广州市夏季室内外 $PM_{2.5}$ 中有机碳、元素碳的分布特征 [J]. 环境科学学报，2005，9：1242−1249.

[76] Cao J J, Huang H, Lee S C, et al. Indoor/outdoor relationships for organic and elemental carbon in $PM_{2.5}$ at residential homes in Guangzhou, China[J]. Aerosol and Air Quality Research, 2012, 12(5): 902−910.

[77] Cao J J, Lee S C, Chow J C, et al. Indoor/outdoor relationships for $PM_{2.5}$ and associated carbonaceous pollutants at residential homes in Hong Kong-case study[J]. Indoor Air, 2005, 15(3): 197−204.

[78] Diapouli E, Eleftheriadis K, Karanasiou A A, et al. Indoor and outdoor particle number and mass concentrations in Athens. Sources, sinks and variability of aerosol parameters[J]. Aerosol and Air Quality Research, 2011, 11(6): 632−642.

[79] Kim N K, Kim Y P, Kang C H. Long-term trend of aerosol composition and direct radiative forcing due to aerosols over Gosan: TSP, PM_{10}, and $PM_{2.5}$ data between 1992 and 2008[J]. Atmospheric Environment, 2011, 45(34): 6107−6115.

[80] Ekren S, Gokcol A, Sonmez C. Heavy metal contents of aegean region tobaccos according to quality groups and stalk position[J]. Bulgarian Journal of Agricultural Science, 2012, 18(1): 92−99.

[81] Pirela S V, Sotiriou G A, Bello D, et al. Consumer exposures to laser printer-emitted engineered nanoparticles: A case study of life-cycle implications from nano-enabled products[J]. Nanotoxicology, 2015, 9(6): 760−768.

[82] 马社霞，张啸，陈来国，等. 海南五指山背景点 $PM_{2.5}$ 中多环芳烃的污染特征 [J]. 中国环境科学，2013，33：103−107.

[83] 吴鹏章，张晓山，牟玉静. 室内外空气污染暴露评价 [J]. 上海环境科学，2003，8：57−63+72.

[84] Monn C, Fuchs A, Högger D, et al. Particulate matter less than 10 microns (PM_{10}) and fine particles less than 2.5 microns ($PM_{2.5}$): relationships between indoor, outdoor and personal concentrations[J]. Science of the Total Environment, 1997, 208(1−2): 15−21.

[85] 张楠，白志鹏，何飞，等. 老年人空气中PM_{10}个体暴露来源解析[J]. 环境与健康杂志，2012，29：320−324.

[86] 顾庆平，高翔，陈洋，等. 江苏农村地区室内$PM_{2.5}$浓度特征分析[J]. 复旦学报：自然科学版，2009，48：593−597.

[87] Pope C A, Dockery D W. 2006 critical review-health effects of fine particulate air pollution: lines that connect[J]. Journal of the Air & Waste Management Association, 2006, 56(6): 709−742.

[88] 钱志博，程港. 室内空气质量($PM_{2.5}$)净化方式和效果的研究[J]. 洁净与空调技术，2018，4：79−85.

[89] 大金（中国）投资有限公司上海分公司. 浅谈$PM_{2.5}$新风过滤系统的需求及过滤方式[J]. 暖通空调，2014，5：16−18.

[90] 刘胜强，曾毅夫，周益辉，等. 细颗粒物$PM_{2.5}$的控制与脱除技术[J]. 中国环保产业，2014，6：16−20.

[91] 罗志文，赵加宁. 改进的通风性能评价指标——实际新风换气次数[J]. 哈尔滨工业大学学报，2007，6：912−915.

[92] 黄金美，郭清. 自然通风在绿色建筑中的应用[J]. 建筑节能，2015，1：77−79.

[93] 刘英杰，张玲菲，杨颖，等. 我国新风系统发展的研究及分析[J]. 科技创新导报，2019，16(12)：247−254.

[94] 陈烈贤，史黎微，迟锡栋，等. 空气净化器洁净空气量的计算及误差分析[J]. 中国卫生工程学，1996，1：15−17.